房屋建筑学

（第3版）

主　编　夏侯峥　王　彬

副主编　胡传芳　丁　涛　何　伟

参　编　张　良　李　芳　彭朝欢

　　　　陈胜博　钱雨佳

主　审　刘亚龙

北京理工大学出版社

BEIJING INSTITUTE OF TECHNOLOGY PRESS

内容提要

本书共分为十四章，主要内容包括房屋建筑概论、建筑平面设计、建筑体型与立面设计、建筑剖面设计、建筑构造概论、基础和地下室、墙体和幕墙、楼地层、楼梯与电梯、门窗和遮阳构造、屋顶、变形缝、工业建筑设计和单层工业厂房构造等。

本书可作为高等院校土木工程类相关专业的教材，也可作为函授和自学考试辅导用书，还可供建筑工程施工现场相关技术和管理人员工作时参考使用。

图书在版编目（CIP）数据

房屋建筑学 / 夏侯峥，王彬主编.—3版.—北京：北京理工大学出版社，2020.8

ISBN 978-7-5682-8874-3

Ⅰ.①房…　Ⅱ.①夏…②王…　Ⅲ.①房屋建筑学　Ⅳ.①TU22

中国版本图书馆CIP数据核字（2020）第146006号

出版发行 /	北京理工大学出版社有限责任公司	
社　　址 /	北京市海淀区中关村南大街5号	
邮　　编 /	100081	
电　　话 /	（010）68914775（总编室）	
	（010）82562903（教材售后服务热线）	
	（010）68948351（其他图书服务热线）	
网　　址 /	http://www.bitpress.com.cn	
经　　销 /	全国各地新华书店	
印　　刷 /	天津久佳雅创印刷有限公司	
开　　本 /	787毫米 ×1092毫米　1/16	
印　　张 /	17	责任编辑 / 时京京
字　　数 /	402千字	文案编辑 / 时京京
版　　次 /	2020年8月第3版　2020年8月第1次印刷	责任校对 / 刘亚男
定　　价 /	72.00元	责任印制 / 边心超

建筑是供人们生活、学习、工作、娱乐的场所，不同的建筑具有不同的使用要求。建筑不仅仅是有遮蔽的内部空间，还是技术与艺术的综合体，其内部的构造和设备技术体现了人类的智慧的结晶。建筑结构的设计、设备的安装都要符合建筑的功能要求，并要考虑对周围环境的影响，为人们创造一个舒适的生活环境。

房屋建筑学是一门研究建筑设计和建筑构造的基本原理和基本方法的科学，也是一门承上启下的应用型课程。本课程贯穿于整个建筑类专业课程及建筑施工过程，是建筑类其他课程的先锋课，也是建筑类注册考试必修的专业课。

房屋建筑学作为一门内容广泛的综合性学科，涉及建筑功能、建筑艺术、环境规划、工程技术、工程经济等多方面的知识。同时，这些知识之间又因共存于一个系统中而相互关联、相互制约、相互影响。随着新材料、新技术的应用和人们对建筑空间质量的要求越来越高，作为该系统中的各个层面都会不断发生变化，它们之间的相互关系也会随之发生变化。因此，在学习房屋建筑学这门课程时，应注意其系统性和发展性，注意原理与构造的统一。

本书修订时力求做到理论联系实际，注重科学性、实用性和针对性，突出对学生应用能力的培养。全书内容新颖、层次明确、结构有序，加大实践运用力度，其基础内容具有系统性、全面性，具体内容具有针对性、实用性，从而满足专业特点的要求。本次修订严格按照高等院校土建类相关专业的教育标准和培养方案及主干课程教学大纲的要求进行，力争使修订后的教材能进一步体现高等教育的特点。在修订过程中，对书中各章节的能力目标、知识目标、本章小结进行了归纳调整，并对各章节的知识体系进行了深入的思考，联系实际对相关知识点进行了总结与概括，从而便于学生学习与思考。同时，本次修订还对各章节的思考与练习进行了适当补充，有利于学生课后复习。

本书共分为十四章，主要内容包括房屋建筑概论、建筑平面设计、建筑体型与立面设计、建筑剖面设计、建筑构造概论、基础和地下室、墙体和幕墙、楼地层、楼梯与电梯、门窗和遮阳构造、屋顶、变形缝、工业建筑设计和单层工业厂房构造等。

本书由江西工程学院夏侯峥、上海城建职业学院王彬担任主编，由江西工程学院胡传芳、中佳环境建设集团股份有限公司丁涛、长江工程职业技术学院何伟担任副主编，由河南信息统计职业学院张良、河南信息统计职业学院李芳、赣西科技职业学院彭朝欢、陕西路桥集团有限公司陈胜博、玉溪农业职业技术学院钱雨佳参与编写。全书由上海城建职业学院刘亚龙主审。本书修订过程中参阅了国内同行的多部著作，部分高等院校的老师也提出了很多宝贵的意见供我们参考，在此表示衷心的感谢！

虽经反复讨论修改，但限于编者的学识及专业水平和实践经验，本书修订后仍难免存在疏漏和不妥之处，恳请广大读者指正。

编　者

房屋建筑学是一门研究建筑设计和建筑构造的基本原理和基本方法的科学,也是一门承上启下的应用型课程。本课程贯穿于整个建筑类专业课程及建筑施工过程,是建筑类其他课程的先锋课,也是建筑类注册考试必修的专业课。

房屋建筑学作为一门内容广泛的综合性学科,涉及建筑功能、建筑艺术、环境规划、工程技术、工程经济等多方面的知识。同时,这些知识之间又因共存于一个系统中而相互关联、相互制约、相互影响。随着新材料、新技术的应用和人们对建筑空间质量的要求越来越高,作为该系统中的各个层面都会不断发生变化,它们之间的相互关系也会随之发生变化。因此,在学习房屋建筑学这门课程时,应注意其系统性和发展性,注意原理与构造的统一。

为适应高等教育改革与发展的需要,结合高等教育土建类专业教育标准和培养方案及主干课程教学大纲,本着"必需、够用"的原则,我们以"讲清概念、强化应用"为主旨组织编写了本教材。

为方便教学,各章前设置【知识目标】和【能力目标】,为学生学习和教师教学作了引导;各章后设置【本章小结】和【思考与练习】,由此构建了"引导—学习—总结—练习"的"教学一体化"教学模式。学生通过本课程的学习,应该达到以下学习目标:

1. 知识目标:明确建筑设计的整个过程,理解建筑设计原理,掌握建筑构造原理及做法。

2. 能力目标:通过对设计过程的理解,对建筑构造的掌握,具备一般建筑构造的设计能力;能正确、熟练运用建筑规范、手册以及各种标准图集;具备利用建筑设计原理把握实际工程质量的能力和实际工程中对构造的操作能力。

本书编者从事房屋建筑学课程的教学已有多年,编者认为,该课程在本专业知识、能力、素质教育体系中,主要应培养学生三方面的能力:一是对建筑设计原理的理解能力;二是对构造组成及构造做法的实际操作能力;三是具有运用建筑设计原理、构造原理及方法分析和把握实际工程的能力,以达到正确、安全操作实际工程之目的。

本书编写虽经推敲核证,仍难免有疏漏或不妥之处,恳请广大读者指正。

编　者

第 1 版前言

房屋建筑学作为一门内容广泛的综合性学科，涉及建筑功能、建筑艺术、环境规划、工程技术、工程经济等多方面的问题。同时，这些问题之间又因共存于一个系统中而相互关联、相互制约、相互影响。随着人们物质生活水平的不断提高以及社会整体技术力量特别是工程技术水平的不断发展，作为该系统中的各个层面都会不断发生变化，它们之间的相互关系也会随之发生变化。因此，在学习房屋建筑学这门课程时，应注意其系统性和发展性。

为适应高等教育改革与发展的需要，我们结合高等教育土建类专业教育标准和培养方案及主干课程教学大纲，本着"必需、够用"的原则，以"讲清概念、强化应用"为主旨组织编写了本教材。

本书主要内容包括：建筑设计概述，建筑平面设计，建筑体型与立面设计，建筑剖面设计，建筑构造概述，基础和地下室，墙体和幕墙，楼地层、阳台及雨篷，楼梯与电梯，门窗及遮阳设施，屋顶，建筑变形缝，建筑装饰装修，建筑保温、隔热及防水，单层工业建筑设计，多层工业建筑设计，工业建筑构造等。为方便教学，各章前设置【学习重点】和【培养目标】，为学生学习和教师教学作了引导；各章后设置【本章小结】和【思考与练习】，从更深层次给学生以思考、复习的切入点，由此构建了"引导—学习—总结—练习"的教学模式。学生通过本课程的学习，应该达到以下几点要求：

◆ 了解建筑设计的整个过程。

◆ 理解建筑设计的一般原理和方法，熟悉建筑构造，掌握施工图的绘制。

◆ 培养在建筑工程设计过程中的配合意识，包括工种和工种之间的协调及设计组人员之间的配合，加深和巩固对所学理论知识的理解。

◆ 培养正确、熟练运用结构设计规范、手册、各种标准图集及参考书的能力。

◆ 初步建立建筑设计、施工、经济全面协调统一的思想。

本书可作为高等院校土木工程类相关专业教材，也可作为工程施工技术人员学习、培训的参考教材。本书编写过程中，参阅了国内同行多部著作，部分高等院校教师也提出了很多宝贵意见，在此，对他们表示衷心的感谢！

本书编写过程中，虽经推敲核证，但限于编者的专业水平和实践经验，仍难免有疏漏或不妥之处，恳请广大读者指正。

编　者

Contents
目 录

第一章 房屋建筑概论

知识目标

1. 了解建筑的构成要素、建筑的方针；熟悉建筑的分类、分级。
2. 了解建筑设计的要求、依据；熟悉建筑设计的内容、程序、建筑模数协调标准。

能力目标

1. 通过充分理解建筑的构成要素及分类、建筑模数的基本原理，具备正确识别和分析图纸及运用基本原理分析实际工程的能力。
2. 具备运用设计原理进行简单小型建筑设计的能力，具备运用设计原理在施工过程中把握实际工程建筑各部分尺寸、位置、形式等的施工能力。

第一节 建筑的构成要素和建筑方针

一、建筑的构成要素

建筑的构成要素主要包括建筑功能、物质技术条件、建筑形象。

1. 建筑功能

建筑功能是人们建造房屋的目的和使用要求的综合体现。它在建筑中起决定性的作用，对建筑平面布局组合、结构形式、建筑体型等方面都有极大的影响。人们建筑房屋不仅要满足生产、生活、居住等要求，也要适应社会的需求。各类房屋的建筑功能并不是一成不变的，随着科学技术的发展、经济的繁荣以及物质和文化生活水平的提高，人们对建筑功能的要求也将日益提高。

2. 物质技术条件

物质技术条件是实现建筑的手段，包括建筑材料、结构与构造、设备、施工技术等有关方面的内容。建筑水平的提高离不开物质技术条件的发展，而物质技术的发展又与社会生产力水平的提高、科学技术的进步有关。建筑技术的进步、建筑设备的完善、新材料的出现、新结构体系的不断产生，有效地促进了建筑朝着大空间、大高度、新结构形式的方向发展。

3. 建筑形象

建筑形象是建筑内、外感观的具体体现，因此必须符合美学的一般规律。它包含建筑形体、空间、线条、色彩、材料质感、细部的处理及装修等方面。由于时代、民族、地域、文化、风土人情的不同，人们对建筑形象的理解各不相同，于是出现了不同风格且具有不同使用要求的建筑，如庄严雄伟的执法机构建筑、古朴大方的学校建筑、简洁明快的居住建筑等。成功的建筑应当反映时代特征、民族特点、地方特色和文化色彩，应有一定的文化底蕴，并与周围的建筑和环境有机融合与协调。

建筑的构成三要素是密不可分的，建筑功能是建筑目的，居于首要地位；建筑技术是建筑的物质基础，是实现建筑功能的手段；建筑形象是建筑的结果。它们相互制约、相互依存，彼此之间是辩证统一的关系。

二、建筑方针

我国的建筑方针是"适用、安全、经济、美观"。适用是指确定恰当的建筑面积，合理的布局，必需的技术设备，良好的设施以及保温、隔热、隔声的环境；安全是指结构的安全度、建筑物耐火及防火设计、建筑物的耐久年限等；经济主要是指经济效益，它包括节约建筑造价，降低能源消耗，缩短建设周期，降低运行、维修和管理费用等，既要注意建筑本身的经济，又要注意建筑物的社会和环境的综合效益；美观是指在适用、安全、经济的前提下，将建筑美和环境美列入设计的重要内容。

建筑的基本属性

第二节　建筑的分类和分级

一、建筑的分类

(一)按建筑的使用功能分类

建筑按使用功能通常可分为民用建筑、工业建筑、农业建筑。

(1)民用建筑。民用建筑是指供人们居住和进行公共活动的建筑。民用建筑又可分为居住建筑和公共建筑。

1)居住建筑。居住建筑是供人们居住使用的建筑，包括住宅、公寓、宿舍等。

2)公共建筑。公共建筑是供人们进行社会活动的建筑，包括行政办公建筑、文教建筑、科研建筑、托幼建筑、医疗福利建筑、商业建筑、旅馆建筑、体育建筑、展览建筑、文艺观演建筑、邮电通信建筑、园林建筑、纪念建筑、娱乐建筑等。

(2)工业建筑。工业建筑是指供人们进行工业生产的建筑，包括生产用建筑及生产辅助用建筑，如动力配备间、机修车间、锅炉房、车库、仓库等。

（3）农业建筑。农业建筑是指供人们进行农牧业种植、养殖、贮存等用途的建筑，以及农业机械用建筑，如种植用温室大棚、养殖用的鱼塘和畜舍、贮存用的粮仓等。

（二）按层数和高度分类

建筑层数是房屋建筑的一项非常重要的控制指标，但必须结合建筑总高度综合考虑。根据《民用建筑设计统一标准》（GB 50352—2019）规定，民用建筑按地上层数或高度分别有如下分类规定：

（1）住宅建筑。

1）建筑高度不大于 27.0 m 的住宅建筑、建筑高度不大于 24.0 m 的公共建筑及建筑高度大于 24.0 m 的单层公共建筑为低层或多层民用建筑。

2）建筑高度大于 27.0 m 的住宅建筑和建筑高度大于 24.0 m 的非单层公共建筑，且高度不大于 100.0 m 的，为高层民用建筑。

3）建筑高度大于 100.0 m 为超高层建筑。

（2）其他民用建筑。根据《建筑设计防火规范（2018 年版）》（GB 50016—2014）的规定，民用建筑根据其建筑高度和层数可分为单层民用建筑、多层民用建筑、高层民用建筑和超高层民用建筑。高层民用建筑根据其建筑高度、使用功能和楼层的建筑面积可分为一类和二类。民用建筑的分类应符合表 1-1 的规定。

1）单层民用建筑：指建筑层数为 1 层的。

2）多层民用建筑：指建筑高度不大于 24 m 的非单层建筑，一般为 2～6 层。

3）高层民用建筑：指建筑高度大于 24 m 的非单层建筑。

4）超高层民用建筑：指建筑高度大于 100 m 的高层建筑。

表 1-1　民用建筑的分类

名称	高层民用建筑		单、多层民用建筑
	一类	二类	
住宅建筑	建筑高度大于 54 m 的住宅建筑（包括设置商业服务网点的住宅建筑）	建筑高度大于 27 m，但不大于 54 m 的住宅建筑（包括设置商业服务网点的住宅建筑）	建筑高度不大于 27 m 的住宅建筑（包括设置商业服务网点的住宅建筑）
公共建筑	1. 建筑高度大于 50 m 的公共建筑； 2. 建筑高度 24 m 以上部任一楼层建筑面积大于 1 000 m² 的商店、展览、电信、邮政、财贸金融建筑和其他多种功能组合的建筑； 3. 医疗建筑、重要公共建筑、独立建造的老年人照料设施； 4. 省级及以上的广播电视和防灾指挥调度建筑、网局级和省级电力调度建筑； 5. 藏书超过 100 万册的图书馆、书库	除一类高层公共建筑外的其他高层公共建筑	1. 建筑高度大于 24 m 的单层公共建筑； 2. 建筑高度不大于 24 m 的其他公共建筑

(三)按建筑规模和数量分类

建筑按建筑规模和数量可分为大量性建筑和大型性建筑。

(1)大量性建筑。大量性建筑是指量大面广,与人民生活、生产密切相关的建筑,如住宅、幼儿园、学校、商店、医院、中小型厂房等。这些建筑在城市和乡村都是不可缺少的,修建数量很大,故称为大量性建筑。

(2)大型性建筑。大型性建筑是指规模宏大、耗资较多的建筑,如大型体育馆、大型影剧院、大型车站、航空港、展览馆、博物馆等。这类建筑与大量性建筑相比,虽然修建数量有限,但对城市的景观和面貌影响较大。

(四)按承重结构材料分类

建筑的承重结构是指由水平承重构件和垂直承重构件组成的承重骨架。建筑按承重结构材料可分为砖木结构建筑、砖混结构建筑、钢筋混凝土结构建筑和钢结构建筑。

(1)砖木结构建筑。砖木结构建筑是指由砖墙、木屋架组成承重结构的建筑。

(2)砖混结构建筑。砖混结构建筑是指由钢筋混凝土梁、楼板、屋面板作为水平承重构件,砖墙(柱)作为垂直承重构件的建筑,适用于多层以下的民用建筑。

(3)钢筋混凝土结构建筑。钢筋混凝土结构建筑是指水平承重构件和垂直承重构件都由钢筋混凝土组成的建筑。

(4)钢结构建筑。钢结构建筑是指水平承重构件和垂直承重构件全部采用钢材的建筑。钢结构具有质量轻、强度高的特点,但耐火能力较差。

(五)按承重结构形式分类

建筑按其承重结构形式可分为砖墙承重结构、框架结构、框架-剪力墙结构、筒体结构、空间结构、混合结构等。

(1)砖墙承重结构。砖墙承重结构是指由砖墙承受建筑的全部荷载,并把荷载传递给基础的承重结构。这种承重结构形式适用于开间较小、建筑高度较小的低层和多层建筑。

(2)框架结构。框架结构是指由钢筋混凝土或型钢组成的梁柱体系承受建筑的全部荷载,墙体只起围护和分隔作用的承重结构。框架结构适用于跨度大、荷载大、高度大的建筑。

(3)框架-剪力墙结构。框架-剪力墙结构是由钢筋混凝土梁柱组成的承重体系承受建筑的荷载时,由于建筑荷载分布及地基的不均匀性,在建筑物的某些部位产生不均匀剪力,为抵抗不均匀剪力且保证建筑物的整体性,在建筑物不均匀剪力足够大的部位的柱与柱之间设钢筋混凝土剪力墙。

(4)筒体结构。筒体结构是由于剪力墙在建筑物的中心形成了筒体而得名。

(5)空间结构。空间结构是由钢筋混凝土或型钢组成,承受建筑的全部荷载,如网架、悬索、壳体等。空间结构适用于大空间建筑,如大型体育场馆、展览馆等。

(6)混合结构。混合结构是指同时具备上述两种或两种以上的承重结构的结构,如建筑内部采用框架承重结构,而四周用外墙承重结构。

二、建筑的分级

民用建筑的等级主要是从建筑物的使用耐久年限性、耐火等级两个方面划分的。

1. 按建筑的使用耐久年限分类

建筑物耐久等级的指标是使用耐久年限。使用耐久年限的长短是由建筑物的性质决定的。《民用建筑设计统一标准》(GB 50352—2019)对建筑物的使用耐久年限做了规定，如表 1-2 所示。

表 1-2　按建筑物等级划分的使用耐久年限

类别	设计使用年限/年	示例
1	5	临时性建筑
2	25	易于替换结构构件的建筑
3	50	普通建筑和构筑物
4	100	纪念性建筑和特别重要的建筑

2. 按建筑的耐火等级分类

建筑物的耐火等级是衡量建筑物耐火程度的标准。《建筑设计防火规范(201 年版)》(GB 50016—2014)根据建筑材料和构件的燃烧性能及耐火极限，将建筑的耐火等级分为四级。

(1)燃烧性能。燃烧性能是指建筑构件在明火或高温辐射情况下是否能燃烧，以及燃烧的难易程度。建筑构件按燃烧性能可分为不燃性、难燃性和可燃性。

(2)耐火极限。建筑构件的耐火极限是指对任一建筑构件按"时间-温度"标准曲线进行耐火试验，从受到火的作用时起，到失去支持能力或完整性被破坏或失去隔火作用时为止的时间，用小时(h)计算。

《建筑设计防火规范(2018 年版)》(GB 50016—2014)规定，不同耐火等级建筑物相应构件的燃烧性能和耐火极限不应低于表 1-3 的规定。通常具有代表性的、性质重要的或规模宏大的建筑按一、二级耐火等级进行设计；大量性或一般建筑按二、三级耐火等级进行设计；很次要的或临时建筑按四级耐火等级进行设计。

表 1-3　不同耐火等级建筑相应构件的燃烧性能和耐火极限　　　　　　h

构件名称		耐火等级			
		一级	二级	三级	四级
墙	防火墙	不燃性 3.00	不燃性 3.00	不燃性 3.00	不燃性 3.00
	承重墙	不燃性 3.00	不燃性 2.50	不燃性 2.00	难燃性 0.50
	非承重外墙	不燃性 1.00	不燃性 1.00	不燃性 0.50	可燃性
	楼梯间和前室的墙 电梯井的墙 住宅建筑单元之间的墙和分户墙	不燃性 2.00	不燃性 2.00	不燃性 1.50	难燃性 0.50
	疏散走道两侧的隔墙	不燃性 1.00	不燃性 1.00	不燃性 0.50	难燃性 0.25
	房间隔墙	不燃性 0.75	不燃性 0.50	难燃性 0.50	难燃性 0.25

构件名称	耐火等级			
	一级	二级	三级	四级
柱	不燃性 3.00	不燃性 2.50	不燃性 2.00	难燃性 0.50
梁	不燃性 2.00	不燃性 1.50	不燃性 1.00	难燃性 0.50
楼板	不燃性 1.50	不燃性 1.00	不燃性 0.50	可燃性
屋顶承重构件	不燃性 1.50	不燃性 1.00	可燃性 0.50	可燃性
疏散楼梯	不燃性 1.50	不燃性 1.00	不燃性 0.50	可燃性
吊顶(包括吊顶搁栅)	不燃性 0.25	难燃性 0.25	难燃性 0.15	可燃性

第三节　建筑设计的内容和程序

一、建筑设计的内容

　　建筑工程设计的内容包括建筑设计、结构设计、设备设计等几个方面的内容。各专业设计既要明确分工,又需密切配合。

　　1. 建筑设计

　　建筑设计是根据设计任务书,在满足总体规划的前提下,对基地环境、建筑功能、结构施工、建筑设备、建筑经济和建筑美观等方面做全面的分析,解决建筑物内部各种使用功能和使用空间的合理安排,建筑物与周围环境、与各种外部条件的协调配合,内部和外部的艺术效果,各个细部的构造方式,以及建筑与结构、设备等相关技术的综合协调等问题,最终使所设计的建筑物满足适用、经济、美观的要求。

　　建筑设计在整个建筑工程设计中起着主导和先行的作用,一般由建筑师来完成。

　　2. 结构设计

　　结构设计是结合建筑设计选择结构方案,进行结构布置、结构计算和构件设计等,最后绘制出结构施工图,一般由结构工程师来完成。

　　3. 设备设计

　　设备设计包括给水排水、采暖通风、电气照明、通信、燃气、动力等专业的设计,通常由各有关专业的工程师来完成。

二、建筑设计的程序

建筑设计的程序根据工程复杂程度、规模大小及审批要求，通常可分为初步设计和施工图设计两个阶段。对于技术复杂的大型工程，可增加技术设计阶段。

（一）设计前的准备工作

为了保证设计质量，设计前必须做好充分的准备。准备工作包括查阅必要的批文、熟悉设计任务书、收集必要的设计资料、设计前的调研等几个方面的内容。

1. 查阅必要的批文

必要的批文包括主管部门的批文和城市建设部门同意设计的批文。建设单位必须具有以上两种批文才可向设计单位办理委托设计手续。

2. 熟悉设计任务书

设计任务书是经上级主管部门批准提供给设计单位进行建筑设计的依据性文件，一般包括下列内容：

（1）建设项目总的要求、用途、规模及一般说明。

（2）建设项目的组成、单项工程的面积、房间组成和面积分配及使用要求。

（3）建设项目的投资及单项工程造价、土建设备与室外工程的投资分配。

（4）建设场地大小、形状、地形，原有建筑及道路现状，并附地形测量图。

（5）供电、给水排水、采暖及空调等设备方面的要求，并附有水源、电源的使用许可文件。

（6）设计期限及项目建设进度计划安排要求。

3. 收集必要的设计资料

必要的设计资料主要包括气象资料、场地地形及地质水文资料、水电等设备管线资料、设计项目的国家有关定额等。

4. 设计前的调研

设计前调研的内容包括对建筑物的使用要求、建筑材料供应和施工等技术条件、场地踏勘及当地传统的风俗习惯的调研。

（二）初步设计阶段

按照我国现行的制度，在建设项目设计招标投标过程中中标的设计单位，与建设方签订委托设计合同，并随之进入正式的设计程序。初步设计是建筑设计的第一阶段，它的任务是综合考虑建筑功能、技术条件、建筑形象等因素而提出设计方案，并进行方案的比较和优化，确定较为理想的方案，征得建设单位同意后报有关的建设监督和管理部门批准为实施方案。初步设计的内容一般包括设计说明书、设计图纸、主要设备材料表和工程概算四部分。

（三）技术设计阶段

技术设计阶段主要任务是在初步设计的基础上协调、解决各专业之间的技术问题，经批准后的技术设计图纸和说明书即为编制施工图、主要材料设备订货及工程拨款的依据文件。技术设计的图纸和文件与初步设计大致相同，但更详细些。要求在各专业工种之间提供资料、提出要求的前提下，共同研究和协调编制拟建工程各工种的图纸和说明书，为各工种编制施工图打下基础。

对于不太复杂的工程，技术设计阶段可以省略，将这个阶段的一部分工作纳入初步设计阶段，称为"扩大初步设计"，另一部分工作则留待施工图设计阶段进行。

(四)施工图设计阶段

施工图设计是建筑设计的最后阶段，施工图是提交施工单位进行施工的设计文件。在初步设计文件和建筑概算得到上级主管部门审批同意后，方可进行施工图设计。

施工图设计的原则是满足施工要求，解决施工中的技术措施、用料及具体做法。其任务是编制满足施工要求的整套图纸。

施工图设计的内容包括建筑、结构、水、电、采暖和空调通风等专业的设计图纸，工程说明书，结构及设备计算书和工程预算书。具体图纸和文件如下：

(1)设计说明书。设计说明书包括施工图设计依据、设计规模、面积、标高定位、用料说明等。

(2)建筑总平面图。建筑总平面图的比例可选用1：500、1：1 000、1：2 000。应标明建筑用地范围，建筑物及室外工程(道路、围墙、大门、挡土墙等)位置、尺寸、标高、绿化及环境设施的布置，并附必要的说明、详图及技术经济指标，地形及工程复杂时应绘制竖向设计图。

(3)建筑物各层平面图、剖面图、立面图。建筑物各层平面图、剖面图、立面图比例可选用1：50、1：100、1：200。除表达初步设计或技术设计内容外，还应详细标出门窗洞口、墙段尺寸及必要的细部尺寸、详图索引。

(4)建筑构造详图。建筑构造详图包括平面节点、檐口、墙身、门窗、室内装修、立面装修等详图。应详细表示各部分构件关系、材料尺寸及做法、必要的文字说明。根据节点需要，比例可分别选用1：20、1：10、1：5、1：2、1：1等。

(5)各专业相应配套的施工图纸。如基础平面图，结构布置图，水、暖、电平面图及系统图等。

(6)工程预算书。在施工图文件完成后，设计单位应将其经由建设单位报送有关施工图审查机构，进行强制性标准、规范执行情况等内容的审查。经由审查单位认可或按照其意见修改并通过复审且提交规定的建设工程质量监督部门备案后，施工图设计阶段完成。若建设单位要求设计单位提供施工图预算，设计单位应给予配合。

第四节　建筑设计的要求和依据

一、建筑设计的要求

建筑设计除应满足相关的建筑标准、规范等要求外，原则上还应满足下列要求。

1. 满足建筑功能的要求

建筑功能是建筑的第一大要素。建筑设计的首要任务是为人们的生产和生活活动创造良好的环境。如学校，首先要满足教学活动的需要，教室设置应做到合理布局，教学区应有便利的交通联系和良好的采光及通风条件，同时，还要合理安排学生的课外和体育活动空间以及教师的办公室、卫生设备、储藏空间等；又如工业厂房，首先应该适应生产流程的安排，合理布置各类生产和生活、办公及仓储等用房，同时，还要达到安全、节能等各项标准。

2. 符合所在地规划发展的要求

设计规划是有效控制城市发展的重要手段，设计规划对建筑提出形式、高度、色彩感染力等多方面的要求，所有建筑物的建造都应该纳入所在地规划控制的范围。

3. 采用合理的技术措施

采用合理的技术措施是建筑物安全、有效地建造和使用的基本保证。随着人类社会物质文明的不断发展和生产技术水平的不断提高，可以运用在建筑工程领域的新材料、新技术越来越多。根据所设计项目的特点，正确地选用相关的材料和技术，采纳合理的构造方式以及可行的施工方案，可以降低能耗、提高效率并达到可持续发展的目的。

4. 符合经济性要求

工程项目的总投资一般在项目立项的初始阶段就已经确定了。作为建设项目的设计人员，应当具有建筑经济方面的相关知识。例如，熟悉建筑材料的近期价格以及一般的工程造价。在设计过程中，应当根据实际情况选用合适的建筑材料及建造方法，合理利用资金，避免人力和物力浪费。这样才是对建设单位负责，同时，也是对国家和人民的利益负责。为了保证项目投资在给定的投资范围内，在设计阶段应当进行项目投资估算、概算和预算。

5. 满足对建筑美观的要求

建筑与人们的生活息息相关，人们的生活起居、工作都离不开它，因此，在满足使用功能的同时还应该兼顾审美要求。

二、建筑设计的依据

1. 人体尺度及人体活动所需的空间尺度

人体尺度及人体活动所需的空间尺度直接决定着建筑物中家具、设备的尺寸，踏步、阳台、栏杆高度，门洞、走廊、楼梯宽度和高度及各类房间高度和面积大小，是确定建筑空间的基本依据之一。我国成年男子和成年女子平均高度分别为 1 670 mm 和 1 560 mm。人体尺度和人体活动所需的空间尺度如图 1-1 所示。

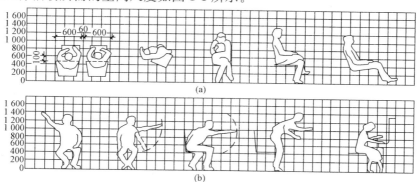

图 1-1　人体基本动作尺度

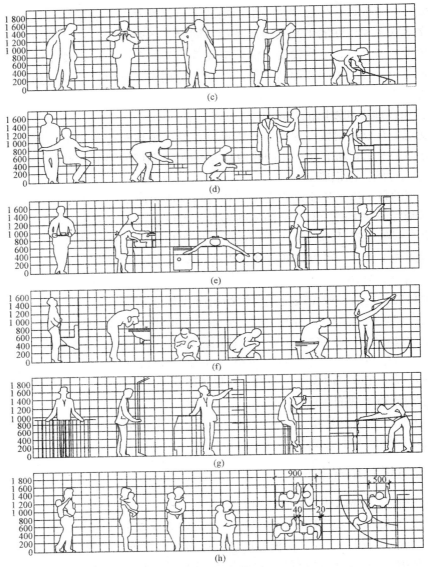

图 1-1　人体基本动作尺度(续)

2. 家具设备尺寸及使用它们所需的空间尺寸

各类房间内部通常都要布置家居布置，家具设备的尺寸及人们使用家具设备时所需的活动空间尺度是确定房间面积和大小的主要依据。常用的家具尺寸如图 1-2 所示。

3. 气象条件

建设地区的温度、湿度、日照、雨雪、风向、风速等对建筑物的设计有较大的影响，也是建筑设计的重要依据。例如，湿热地区的房屋设计要很好地考虑隔热、通风和遮阳等问题，建筑处理较为开敞；干冷地区则要考虑防寒保温，建筑处理较为紧凑、封闭；雨量较大的地区要特别注意屋顶形式、屋面排水方案的选择以及屋面防水构造的处理。另外，日照情况和主导风向通常是确定房屋朝向和间距的主要因素，风速是高层建筑、电视塔等高耸建筑物设计中考虑结构布置和建筑体型的重要因素。

在设计前，需收集当地有关的气象资料作为设计的依据。图1-3所示为我国部分城市的风向频率玫瑰图。图中粗实线表示全年风向频率，细实线表示冬季风向频率，虚线表示夏季风向频率。

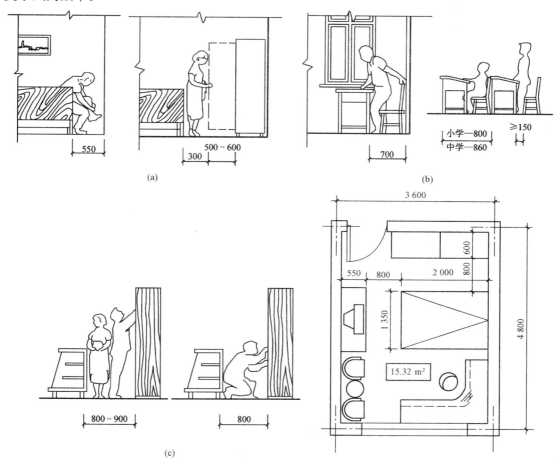

图1-2　使用家具设备的尺寸
(a)卧室中；(b)教室中；(c)营业厅中

4. 地形、水文地质及地震烈度的影响

场地的地形、地质构造、土壤特性和地基承受力的大小，对建筑物的平面组合、结构布置、建筑构造处理和建筑体型都有明显的影响。坡度陡的地形，常使房屋结合地形采用错层、吊层或依山就势等较为自由的组合方式。复杂的地质条件，要求房屋的构成和基础的设置采取相应的结构与构造措施。

水文地质条件是指地下水水位的高低及地下水的性质，直接影响到建筑物的基础及地下室。一般应根据地下水水位的高低及地下水的性质确定是否在该地区建造房屋或采用相应的防水和防腐蚀措施。

地震烈度表示当发生地震时，地面及建筑物遭受破坏的程度。烈度在6度及以下时，地震对建筑物影响较小，一般可不考虑抗震措施。9度以上的地区，地震破坏力很大，一般应尽量避免在该地区建造房屋。房屋抗震设防的重点是7~9度地震烈度的地区。

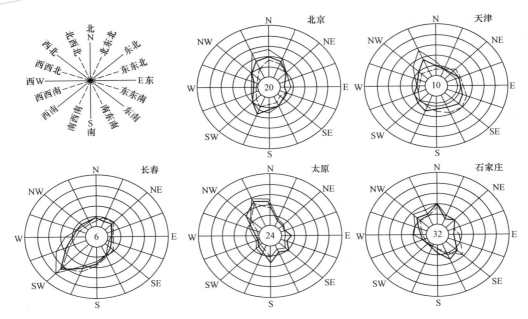

图 1-3　我国部分城市的风向频率玫瑰图

三、建筑模数协调标准

为了实现工业化大规模生产，使不同材料、不同形式和不同制造方法的建筑构配件、组合件符合模数并具有较大的通用性和互换性，以加快设计速度，提高施工质量和效率，降低建筑造价，我国制定了《建筑模数协调标准》(GB/T 50002—2013)。

(一)建筑模数

建筑模数是指选定的标准尺寸单位，作为尺度协调中的增值单位，也是建筑设计、建筑施工、建筑材料与制品、建筑设备、建筑组合件等各部门进行尺度协调的基础，其目的是使构配件安装吻合，并有互换性，包括基本模数和导出模数两种。

1. 基本模数

基本模数是模数协调中选用的基本尺寸单位，其数值为 100 mm，符号为 M，即 1M＝100 mm。整个建筑物及其一部分或建筑组合构件的模数化尺寸应为基本模数的倍数。

2. 导出模数

导出模数是在基本模数的基础上发展出来的、相互之间存在某种内在联系的模数，其包括扩大模数和分模数两种。

(1)扩大模数。扩大模数是基本模数的整数倍数。水平扩大模数基数为 2M、3M、6M、9M、12M，其相应的尺寸分别是 200 mm、300 mm、600 mm、900 mm、1 200 mm。

(2)分模数。分模数是整数除基本模数的数值。分模数基数为 M/10、M/5、M/2，其相应的尺寸分别是 10 mm、20 mm、50 mm。

(二)模数数列

模数数列是以选定的模数基数为基础而展开的模数系统。它可以保证不同建筑及其组成部分之间尺度的统一协调，有效地减少建筑尺寸的种类，并确保尺寸合理并有一定的灵

活性。建筑物的所有尺寸除特殊情况外，均应满足模数数列的以下要求：

（1）模数数列应根据功能和经济性原则确定。

（2）建筑物的开间或柱距，进深或跨度，梁、板、隔墙和门窗洞口宽度等分部件截面尺寸宜采用水平基础模数和水平扩大模数数列，且水平扩大模数数列宜采用 $2n$M、$2n$M(n)（n 为自然数）。

（3）建筑物的高度、层高和门窗洞口宽度等宜采用竖向基本模数和竖向扩大模数数列，且竖向扩大模数数列宜采用 nM。

（4）构造节点和分部件的接口尺寸等宜采用分模数数列，且分模数数列宜采用 M/10、M/5、M/2。

本章小结

建筑是建筑物和构筑物的总称。建筑物是指供人们在其中生产、生活或其他活动的房屋或场所。本章主要介绍建筑的基本构成要素和建筑方针、建筑的分类和分级、建筑设计要求和依据。

思考与练习

一、填空题

1. 我国的建筑方针是"_____、_____、_____、_____"。

2. 我国住宅建筑按层数和高度可分为_____、_____、_____和_____。

3. 建筑按建筑规模和数量可分为_____和_____。

4. 建筑的承重结构是指由_____和_____组成的承重骨架。

5. 建筑按其承重结构形式可分为_____、_____、_____、_____等。

6. 民用建筑的等级主要是从建筑物的使用_____、_____两个方面划分的。

7. 建筑设计的程序根据工程复杂程度、规模大小及审批要求，通常可分为_____和_____两个阶段。

二、选择题

1. （　　）指由钢筋混凝土或型钢组成的梁柱体系承受建筑的全部荷载，墙体只起围护和分隔作用的承重结构。

    A. 框架结构　　　　　　　　　　B. 砖墙承重结构

    C. 框架-剪力墙结构　　　　　　　D. 筒体结构

2. 根据建筑材料和构件的燃烧性能及耐火极限，把建筑的耐火等级分为（　　）级。

    A. 一　　　　　B. 二　　　　　C. 三　　　　　D. 四

3. 耐火等级为二级建筑物的承重墙体的燃烧性能和耐火极限需满足（　　）。

    A. 不燃烧体，3.00 h　　　　　　B. 不燃烧体，2.50 h

    C. 不燃烧体，2.00 h　　　　　　D. 不燃烧体，1.50 h

4. 对于多层建筑适用(　　)形式。

    A. 砖墙承重结构   B. 框架结构

    C. 框架-剪力墙结构   D. 大跨度结构

5. 适用于小开间的建筑结构体系是(　　)。

    A. 砖墙承重结构   B. 框架结构

    C. 空间结构   D. 简体结构

三、简答题

1. 建筑的构成要求主要包括哪些?

2. 建筑按使用功能通常分为哪几种类型?

3. 建筑工程设计的内容包括哪些?

4. 简述建筑设计的程序。

5. 建筑设计应满足哪些要求?

第二章 建筑平面设计

知识目标

1. 了解建筑平面的组织；掌握建筑平面总设计的基本要求及内容。
2. 掌握主要使用空间的设计、辅助使用空间的设计、交通联系空间的设计。
3. 了解平面设计的影响因素；掌握平面组合形式。

能力目标

能运用平面设计原理进行建筑平面设计。

第一节 建筑平面总设计

一、建筑平面的组织

一幢建筑物或建筑群并不是孤立存在的，必然是处于一个特定的环境中，它在场地上的位置、朝向、体型大小和形状、出入口的布置及建筑造型等都必然受到总体规划和场地条件的制约。由于场地条件、场地周围环境对建筑物有很大的影响，因此为使建筑物既能满足使用需要，又能与场地环境协调一致，就必须做好建筑平面总设计。

建筑平面总设计是根据建筑物的使用功能要求，结合城市规划、场地的地形地质条件、朝向、绿化及周围环境等因素，因地制宜地进行总体布局，确定主要出入口的位置，进行总平面功能分区，在功能分区的基础上进一步确定单体建筑的布置、道路交通系统布置管线及绿化系统的布置。

不同类型的民用建筑从组成平面各部分空间的使用性质来分析，均是由使用空间与交通联系空间组成，而使用空间又可以分为主要使用空间与辅助使用空间。主要使用空间是指各类建筑物中的供主要使用活动的房间，是建筑物的主要部分，它决定了建筑物的性质，并表现出数量多、活空间体量大的特点。如住宅中的起居室、卧室；办公建筑中的各种办公室；学校中的教室、实验室；商业建筑中的营业厅；体育建筑中的比赛大厅等。

辅助使用空间是为保证和服务于建筑主要使用要求而设置的，是建筑物的次要部分。例如，辅助活动用的厕所、盥洗室；服务供应用的厨房、洗衣房等；贮存物品用的贮藏室、衣帽间等。

交通联系空间是建筑物中各个房间之间、楼层之间和房间的室内外之间联系通行的空间。例如，各类建筑物中门厅、走廊、过厅、楼梯间、坡道，以及电梯间和自动扶梯等。

二、建筑平面总设计的基本要求

1. 使用的合理性

平面总设计要满足合理的功能关系，如日照充足、通风良好、交通方便等要求。

2. 技术的安全性和建设的经济性

平面总设计中应当考虑某些可能发生灾害的情况，如地震、火灾等，还应该考虑建设投资的经济性。

3. 环境的整体性

任何建筑都处于一定的环境中，应确保建筑与总体环境的协调。总平面设计只有从整体关系出发，使人造环境与自然环境相协调，场地环境与周围环境相协调，才有可能创造便利、舒适、优美的空间环境。

进行建筑平面总设计时，应正确处理建筑与城市总体规划的关系、建筑与周围环境的关系、建筑与场地的关系，这也是进行平面总设计的依据和方法。

三、建筑平面总设计的内容

1. 设计要求

为保证城市发展的整体利益，同时也为确保建筑与总体环境的协调，建筑平面总设计必须满足城市规划的要求，同时，应符合国家和地方有关部门制定的设计标准、规范、规定。城市规划对建筑平面总设计的要求主要包括：对用地性质、用地范围、用地强度及建筑形态的控制，对容积率、建筑密度、绿地率、绿化覆盖率、建筑高度、建筑后退红线距离等方面指标的控制，以及交通出入口方位的规定。它们对平面总设计的确定有决定性的影响。

(1)对用地性质的控制。城市规划对规划区域中的用地性质有明确限定，规定了它的使用范围，决定了用地内适建、不适建的建筑类型。用地性质的要求十分重要，它限定了该地块的用途，而不能随意开发建设，如居住用地就不能建设工业项目。

(2)对用地范围的控制。规划对用地范围的控制多是由建筑红线与道路红线共同来完成的。另外，限定河流等用地的蓝线以及限定城市公共绿化用地的绿线，也可限定用地的边界。红线所限定的用地范围也就是用地的权属范围。

道路红线是城市道路用地的规划控制边界线，一般由城市规划行政主管部门在用地条件图中标明。建筑红线也称建筑控制线，是建筑物基底位置的控制线，是场地中允许建造建(构)筑物的基线。

蓝线是指城市规划管理部门按城市总体规划确定长期保留的河道规划线。城市绿化线是指在城市规划建设中确定的各种城市绿地的边界线。

(3)对用地强度的控制。规划中对场地使用强度的控制是通过容积率、建筑密度、绿地率等指标来实现的。通过对容积率、建筑密度和绿地率的限定将场地的使用强度控制在一个合适的范围之内。

容积率是指场地内所有建筑物的建筑面积之和与场地总用地面积的比值。

建筑密度是指场地内所有建筑物基底面积之和与场地总用地面积的百分比。

绿地率是指场地内绿化用地总面积与场地总用地面积的百分比。

（4）对建筑形态的控制。建筑形态的控制是为保证城市整体的综合环境质量，创造地域特色、文化特质、和谐统一的城市面貌而确定的，并根据用地功能特征、区位条件及环境景观状况等因素，提出不同的限制要求。

2. 设计规范要求

设计规范主要表现在对一些具体的功能和技术问题的要求，对平面总设计有很大的影响，是场地设计前提条件的一部分。在《民用建筑设计统一标准》(GB 50352—2019)中，对于场地内建筑物的布局、建筑物与相邻场地边界线的关系、建筑凸出物与红线的关系、道路对外出入口的位置、场地内的道路设置、绿化及管线的布置等方面有比较具体的规定；在《建筑设计防火规范(2018 年版)》(GB 50016—2014)中对场地内的消防车道、建筑物的防火间距等消防问题有比较严格的要求。

在设计中应遵守和满足规范中的规定和要求。在建筑平面总设计时，要深入了解周围环境状况，处理好与周围环境的关系，以达到整体环境的和谐有序。

3. 建筑场地的布局

建筑平面总设计的基础是分析场地的使用功能特性、功能的组成内容、使用者的需求。建筑与场地中道路、庭院和绿化既有功能关系，也有空间形态关系，设计时应根据各种关系进行布局。

建筑平面总设计
的影响因素

第二节　建筑物使用部分的平面设计

民用建筑的类型很多，各类建筑的使用性质和空间组成也不尽相同，总的来说，房屋是由各种使用空间和交通联系空间组成，而使用空间又可分为主要使用空间和辅助使用空间，如图 2-1 所示。

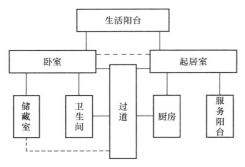

图 2-1　建筑平面组成

一、主要使用空间的设计

主要使用空间是指在建筑中处于主导地位、决定建筑物性质的房间。例如，住宅的卧室是供人们休息睡眠用的；教学楼是满足教学用的；影剧院的观众厅是供人们观看电影用的。设计时应考虑房间面积、房间形状及房间平面尺寸。

(一)房间面积、形状的确定

房间面积是由其使用面积和结构或围护构件所占面积组成的。其使用面积由家具、设备所占的面积、使用家具设备及活动所需面积和房间内部的交通面积三个部分组成，房间的使用面积加上结构或围护构件所占面积就是房间面积了。影响房间面积大小的因素主要有以下几点：

(1)房间用途、使用特点及其要求。

(2)房间容纳人数的多少。

(3)家具设备的品种、规格、数量及布置方式。

(4)室内交通情况和活动特点。

(5)采光通风要求。

(6)结构合理性以及建筑模数要求等。

民用建筑常见的房间形状有矩形、方形、圆形、多孔形和其他各种形状，应从使用要求、结构形式、平面组合与结构布置、经济条件及建筑造型等多方面综合考虑选择合适的平面形状。而在实际工程中，民用建筑采用最多的是矩形房间平面，因为它具有结构布置简单、施工方便、便于家具设备布置、面积利用率大、使用灵活性大，便于组合等特点。在某些特殊情况下，采用非矩形平面则具有较好的功能适应性，易形成有个性的建筑造型，如图 2-2 所示。

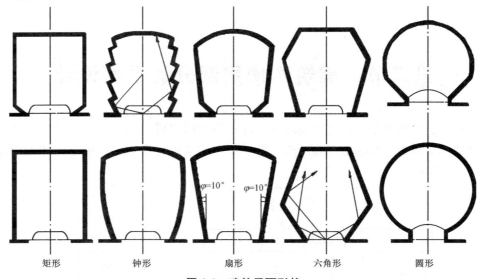

| 矩形 | 钟形 | 扇形 | 六角形 | 圆形 |

图 2-2　建筑平面形状

(二)房间平面尺寸的确定

确定房间的平面尺寸主要考虑房间的使用要求、采光要求、精神和审美要求及技术经济方面要求。

1. 房间的使用要求

确定房间的平面尺寸，应首先考虑室内使用活动特点和家具设备布置，并保证使用活动所需尺寸。

2. 采光要求

一般单侧采光的房间深度不大于窗上沿离楼(地)面高度的 2 倍，双侧采光的房间深度可增大 1 倍，即不大于窗上沿离楼(地)面高度的 4 倍。

3. 精神和审美要求

确定房间的平面尺寸时，应选用恰当的长宽比例，给人正常的视觉感受。房间的平面尺寸在满足功能要求的前提下，还应考虑人们的精神感受和审美要求。房间的长宽比例不同，会使人产生不同的视觉感受，如窄而长的房间会使人产生向前的导向感，较为方正的房间会使人产生静止感。

4. 技术经济方面要求

房间的平面尺寸应使结构布置经济合理。在墙承重结构和框架结构中，板的经济跨度一般为 2.40～4.20 m，梁的经济跨度一般为 5～9 m。

对于民用建筑中常用的矩形平面来说，房间的平面尺寸是指房间的开间和进深。开间是指房间两相邻横轴线之间的距离；进深是指房间两纵轴线之间的距离。开间和进深应符合建筑模数的要求，一般采用 3M 系列。所以房间的开间、进深尺寸应尽量使构件标准化，减少构件类型，便于构件统一。

(三)房间的门窗设置

在建筑设计中，门窗的设计很重要，主要解决门宽度、高度、数量、位置、门洞的设置和开启方式等问题。门的主要作用是联系和分隔房间内外空间、通风、采光等，对人流活动、家具布置、内部空间使用及安全疏散有较大影响。

1. 门的设置

(1)门的宽度和高度。在平面设计中，门的宽度取决于人体尺寸、人流股数及家具设备的大小。门的净宽在 1 000 mm 以内，一般采用单扇门；大于 1 000 mm 的门通常采用双扇门或多扇门，保证门扇宽度 1 000 mm 以内，以便于开启。门的高度一般为 2 000～2 400 mm。

(2)门的数量要求。《建筑设计防火规范(2018 年版)》(GB 50016—2014)中规定，公共建筑内房间的疏散门数量应经计算确定且不应少于 2 个。除托儿所、幼儿园、老年人照料设施、医疗建筑、教学建筑内位于走道尽端的房间外，符合下列条件之一的房间可设置 1 个疏散门：

1)位于两个安全出口之间或袋形走道两侧的房间。对于托儿所、幼儿园、老年人照料设施，建筑面积不大于 50 m²；对于医疗建筑、教学建筑，建筑面积不大于 75 m²；对于其他建筑或场所，建筑面积不大于 120 m²。

2)位于走道尽端的房间，建筑面积小于 50 m² 且疏散门的净宽度不小于 0.90 m，或由房间内任一点至疏散门的直线距离不大于 15 m、建筑面积不大于 200 m² 且疏散门的净宽度不小于 1.40 m。

3)歌舞娱乐放映游艺场所内建筑面积不大于 50 m² 且经常停留人数不超过 15 人的厅、室。

(3)门的开启方式。门开启时要占据一定的空间位置,因而应注意门的开启方向对室内外布置及使用的影响。一般生活、工作用房间的门大都向内开启,以免影响门外走道或其他空间的使用;通向阳台的门则一般都向外开启,以节约室内面积;公共活动人流集中的房间,为了保证安全疏散,门应向外开启或采用双向开启的弹簧门。卧室、集体宿舍门位置的比较如图 2-3 所示。当门的位置很接近又要同时开启时,注意门扇开启时的相互碰撞问题,如图 2-4 所示。

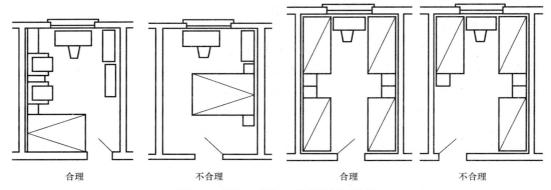

图 2-3　卧室、集体宿舍门位置的比较

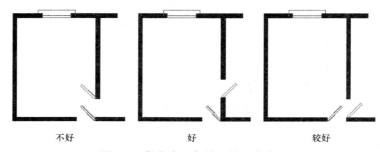

图 2-4　紧靠在一起的门的开启方向

(4)门洞的设置。门洞主要起到空间相连的作用,两个性质相同的房间往往用门洞来代替门。门洞的位置、形式及精巧的处理,会起到一定的装饰效果。

2. 窗的设置

房屋中窗的大小和位置,主要根据室内采光、通风要求来考虑。

(1)窗的大小。影响室内照度强弱的因素主要是窗户面积的大小。通常用采光面积比来衡量采光的好坏。采光面积比是指窗的透光面积与房间地板面积之比,不同使用性质的房间的采光面积比如表 2-1 所示。有特殊需要的房间,为取得好的通风效果,往往加大开窗面积。

表 2-1　民用建筑中房间使用性质的采光分级和采光面积比

采光等级	视觉活动特征		房间名称	采光面积比
	工作或活动要求精度	要求识别的最小尺寸/mm		
Ⅰ	极精密	<0.2	绘图室、制图室、画廊、手术室	1/3~1/5
Ⅱ	精密	0.2~1	阅览室、医务室、健身房、专业实验室	1/4~1/6

采光等级	视觉活动特征		房间名称	采光面积比
	工作或活动要求精度	要求识别的最小尺寸/mm		
Ⅲ	中精密	1~10	办公室、会议室、营业厅	1/6~1/8
Ⅳ	粗糙	>10	观众厅、居室、盥洗室、厕所	1/8~1/10
Ⅴ	极粗糙	不做规定	储藏室、走道、楼梯	1/10以下

(2)窗的位置。窗的位置应认真考虑采光、通风、室内家具布置和建筑立面效果，如教室为了保证学生的视觉要求，在一侧采光的情况下，窗应该在学生左边，窗间墙宽度一般不应大于 80 cm，以保证室内光线均匀。同时为避免产生眩光，靠近黑板处最好不要开窗，一般距离黑板不应小于 80 cm，如靠近黑板处一定要开窗，应设窗帘或用不反光毛玻璃黑板(图 2-5)。

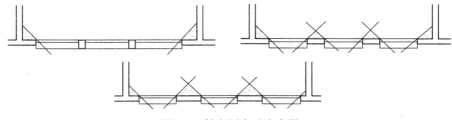

图 2-5　教室侧窗采光布置

为了使采光均匀，通常将窗居中布置于房间的外墙上，但这样的窗位有时会使两边的墙都小于摆放家具所需要的尺度，应灵活布置窗位，使其偏向一边。有时为避免眩光的产生，也会使窗偏向一边。

窗的位置对室内通风效果的影响也很明显。门窗的相对位置采用对面通直布置时，室内气流通畅，同时，也要尽可能使穿堂风通过室内使用活动部分的空间。图 2-6 所示为门窗平面位置对气流组织的影响。图 2-6 所示为教室平面，常在靠走廊一侧开设高窗，可调节出风通路，改善教室内的通风条件。

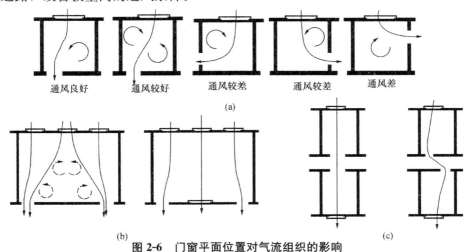

图 2-6　门窗平面位置对气流组织的影响
(a)一般房间门窗的相互位置；(b)教室门窗的相互位置；(c)内廊式平面房间门窗的相互位置

二、辅助使用空间设计

(一)厕所

1. 厕所的设计方法

设计厕所时,应先了解各种设备及人体活动的基本尺度,根据使用人数和参考指标确定设备数量,最后确定房间的尺寸和布置形式。

卫生设备的数量主要取决于使用对象、使用人数和使用特点,如表2-2所示。厕所卫生设备主要有大便器、小便器(池)、洗手盆、污水池等。厕所设备组合所需尺寸如图2-7所示,厕所设备布置图如图2-8所示。大便器有蹲式和坐式两种,可根据使用要求、建筑标准和生活习惯等因素来选用。小便器有小便斗和小便槽两种,较高标准及使用人数少的可采用小便斗,一般厕所常用小便槽,小便槽的长度主要取决于使用人数、使用对象和使用特点。

表 2-2　部分建筑厕所设备数量参考指标

建筑类型	男小便器 /(人/个)	男大便器 /(人/个)	女大便器 /(人/个)	洗手盆	男女比例
体育馆	80	250	100	150	2∶1
影剧院	35	75	50	140	(2∶1)~(3∶1)
中小学	40	40(或1 m长便槽)	20(或1 m长便槽)	100	1∶1
火车站	80	80	50	150	2∶1
宿舍	20	20	15	15	按实际情况
旅馆	20	20	12	15	按实际情况

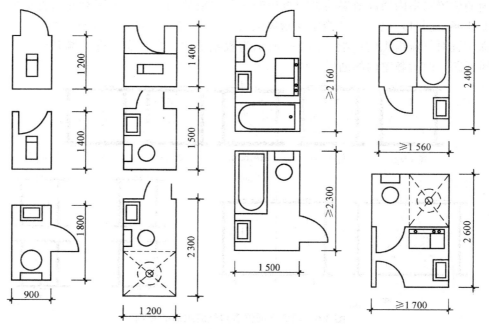

图 2-7　厕所设备组合所需的尺寸

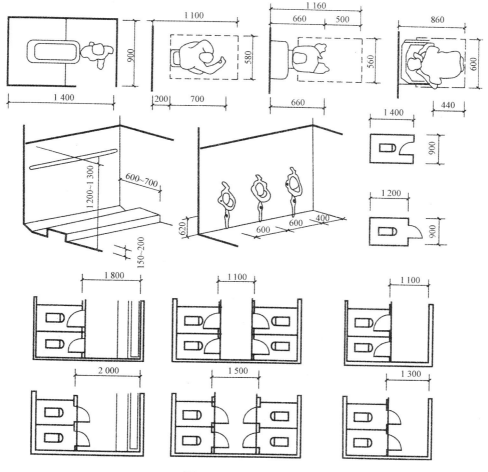

图 2-8　厕所设备布置

2. 厕所的平面形式

厕所可分为有前室和无前室两种。有前室的厕所利于隐蔽，改善通往厕所的走道和过厅的卫生条件，常用于公共建筑中。前室内一般设有洗手盆和污水池。卫生设备数量较少时，为充分利用空间面积，男女厕所的卫生设备可在同一开间内交错，为了改善厕所通风、采光条件，可在厕所隔墙上开设高窗。

(二)浴室和盥洗室

1. 浴室和盥洗室的主要设备及指标

浴室和盥洗室的主要设备有洗脸盆(或洗脸槽)、污水池、淋浴器，有的设置浴缸等。除此以外，公共浴室还有更衣室，其中主要设备有挂衣钩、衣柜、更衣凳等。设计时可根据使用人数确定卫生器具的数量(表 2-3)，同时结合设备尺寸及人体活动所需的空间尺寸进行房间布置。

表 2-3　浴室、盥洗室设备数量参考指标

建筑类型	男浴器/(人/个)	女浴器/(人/个)	洗手盆或龙头/(人/个)	备注
旅馆	40	8	15	男女按比例
宿舍	—	—	12	—
托儿所	每班2个	2~5个	—	—

2. 设备布置

浴室和盥洗室的常见设备布置方式如图 2-9 所示。

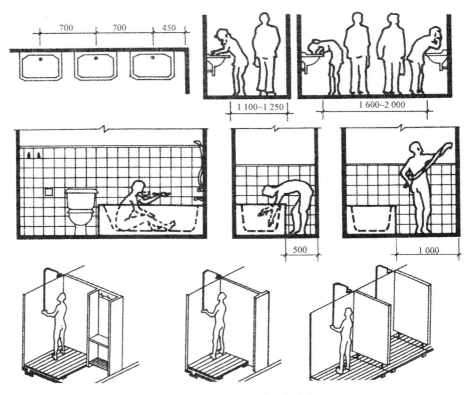

图 2-9　浴室和盥洗室设备布置

(三)厨房

厨房分为两大类，一类是家庭用厨房，面积小，设计简单；另一类是饮食建筑用厨房，面积大，操作流程复杂，卫生要求较高。厨房设备主要有灶台、案台、水池、贮藏设施及排烟装置等。厨房的平面布置一般有单排式、双排式、L形、U形四种形式。

厨房设计应满足以下要求：良好的自然采光和通风条件；尽量利用有限空间布置足够的贮藏设备，如吊柜；地面、墙面应考虑防水排水、便于清洁；室内布置应符合操作程序，并保证必要的操作空间，如图 2-10 所示。

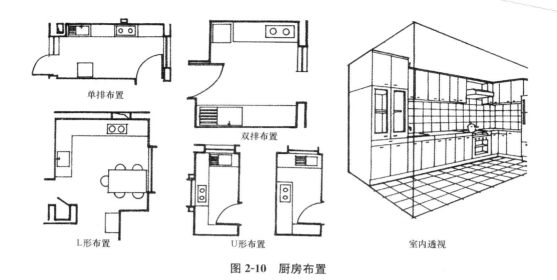

单排布置

双排布置

L 形布置

U 形布置

室内透视

图 2-10　厨房布置

三、交通联系空间设计

交通联系空间包括水平交通联系空间和垂直交通联系空间。水平交通联系空间主要是走廊，如图 2-11 所示；垂直交通联系空间包括楼梯、电梯、坡道、门厅、过厅等。

交通联系空间设计时应该符合的要求有：交通线路简明、快捷、联系方便；良好的采光、通风和照明条件；适当的高度、宽度和空间的形象美化；保证人流畅通，紧急情况下能够迅速、安全疏散；在满足使用要求前提下，尽可能提高建筑物面积利用率。

图 2-11　建筑交通联系空间

(一)走廊

走廊又称为过道、走道，主要用来联系同层内各个房间，有时兼有其他功能。走廊平面设计内容包括走廊宽度的确定、走廊高度确定、走廊长度的限定、采光要求等。

1. 走廊的宽度

走廊的宽度主要根据人流通行、安全疏散、空间感受来综合确定。《建筑设计防火规范（2018 年版）》（GB 50016—2014）中规定，一般公共建筑中，疏散走廊的净宽度不应小于1.10 m，高层公共建筑内楼梯间的首层疏散门、首层疏散外门、疏散走道和疏散楼梯的最小净宽度如表 2-4 所示。

表 2-4　高层公共建筑内楼梯间的首层疏散门、首层疏散外门、疏散走道和疏散楼梯的最小净宽度

m

建筑类别	楼梯间的首层疏散门、首层疏散外门	走道		疏散楼梯
		单面布房	双面布房	
高层医疗建筑	1.30	1.40	1.50	1.30
其他高层公共建筑	1.20	1.30	1.40	1.20

2. 走廊的高度

从结构条件考虑，走廊的高度一般应与房间的层高相同。走廊的高度一般应不大于2.5 m，住宅中的小走廊有时可低到 2.2 m，保证最小的通行高度即可。公共建筑中一般大于 3 m。在有些情况下，走廊高度可适当降低，并可利用走廊上部多余的空间作贮藏用，或作敷设设备管道之用。

3. 走廊的长度

走廊的长度是根据建筑平面房间组合的实际需要来确定的，应符合防火疏散的安全要求。房间门到疏散口（楼梯、门厅等）的疏散方向有双向和单向之分。双向疏散的走道称为普通走道；单向疏散的走道称为袋形走道，如图 2-12 所示。这两种走道的长度根据建筑物的性质和耐火等级确定，《建筑设计防火规范（2018 年版）》（GB 50016—2014）中直通疏散走道的房间疏散门至最近安全出口的直线距离如表 2-5 所示。

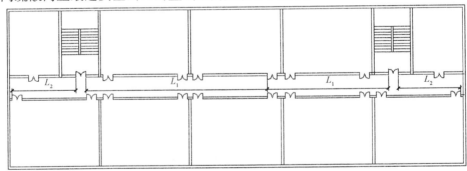

图 2-12　普通走道、袋形走道示意

表 2-5　直通疏散走道的房间疏散门至最近安全出口的直线距离　　　　m

名称			位于两个安全出口之间的疏散门			位于袋形走道两侧或尽端的疏散门		
			一、二级	三级	四级	一、二级	三级	四级
托儿所、幼儿园、老年人照料设施			25	20	15	20	15	10
歌舞娱乐放映游艺场所			25	20	15	9	—	—
医疗建筑	单、多层		35	30	25	20	15	10
	高层	病房部分	24	—	—	12	—	—
		其他部分	30	—	—	15	—	—
教学建筑	单、多层		35	30	25	22	20	10
	高层		30	—	—	15	—	—

名称		位于两个安全出口之间的疏散门			位于袋形走道两侧或尽端的疏散门		
		一、二级	三级	四级	一、二级	三级	四级
高层旅馆、展览建筑		30	—	—	15	—	—
其他建筑	单、多层	40	35	25	22	20	15
	高层	40	—	—	20	—	—

注：1. 建筑内开向敞开式外廊的房间疏散门至最近安全出口的直线距离可按本表的规定增加 5 m。

2. 直通疏散走道的房间疏散门至最近敞开楼梯间的直线距离，当房间位于两个楼梯间之间时，应按本表的规定减少 5 m；当房间位于袋形走道两侧或尽端时，应按本表的规定减少 2 m。

3. 建筑物内全部设置自动喷水灭火系统时，其安全疏散距离可按本表的规定增加 25%

(二)门厅

门厅是公共建筑的主要出入口，其主要作用是接纳人流、疏导人流。门厅在水平方向连接走道，在垂直方向与电梯、楼梯直接相连，是建筑物内部的主要交通枢纽。

门厅根据建筑性质的不同还具有其他功能，如医院中的门厅常设挂号、收费、取药、咨询服务等空间；旅馆门厅有总服务台、小卖部、电话间，并有休息、会客等区域。另外，门厅作为人们进入建筑首先到达和经过的地方，它的空间处理如何，将给人们留下很深的印象。因此，在空间处理上，办公、会堂建筑门厅要强调庄重大方，旅馆建筑门厅则要创造出温馨、亲切的气氛。

1. 门厅的形式与面积

门厅的形式从布局上可以分为对称式和非对称式两类。对称式布置强调的是轴线的方向感，如用于学校、办公楼等建筑的门厅；非对称式布置灵活多样，没有明显的轴线关系，常用于旅馆、医院、电影院等建筑，如图 2-13 所示。

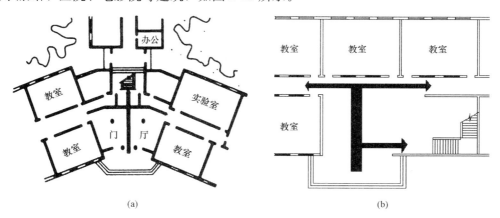

(a)　　　　　　　　　　　　　　　(b)

图 2-13　门厅的布局形式

(a)对称式；(b)非对称式

门厅的面积应根据建筑物的使用性质、规模和标准等因素来综合考虑，设计时要通过调研和参考同类面积定额指标来确定，如表 2-6 所示。

表 2-6　部分建筑厅面积设计参考指标

建筑名称	面积定额	备注
中、小学校	0.06～0.08 m²/人	—
食堂	0.08～0.18 m²/座	包括洗手间
城市综合医院	11 m²/日百人次	包括询问台
旅馆	0.2～0.5 m²/床	—
电影院	0.13 m²/观众	—

2. 门厅的设计要求

(1)明显的位置。在建筑设计时要考虑使门厅处于明显而突出的位置上，使其具有较强的醒目性、明确的流线关系，使人流出入方便，如图 2-14 所示。

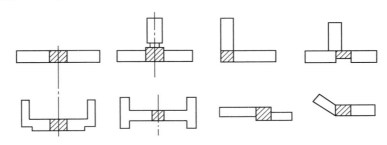

图 2-14　门厅在平面中的位置

(2)良好的导向性。门厅是一个交通枢纽，同时也兼有其他功能，这就要求门厅的交通组织便捷，空间的处理要有良好的导向性，即妥善解决好水平交通、垂直交通和各部分功能之间的关系。图 2-15(a)所示为某学校教学楼门厅内楼梯位置与形式的设计，宽敞的楼梯将主要人流直接引导到楼层，次要人流则通过走道连接到底层房间；图 2-15(b)所示为某旅馆交通示意。

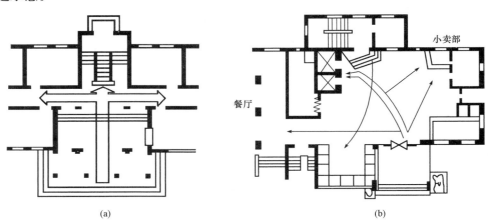

(a)　　　　　　　　　　　　　　　　　　(b)

图 2-15　门厅交通组织

(a)某学校教学楼门厅交通示意；(b)某旅馆交通示意

（3）适宜的空间尺度。由于门厅较大、人流集中、功能较复杂等原因，所以门厅设计时要根据具体情况，解决好门厅面积与层高之间的比例关系，创造出适宜的空间尺度，避免空间的压抑感和保证大厅有良好的通风与采光。

门厅空间设计和建筑造型，应按各种建筑的不同要求，对顶棚、地面及墙面进行处理。同时，还要处理门厅的采光和人工照明等问题。

（4）内外过渡空间。门厅作为室外向室内过渡的空间，一般在入口处应设门廊等，供人们出入时暂时停留及在雨雪天张收雨具等之用，并可防止雨雪飘入室内，同时，也能达到遮阳及建筑观感上的要求。对于一些大型公共建筑，门廊的大型雨篷下的区域常用来作为上、下汽车的地方，如图 2-16 所示。

(a)

(b)

图 2-16　公共建筑门廊

(a)门厅内外空间过渡；(b)门厅坡道

另外，门厅的设计要考虑到室内外的过渡，防止雨雪飘入室内，一般在入口处设雨篷。考虑到严寒地区保温、防寒、防风的需要，门厅入口设大于 1～5 m 的门斗(图 2-17)。

（5）其他。门厅对外出口的宽度数量应满足防火疏散要求。一个防火分区总出入口数量应不少于两个，人流较集中时按经验估算。

(三)过厅

为了避免人流过于拥挤，常在公共建筑的走廊与楼梯间、走廊的转折处或走廊与人数较多的房间的衔接处，将交通面积扩大而成为过厅，起人流的转折与缓冲的作用，如图 2-18

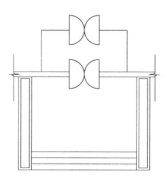

图 2-17　门斗示意

所示。设计过厅时，应注意结合楼梯间、走廊、采光口来改善其采光条件。

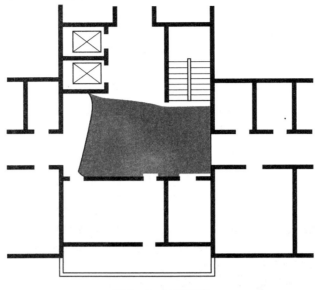

图 2-18　过厅示意

第三节　建筑平面组合设计

一、平面组合形式

平面组合形式是指经平面组合后使用空间及交通联系空间所形成的平面布局。可根据建筑物功能联系特点和空间构成特点选择合适平面组合方式。平面组合形式可分为以下几种。

1. 走廊式组合

走廊式组合的特征是房间沿走廊一侧或两侧并列布置，房间门直接开向走廊，房间之间通过走廊来联系。走廊式组合的优点是：使用空间与交通联系空间分工明确，房间独立性强，各房间便于获得天然采光和自然通风，结构简单，施工方便等。根据房间与走廊布置关系不同，走廊式组合又可分为内廊式与外廊式两种，如图 2-19 所示。内廊式组合是两侧均布置房间；外廊式组合是仅在走廊一侧布置房间。

2. 套间式组合

套间式组合是以穿套的方式将主要房间按一定序列组合起来，房间与房间之间相互穿套，无须经走廊联系。其特点是将水平交通联系部分寓于房间之内，房间之间联系紧密，具有较强的连贯性，但是房间的使用灵活性、独立性都受限制。套间式组合适用于房间的使用顺序性和连续性较强的建筑，如展览馆、博物馆、商店、车站等建筑。

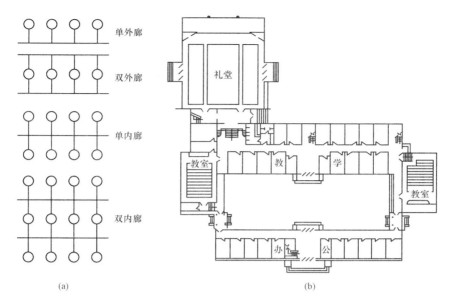

图 2-19　走廊式组合

(a)走廊式组合示意；(b)走廊式组合实例

套间式组合可分为串联式、放射式、并联式等几种类型。串联式是各主要房间按一定顺序互相串通，首尾相连，如图 2-20 所示。串联式组合使房间之间有明确的程序和连续性，人流方向统一且不逆行交叉，但使用线路不灵活，不利于部分房间单独使用，常用于博物馆、展览馆建筑。放射式组合是将各房间围绕交通枢纽呈放射状布置，流线简单紧凑，联系方便，空间使用灵活，但流线欠明确，易产生迂回拥挤而相互干扰。并联式组合是通过走道或一个处在中心位置的公共部分连接并联的各个使用空间，各使用空间相互独立，功能明确，使用较普遍，如图 2-21 所示。

图 2-20　串联式平面组合示意

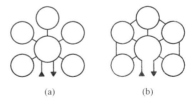

图 2-21　并联式平面组合示意

(a)用公共中心连接各并联部分；(b)用走道连接各并联部分

3. 大厅式组合

大厅式组合以主体大厅为中心，周围穿插布置其他辅助房间。主体大厅的空间体量庞大，主体突出使用人数多，而辅助房间依附于主体大厅。大厅式组合适用于影剧院、体育馆等建筑，如图 2-22 所示。

4. 单元式组合

单元式组合是将关系较密切的房间组合在一起，成为相对独立的单元，再将各单元按一定方式连接起来组合成一幢建筑。其特点是规模小、平面紧凑、功能分明、布局整齐、外形统一、各单元之间互不干扰，有利于建筑的标准化和形式的多样化。单元式组合主要适用于住宅和幼儿园、宿舍等建筑中，如图 2-23 所示。

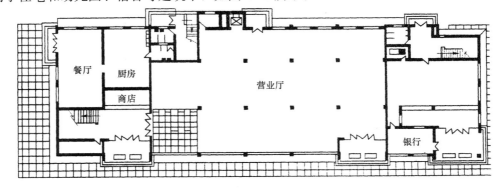

图 2-22 大厅式组合实例（影剧院）

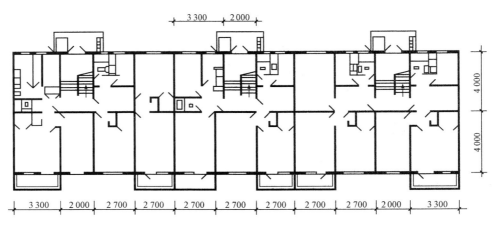

图 2-23 单元式组合住宅

5. 庭院式组合

庭院式组合建筑的房间沿建筑四周环绕布置，中间形成庭院，特点是面积大小不等，可作为绿化或交通等场地，环境清幽别致，冬季还能起到防风沙作用。此类组合常用于普通民居、地方医院、机关办公区及旅馆等。

6. 混合式组合

民用建筑中常采用两种或两种以上的组合形式将房间连接起来，如图书馆、文化宫、俱乐部等建筑的功能关系复杂，很难只采用一种组合形式，必须采用多种组合形式，称作混合式组合。组合后还得考虑通风、采光等诸多问题，以一定功能需要为前提，解决问题、灵活运用。

二、平面组合设计的影响因素

平面组合设计的影响因素主要有使用功能、结构类型、设备管线、建筑造型等。

1. 使用功能

使用功能是平面组合设计的核心，集中表现在合理的功能分区及明确的流线组织两个方面。

（1）建筑物的功能分区是指将建筑物各个组成部分按不同的功能特点进行分类、分组，使之分区明确、联系方便。根据建筑物的功能特征的不同，各房间有以下关系：

1）主次关系。组成建筑物的各房间，按使用性质及重要性，必然存在着主次之分。在平面组合时应分清主次、合理安排。如教学楼中，教室、实验室是主要使用房间；办公室、管理室、厕所等则属于次要房间，如图2-24所示。居住建筑中的卧室、客厅、起居室是主要房间，厨房、卫生间、储藏室是次要房间，如图2-25所示。商业建筑中的营业厅、影剧院中的观众厅皆属主要房间。平面组合中，一般是将主要使用房间布置在朝向较好、通行方便的位置并靠近主要出入口，次要房间可布置在朝向、采光通风、交通条件相对较差的位置。

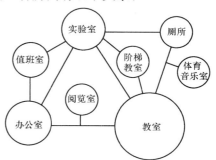

图2-24　教学楼功能分析图

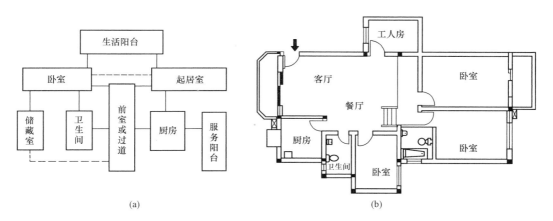

(a)　　　　　　　　　　　　　(b)

图2-25　居住建筑房间的主次关系

（a）功能分析图；（b）住宅平面图

2）内外关系。各类建筑的合成房间中，有的对外联系密切，直接为公众服务；有的对内关系密切，供内部使用；如食堂中的餐厅是对外，而厨房是对内，如图2-26所示。

3）联系与分隔关系。房间的使用性常根据"闹"与"静"、"洁"与"污"进行功能分区，使其既分隔互不干扰，又有适当联系。

（2）民用建筑流线因使用性质的不同归纳为人流及物流两种。为了使流线组织明确，就要保证各种流线简捷、通畅、不迂回、不逆行，尽量避免交叉和干扰。

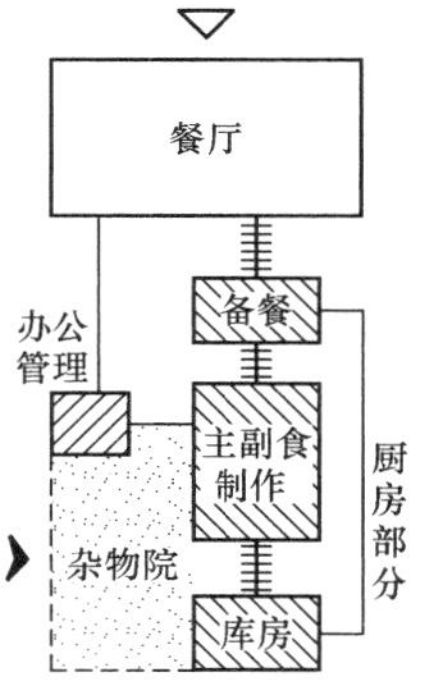

2．结构类型

目前，民用建筑常用的结构类型有砖混结构、框架结构、钢结构、空间结构四种。

（1）砖混结构。以钢筋混凝土梁板为水平承重构件、以砖墙为竖向承重构件的房屋结构称为砖混结构房屋。这种结构形式的优点是构造简单、造价较低；其缺点是房间尺寸受钢

图2-26　食堂房间功能分析图

筋混凝土梁板经济跨度的限制，室内空间小，开窗也受到限制，仅适用于房间开间和进深尺寸较小、层数不多的中小型民用建筑，如住宅、中小学校、医院及办公楼等。

（2）框架结构。由梁和柱构成建筑的承重骨架的建筑称为框架结构建筑。框架结构的主要特点是：承重系统与非承重系统有明确的分工，支承建筑空间的骨架如梁、柱是承重系统，而分隔室内外空间的围护结构和轻质隔墙是不承重的。这种结构形式强度高，整体性好，刚度大，抗震性好，平面布局灵活性大，开窗较自由，但钢材、水泥用量大，造价较高，适用于开间、进深较大的商店、教学楼、图书馆之类的公共建筑。

（3）钢结构。钢结构的主要承重构件均用型钢制成。其具有强度高、质量小、平面布局灵活、抗震性能好、施工速度快等优点。因此，目前主要用于大跨度、大空间以及高层建筑中。随着钢铁工业的发展，轻钢结构在多层建筑中的应用也日益受到重视。

（4）空间结构。这类结构用材经济、受力合理，并为解决大跨度的公共建筑提供了有利条件，如薄壳、悬索、网架等。空间结构体系不但适用于各种民用和工业建筑的单体，而且可以应用于建筑物的局部，特别是建筑物体型变化的关节点、各部分交接的连接处以及局部需要大空间的地方。

3. 设备管线

民用建筑中的设备管线主要包括给水排水、空气调节以及电气照明等所需的设备管线，它们都占有一定的空间。在进行平面组合时，除应考虑一定的设备位置外，还应恰当地布置、上下对齐，以利于施工和节约管线。图 2-27 所示为某旅馆卫生间管线布置图。

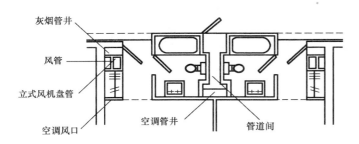

灰烟管井
风管
立式风机盘管
空调风口
空调管井
管道间

图 2-27 某旅馆卫生间管线布置

建筑平面的功能分析

4. 建筑造型

建筑造型是一般建筑内部空间的直接反映，建筑体型及其外部特征直接影响建筑平面布局及平面形状。

本章小结

任何一栋建筑物的建造，从拟定计划到建成使用都必须遵循一定的程序，通常有编制计划任务书、选择和勘测基地、设计、施工以及交付使用后的回访总结等几个阶段，而设计工作又是其中比较关键的环节。本章主要介绍建筑平面总设计、建筑物使用部分的平面设计、建筑平面组合设计。

一、填空题

1. 不同类型的民用建筑从组成平面各部分空间的使用性质来分析，均是由使用空间与交通联系空间组成，而使用空间又可以分为_____与_____。

2. 建筑平面总设计规划对用地范围的控制多是由_____与_____共同来完成的。

3. _____是指场地内所有建筑物基底面积之和与场地总用地面积的百分比。

4. _____是指房间两相邻横轴线之间的距离；_____是指房间两纵轴线之间的距离。

5. 采光面积比是指_____与_____之比。

6. 在一般公共建筑中，走道或走廊的宽度应不小于_____，疏散走廊最小宽度为_____，应符合安全疏散有关规定。

7. _____是公共建筑的主要出入口，其主要作用是接纳人流、疏导人流。

二、选择题

1. （　　）是城市道路用地的规划控制边界线，一般由城市规划行政主管部门在用地条件图中标明。

　　A. 道路红线　　　　B. 蓝线　　　　　　C. 城市绿化线　　　D. 黑线

2. （　　）是指场地内所有建筑物的建筑面积之和与场地总用地面积的比值。

　　A. 建筑密度　　　　B. 容积率　　　　　C. 绿地率　　　　　D. 分摊率

3. 开间和进深应符合建筑模数要求，一般采用（　　）系列。

　　A. 1M　　　　　　B. 2M　　　　　　　C. 3M　　　　　　　D. 4M

4. 教室设计一般要求学生距离黑板的最远距离不超过（　　）m。

　　A. 6　　　　　　　B. 8　　　　　　　　C. 8.5　　　　　　　D. 9.5

5. 一般房间主要的门宽度取（　　）mm。

　　A. 800　　　　　　B. 900　　　　　　　C. 1 200　　　　　　D. 1 500

6. 学校教学楼建筑平面较适宜采用下列（　　）的平面组合方式。

　　A. 走廊式　　　　　　　　　　　　　　B. 大厅式

　　C. 套间式　　　　　　　　　　　　　　D. 大空间灵活隔断

三、简答题

1. 建筑平面总设计的基本要求有哪些？

2. 影响房间面积大小的因素主要有哪些？

3. 门厅的设计要求有哪些？

4. 建筑平面组合设计的影响因素主要有哪些？

第三章　建筑体型与立面设计

第一节　建筑体型与立面设计的要求

建筑在满足人们生产、生活等使用功能需求的同时，它的体型立面及内外空间组合还应满足人们对建筑物的审美要求，并在一定程度上反映社会经济和文化基础。建筑的设计宗旨是满足使用功能需求的同时，运用制图原理创造出给人以美和感染力的建筑形象。建筑体型与立面设计是在内部空间及功能合理的基础上，在物质技术条件的制约下，考虑到所处的地理位置及环境的协调，对外部形象从总的体型到各个立面及细部，按照一定美学规律加以处理，以求得完美的建筑形象的过程。建筑物体型与立面设计的要求如下：

一、符合基础环境和总体规划的要求

建筑单体是基地建筑群体中的一个局部，其体量、风格、形式等都应该顾及周围的建筑环境和自然环境，在总体规划所策划的范围之内做文章。例如，许多地方的建筑群体，都是在长期的过程中逐步形成的，往往具有特定的历史渊源及人文方面的脉络。在其中进行建设，应当要尊重历史和现实，妥善处理新、旧建筑之间的关系。即便是进行大规模的地块改造和建筑更新，也应该从系统的更高层次上去把握城市规划对该地块的功能和风貌

方面的要求，以取得更大规模的整体上的协调性。另外，建筑基地上的许多自然条件，如气候、地形、道路、绿化等，也会对新建建筑的形态构成影响。譬如在以东南风为夏季主导风向的较炎热环境中，建筑开口应该迎向主导风向。如果反其道而行之，将最高大的体量放在东南面，就会造成对其他部分的遮挡，影响通风采光，不是好的选择。

二、反映结构材料与施工技术特点

建筑不同于一般的艺术品，它必须运用建筑技术如结构类型、材料特征、施工手段等才能完成，因此，建筑体型及立面设计必然在很大程度上受建筑技术条件的制约，并反映出结构、材料和施工的特点。

建筑结构体系是构成建筑物内部空间和外部形体的重要条件之一。由于结构体系的不同，建筑将会产生不同的外部形象和不同的建筑风格。在设计中要善于利用结构体系本身所具有的美学表现力，根据结构特点，巧妙地将结构体系与建筑造型有机地结合起来，使建筑造型充分体现结构特点。如墙体承重的砖混结构，由于构件受力要求，窗间墙必须保留一定宽度，窗户不能开太大，形成较为厚重、封闭、稳重的外观形象；钢筋混凝土框架结构，由于墙体只起围护作用，建筑立面门窗的开启具有很大的灵活性，既可形成大面积的独立窗，也可组成带形窗，甚至可以全部取消窗间墙面而形成完全通透的形式，显示出框架结构简洁、明快、轻巧的外观形象；随着现代新结构、新材料、新技术的发展，特别是各种空间结构的大量运用，更加丰富了建筑物的外观形象，使建筑造型显现出千姿百态。

材料和技术对建筑体型和立面也有一定的影响，如清水墙、混水墙、贴面砖墙和玻璃幕墙等形成不同的外形，给人不同的感受。

三、合理运用构图规律和美学原则

建筑体型和立面既然要给人以美的享受，就应该讲究构图的章法，遵循某些视觉规律和美学原则。其中的美学原则便是指建筑构图的一些基本规律。因此，在建筑体型和立面设计中常常会用到诸如讲究建筑层次、突出建筑主体、重复运用母题、形成节奏和韵律、掌握合适的尺度比例等手段。这一原则适用于单体建筑外部、建筑内部空间处理及建筑总体布局。

四、考虑材料条件特点

建筑不同于一般的艺术品，它必须运用建筑技术如结构类型、材料特质、施工手段等才能完成。在现代建筑中，一般中小型民用建筑多采用砖混结构，由于受到墙体承重及梁板经济跨度的局限，开窗面积受到限制，这类建筑的立面处理可通过外立面的色彩、材料质感、水平与垂直线条及门窗的合理组织等来表现建筑简洁、朴素、稳重的外观特征。

图 3-1～图 3-8 所示为建筑体型和立面实例图。

图 3-1　悉尼歌剧院

图 3-2　高层住宅

图 3-3　现代高层建筑群

图 3-4　现代高层建筑

图 3-5　迪拜大厦

图 3-6　迪拜钻戒旅馆

图 3-7　迪拜小站　　　　　　　图 3-8　上海金茂大厦（右）与环球金融中心

五、符合建筑构图的基本规律

建筑艺术是指按照美的规律，运用独特的艺术语言，使建筑形象具有文化价值和审美价值，具有象征性和形式美，体现出民族性和时代感。建筑艺术是一种立体艺术形式，是实用性与审美性相结合的艺术。建筑造型是有其内在规律的，人们要创造出美的建筑，就必须遵循建筑美的法则，如统一与变化、均衡与稳定、对比、韵律、比例与尺度等。"统一中求变化，变化中求统一"，运用这一规律进行建筑设计时，为取得多样统一的艺术效果，通常采用以下几种手法。

1. 均衡与稳定

均衡主要是研究建筑物各部分前后左右的轻重关系，并使其建筑形象给人以安定、平衡的感觉。在建筑构图中，均衡与力学的杠杆原理是有联系的。建筑设计中根据均衡中心位置的不同，又可分为对称式均衡和非对称式均衡。

对称的建筑是绝对均衡的，以中轴线为中心并加以重点强调，两侧对称容易取得完整统一的效果，给人以雄伟、端庄、肃穆等心理感受，适用于办公、纪念性等建筑；非对称式均衡的建筑体型处理是不对称的，它的均衡中心是利用建筑体量的错落、建筑形体的虚实变化、建筑立面材质和色彩的不同实现的。

稳定是指建筑物上下之间的轻重关系，一般来说，由底部向上逐渐缩小的建筑易获稳定感。随着科技的进步和人们审美观点的发展变化，利用新材料、新结构，上大下小的体型经过合理的设计同样可以达到稳定的效果。

均衡与稳定实例如图 3-9 和图 3-10 所示。

2. 对比

建筑造型中的对比具体表现在体量的大小、高低、形状、方向、线条曲直、横竖、虚实、色彩、质地、光影等，如图 3-11 和图 3-12 所示。在同一因素之间通过对比，相互衬托，就能产生不同的形象效果。在建筑设计中恰当地运用对比的强弱图是取得统一与变化的有效手段。

图 3-9 　对称式均衡与稳定

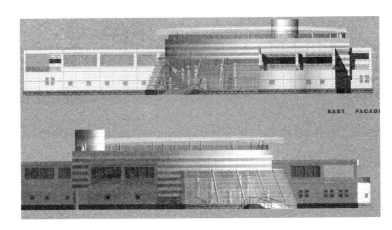

图 3-10 　非对称式均衡与稳定

图 3-11 　凸凹与明暗对比

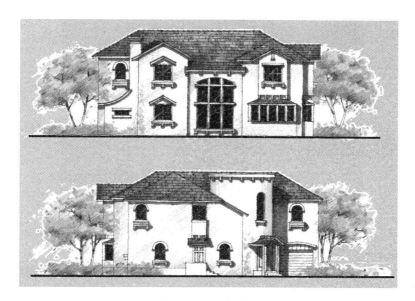

图 3-12 虚实对比

3. 韵律

韵律是指建筑构图中有组织的变化和有规律的重复，这种重复能够形成优美的节奏感和韵律感，给人以美的享受，建筑物由于功能的要求和结构技术的影响，存在着许多重复的因素，如建筑形体、空间、构件乃至门窗、阳台、凹廊、雨篷等，这就为建筑造型提供了很多有规律性的依据来体现韵律，如图 3-13 所示。

图 3-13 节奏与韵律

4. 比例与尺度

建筑物比例和尺度能反映出建筑物的真实大小。尺度所研究的是建筑物整体或局部与人体尺度之间在度量上的比较关系。建筑物尺度失调则会使人产生不真实的感觉。良好的比例能带给人和谐美好的感受；反之，比例失调则无法让人产生美感，如图 3-14 所示。

图 3-14　比例与尺度

5. 主从分明、重点突出

造型设计中应有主体部分和从属部分之分，处理好主体与从属的关系使建筑主从分明，可以增强建筑表现力，取得和谐统一的效果，如图 3-15 和图 3-16 所示。

图 3-15　主次关系

图 3-16　统一与变化

第二节　建筑体型的组合

体型是指建筑物的轮廓形状，它反映了建筑物总的体量大小、组合方式以及比例尺度等。在进行建筑平面和空间组合设计时，应根据建筑功能特点、环境条件和结构布置的可能性，对房屋体型做适当处理，使体型组合主次分明、比例恰当，各部分体量交接明确、简洁肯定，外形轮廓高低起伏、富有变化，整体布局均衡稳定，既统一又有变化。建筑体型基本上可以归纳为单一体型、单元组合体型、复杂体型。

一、单一体型

单一体型是指将复杂的内部空间都组合在一个完整的体型中，整幢房屋基本上是一个完整的、简单的几何形体。平面形式多采用正方形、矩形、圆形、三角形、多边形、风车形和"Y"形等单一几何形状。这类体型的建筑特点是体型单一、轮廓鲜明、简洁大方，给人以统一完整的感觉，如图 3-17 所示。

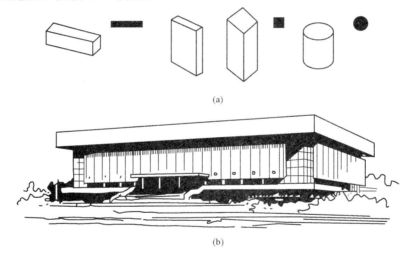

(a)

(b)

图 3-17　单一体型

(a)建筑的基本形体；(b)巴基斯坦伊斯兰堡体育馆

二、单元组合体型

单元组合体型是将几个独立体量的单元按一定的方式组合起来。这类体型的建筑特点是组合灵活，可以结合基地大小、形状、朝向、道路走向、地形变化任意组合建筑单元，既可形成简单的一字形体型，也可以形成锯齿形、台阶式体形，如图 3-18 所示。

图 3-18　单元组合体型

三、复杂体型

复杂体型是指由若干个简单体型组合在一起的体型。在进行组合体型设计时，应注意各体量之间的相互协调统一，遵循构图规律。组合体型一般可分为对称和不对称两种。

(1)对称式组合。对称式组合体型的特点是平面具有明确的建筑轴线和主从关系，主要体量和主要出入口一般都设在中轴线上。这种组合方式常给人以比较严谨、庄重、匀称和稳定的感觉。一些纪念性建筑、行政办公建筑或要求庄重一些的公共建筑常采用这种组合方式，如图 3-19 所示。

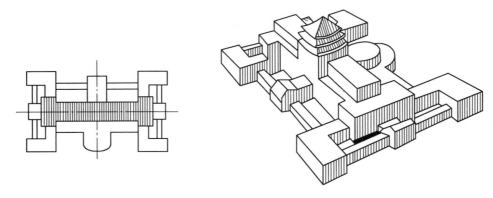

图 3-19 中国美术馆

(2)不对称式组合。不对称式组合体型的特点是平面显著的轴线关系，根据功能要求将体量、形状、方向、高低、曲直各不相同的体量组合在一起，布置比较灵活，给人以生动、活泼的感觉，如图 3-20 所示。

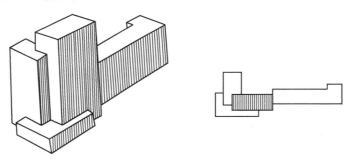

图 3-20 中国民航大楼

各部分体量连接合理不仅能增加建筑外形的统一协调感，而且也有利于功能使用和结构布置。各体量之间的连接方式多种多样：可以采用将不同体量的面直接相连的直接连接方式，这种方式具有体型简洁、整体性强的特点，常用于功能要求各房间联系紧密的建筑，如图 3-21(a)所示；也可以将各体量之间相互穿插形成咬接的连接方式，这种方式体型较复杂，组合紧凑，整体性强，如图 3-21(b)所示；还可以采用走廊或连接体连接的方式，这种方式各体量之间相对独立又互相联系，给人以轻快、舒展的感觉，如图 3-21(c)、图 3-21(d)所示。

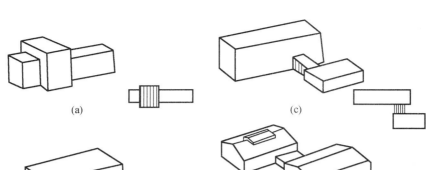
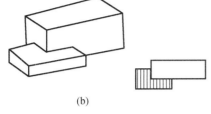
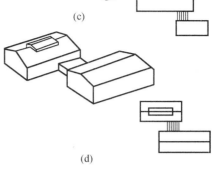

(a)

(c)

(b)

(d)

图 3-21　复杂体型各体量之间的连接方式

(a)直接连接；(b)咬接；(c)以走廊连接；(d)以连接体相连

复杂体型在转折或转角处理时，如果能结合地形的变化而充分发挥地形环境优势、合理布局，巧妙地进行体型处理，可增加建筑物的灵活性，使建筑物更加完整统一，如图 3-22 所示。

建筑体型的组合方式

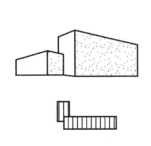
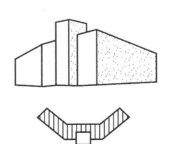
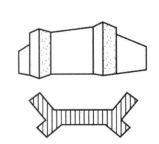

图 3-22　建筑体型的转折与处理

第三节　建筑立面设计

建筑立面是建筑物各个方位的外部形象。建筑立面设计的主要任务是对建筑物立面的组成部分和构件的比例、尺度，入口及细部处理质感、色彩，运用节奏韵律、虚实对比等规律，设计出体型完整、形式与内容统一的建筑立面。

建筑立面设计通常是先根据平面设计初步确定各个立面的基本轮廓，再推敲立面各部分总的比例关系，考虑建筑整体几个立面之间的统一，相邻立面间的连接和协调等问题，然后着重分析各个立面上墙面的处理、门窗的调整安排等，最后对入口门厅、建筑装饰等进一步做重点及细部处理，使之与建筑内部空间、使用功能、技术经济条件密切相结合。

一、建筑立面设计的重点

1. 尺度和比例的协调统一

尺度和比例的协调统一是立面设计的重要原则。立面的比例和尺度的处理与建筑功能、材料性能和结构类型是分不开的。由于使用性质、容纳人数、空间大小、层高等的不同，建筑立面会形成全然不同的比例和尺度关系。恰当的尺度能反映出建筑物真实的大小，而尺度失调会产生不真实感，同时，比例要满足结构与构件的合理性和立面构图美观的要求。

2. 立面的虚实与凹凸的对比

立面的虚实与凹凸对比是立面设计的重要表现手法，建筑立面中"虚"的部分泛指门窗、空廊、凹廊等，常给人以轻巧、通透的感觉；"实"的部分是指墙、柱、栏板等，给人以厚重、封闭的感觉。建筑外观的虚实关系主要是由功能和结构要求决定的。充分利用这两个方面的特点，巧妙地处理虚实关系可以获得轻巧生动、坚实有力的外观形象。

由于功能和构造上的需要，建筑外立面常出现一些凹凸部分。凸的部分一般有阳台、雨篷、遮阳板、挑檐、凸柱、凸出的楼梯间等（图 3-23 和图 3-24）；凹的部分有凹廊、门洞等。通过凹凸关系的处理可以加强光影变化，增强建筑物的立体感，丰富立面效果。

图 3-23　造型与遮阳实例 1

图 3-24　造型与遮阳实例 2

3. 材料质感和色彩配置

合理地选择和搭配材料的质感和色彩，可以使建筑立面更加丰富多彩。材料质感和色彩的选择、配置是使建筑立面进一步取得丰富、生动效果的又一重要方面。不同的色彩具有不同的表现力和感染力，粗糙的混凝土或砖石表面显得较为厚重；平整而光滑的面砖以及金属、玻璃的表面感觉比较轻巧细腻。浅色调使人感到明快、清新；深色调使人感到端庄、稳重；冷色调使人感到宁静；暖色调使人感到热烈。在建筑立面上恰当地利用材料的质感和色彩的特点，往往使建筑物显得生动而富于变化。

4. 重点部位和细部处理

对建筑某些重点部位和细部进行处理是建筑立面设计的重要手法，可以突出主体，打破单调感。立面重点部位处理常通过对比手法取得。建筑的主要出入口和楼梯间是人流最多的部位，要求明显易找。为了吸引人们的视线，常对这个重点部位进行处理。

在建筑设计中应综合考虑建筑物平面、剖面、立面、体型及环境各方面因素，创造出人们需要的、完美的建筑形象。

二、建筑立面设计的要求

建筑立面设计应符合环境和总体规划的要求，反映建筑功能和性格特征，合理运用构图的规律和美学原理，考虑材料条件特点，掌握建筑标准，满足建筑经济要求。

三、建筑立面设计实例

建筑立面设计实例如图 3-25～图 3-34 所示。

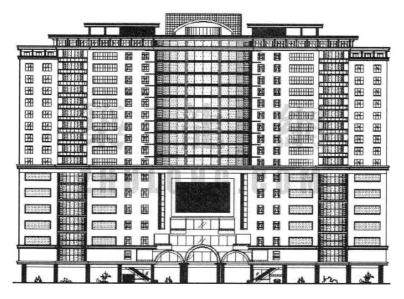

图 3-25　建筑立面设计实例 1

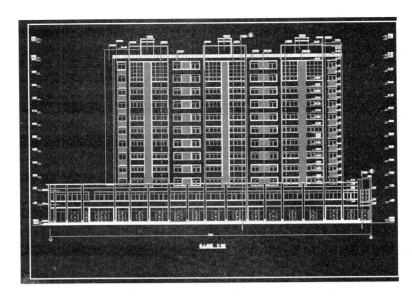

图 3-26　建筑立面设计实例 2

图 3-27　建筑立面设计实例 3

图 3-28　建筑立面设计实例 4

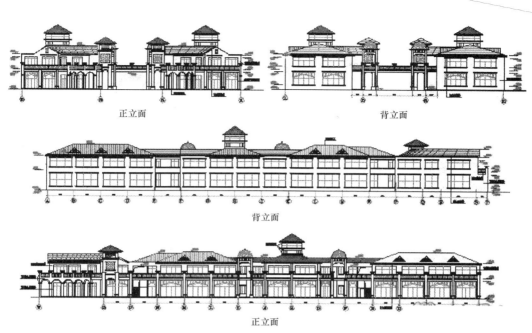

正立面   背立面

背立面

正立面

图 3-29　建筑立面设计实例 5

图 3-30　建筑立面设计实例 6

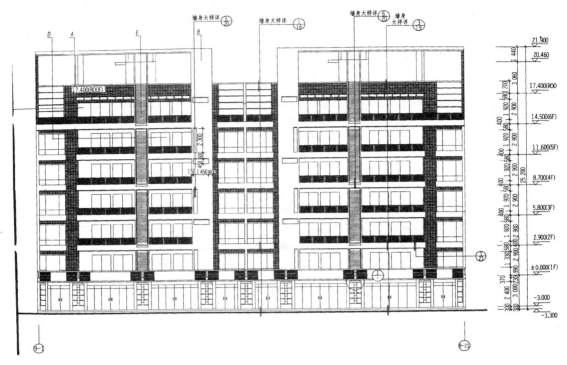

图 3-31　建筑立面设计实例 7

图 3-32　建筑立面设计实例 8

图 3-33　建筑立面设计实例 9

图 3-34　建筑立面设计实例 10

■■ 本章小结 ■■

　　建筑物在满足使用要求的同时，对它的体型、立面以及内外空间组合等，还需考虑精神方面，即人们对建筑物的审美要求。本章主要介绍建筑的体型与立面设计，它们之间有着密切联系，贯穿于整个建筑设计始终。建筑体系设计主要是对建筑外形总的体量、形状、比例、尺度等方面的确定，并针对不同类型建筑采用相应的体型组合方式；立面设计主要是对建筑体型的各个方面进行深入刻画和处理，使整个建筑形象处于完整。

■■ 思考与练习 ■■

一、填空题

　　1. _____是指建筑物的轮廓形状，它反映了建筑物总的体量大小、组合方式以及比例尺度等。

　　2. _____是指将复杂的内部空间都组合在一个完整的体型中，整幢房屋基本上是一个完整的、简单的几何形体。

3._____是将几个独立体量的单元按一定的方式组合起来。

4. 组合体型一般可分为_____和_____两种。

5. 建筑物_____和_____能反映出建筑物的真实大小。

6._____主要是研究建筑物各部分前后左右的轻重关系，并使其建筑形象给人以安定、平衡的感觉。

二、选择题

1. 建筑立面的重点处理常采用(　　)手法。

    A. 韵律　　　　　　B. 对比　　　　　　C. 统一　　　　　　D. 均衡

2. 下列(　　)构图手法不是形成韵律的主要手法。

    A. 渐变　　　　　　B. 重复　　　　　　C. 交错　　　　　　D. 对称

3. 立面的重点处理部位主要是指(　　)。

    A. 建筑主立面　　　　　　　　　　B. 建筑的檐口部位

    C. 建筑的主要出入口　　　　　　　D. 建筑的复杂部位

4. (　　)是住宅建筑采用的组合方式。

    A. 单一体型　　　　　　　　　　　B. 单元组合体系

    C. 复杂体系　　　　　　　　　　　D. 建筑的复杂部位

三、简答题

1. 建筑物体型与立面设计的要求有哪些？

2. 建筑构图中的统一与变化、均衡与稳定、韵律、对比、比例、尺度等的含义是什么？

3. 建筑体型组合方式有哪几种？

4. 建筑体型的转折和转角如何处理？

5. 建筑立面设计的主要任务是什么？建筑立面设计的重点有哪些？

第四章 建筑剖面设计

知识目标

1. 了解材料、结构、施工的影响；熟悉使用要求、采光及通风的要求。

2. 掌握房间的净高与层高的要求、窗台和门的高度的确定、室内外地面高差的确定、建筑层数和总高度的确定。

3. 了解建筑空间剖面组合设计的原则；熟悉建筑剖面空间组合设计的形式、建筑空间的利用。

能力目标

1. 能运用剖面原理进行简单建筑剖面设计。

2. 能在实际工作中运用本章知识进行建筑剖面设计。

第一节　房间的剖面形状及构造要求

房间剖面的设计，需要确定室内的房间剖面形状。房间剖面形状的确定主要考虑以下几个方面。

一、使用要求

一些室内人数较多、面积较大具有视听等使用特点的房间，如学校的阶梯教室、电影院、剧院的观众厅、会场等，这些房间的剖面形状需要综合多方面的因素确定，例如，仅以视线要求为例分析，为了在房间的剖面中保证有良好的视线，需要进行视线设计，使室内地坪按一定的坡度升起。地坪升起可用按比例绘制的图解方法求得。另外，对位排列，视线升高值为 120 mm，这种排列方式地面起坡较大，如图 4-1 所示；座位错位排列，每排座位升高 60 mm，这种排列地面起坡较小，如图 4-2 所示。

观看对象的位置越低，即选定的设计观点越低，地坪坡度升起越高，如图 4-3 所示。

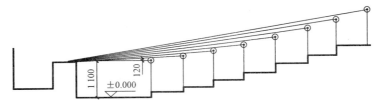

图 4-1　中学教室对位排列起坡示意图

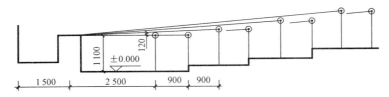

图 4-2　中学教室错位排列起坡示意图

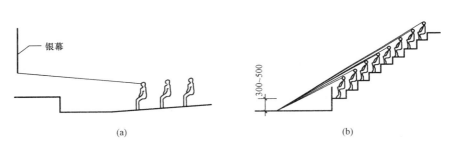

图 4-3　设计视点与起坡的关系
(a)电影院；(b)体育馆

　　同时，房间中由于音质方面的要求，以及电影放映、体育活动等其他使用特点的考虑，也都对房间的高度、体积和剖面形状有一定的影响，如图 4-4 所示。

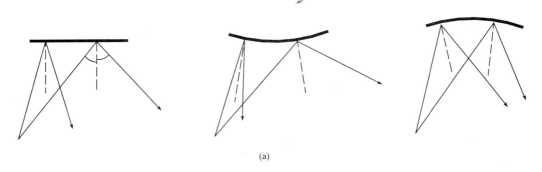

图 4-4　音质要求和剖面形状的关系
(a)声音反射示意

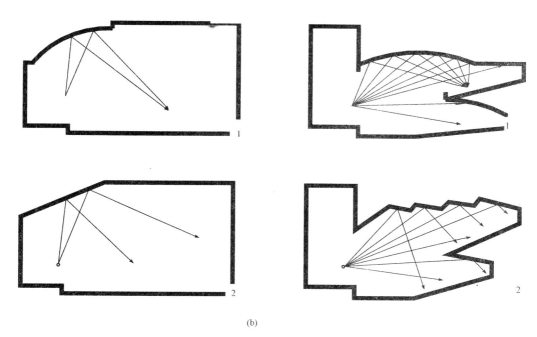

图 4-4　音质要求和剖面形状的关系(续)

(b)剖面顶棚的声音反射比较

二、材料、结构、施工的影响

在房间的剖面设计中，梁、板等结构构件的厚度以及空间结构的形状、高度对剖面设计有一定影响。例如，空间结构这种结构系统，它的高度和剖面形状是多种多样的。如图 4-5(a)所示为薄壳结构的体育馆比赛大厅，综合考虑了球类活动和观众看台所需要的不同高度；如图 4-5(b)所示为悬索结构的电影观众厅，考虑了电影放映、银幕、楼座部分的不同高度要求。

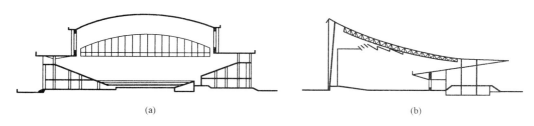

图 4-5　剖面中结构选型和使用活动特点的结合

(a)薄壳结构的体育馆比赛大厅；(b)悬索结构的电影院观众厅

三、采光、通风的要求

单层房屋进深较大的房间，为改善室内采光，常在屋顶设置各种形式的天窗，房间的剖面形状具有明显的特点。如大型展览厅、室内游泳池等建筑物，主要大厅常以天窗的顶光，或顶光和侧光相结合的布置方式来提高室内采光质量。如图 4-6 所示为大厅中不同天窗的剖面形状对室内照度分布的影响。

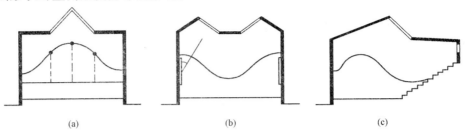

图 4-6 大厅中天窗的位置和室内照度分布的关系
(a)博物馆；(b)画廊；(c)体育馆

第二节 建筑各部分高度和层数的确定

一、房间的净高与层高

建筑物的每部分高度是该部分使用高度、结构高度和设备所占用高度的总和。房间的净高是指楼地面到结构层（梁、板）底面或顶棚下表面之间的垂直距离；房间的层高是指该层楼地面到上一层楼地面之间的距离，如图 4-7 所示。

层高应符合《建筑模数协调标准》(GB/T 50002—2013)的要求。当层高不超过 3.60 m 时，应采用 1M 数列。当层高超过 3.60 m 时，宜采用 3M 数列。

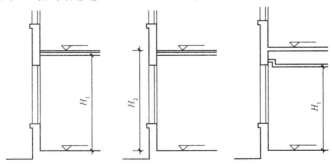

图 4-7 房间净高(H_1)与层高(H_2)

房间净高和层高按以下要求确定。

1. 房间使用性质及家具设备的要求

首先，房间的净高与人体活动尺度有很大关系。为保证人的正常活动，一般情况下，室内净高度应保证人在举手时不触及顶棚，也就是不应低于 2 200 mm。地下室、储藏室、局部夹层、走道及房间的最低处的净高不应小于 2 000 mm。其次，不同类型的房间由于人数的不同以及使用活动特点的差异，也要求有不同的房间净高和层高。如住宅中的卧室和起居室，因使用人数较少、面积不大，净高要求一般不应小于 2 400 mm，层高在 2 800 mm 左右；中学的普通教室，由于使用人数较多，面积较大，净高也相应加大，要求不应小于 3 400 mm，层高为 3 600~3 900 mm；公共活动用房的室内净高更高一些，如排球比赛厅室内净高不低于 12 m。

另外，室内家具设备配置设计时可根据家具设备的高度及人使用家具设备所需活动尺寸来确定室内使用高度。房间内的家具设备以及人们使用家具设备所需要的空间大小，也直接影响房间的净高和层高。如学生宿舍设有双层床时，净高不应小于 3 000 mm，层高一般取 3 300 mm 左右，如图 4-8 所示；医院手术室的净高应考虑到手术台、无影灯以及手术操作所必需的空间，其净高不应小于 3 000 mm。

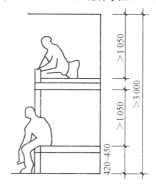

图 4-8　家具设备对净高的影响

2. 采光、通风环境和卫生要求

房间的高度应有利于天然采光和通风，这样可以保证房间的卫生要求。房间的进深与窗口上沿高度关系密切，因此，进深较大的房间，为免室内远离窗口处的照度过低，应该适当增加上沿高度，相应的净高也应加大。

潮湿炎热的地区，需要有足够的空间与室外对流换气。在炎热地区房间净高应该高一些；而寒冷地区房间净高应低一些；因为高度过高会导致热量散失。公共建筑中室内还需考虑人均空气容量，而符合卫生要求的房间净高应根据房间的面积、使用人数、卫生标准确定。

3. 结构层高度及室内空间比例要求

结构层高度是指楼板（屋面板）、梁以及各种屋架所占高度。在满足房间高度要求的前提下，结构层高度与建筑物的层高尺寸呈正比关系。

结构层越高，层高越大；结构层高度小，则层高相应也小。一般开间、进深较小的房间，如住宅中的卧室、起居室，多采用墙体承重，板直接搁置在墙上，结构层所占高度较小；而开间、进深较大的房间，如教室、餐厅、商店等，多采用梁板结构布置方式，板搁置在梁上，梁支承在墙上或柱上，结构层高度较大；一些大跨建筑，如体育馆等，多采用屋架、薄腹梁、空间网架以及其他空间结构形式，结构层高度则更大。

4. 美观要求

确定房间净高时，应考虑功能要求、房间高度与宽度的比例及空间观感，满足人们的精神感受和审美要求。通常，面积小的房间和净高也宜低一些，且具有小巧、亲切、安静气氛；面积大的房间，如纪念厅，净高宜高一些，且具严肃、庄重气氛，给人正确的空间感。

设计时，可以通过不同的处理手法获得不同的空间效果。

（1）利用窗户及其他细部的不同处理来调节空间的比例感。

（2）通过顶棚处理，压低次要部分空间的方法来凸出主要部分空间，使主要部分空间显得更高一些。

5. 经济要求

满足使用要求和卫生要求前提下，合理选择房间高度，适当降低层高，可相应减轻建筑物自重，节约材料，降低建筑造价。层高降低后，建筑总高度随之降低，缩小建筑物间距，节约用地，节省投资。

净高与层高的具体规定见相关建筑设计规范。

二、窗台和门的高度

窗台的高度主要根据房间使用要求、人体尺度和家具设备的高度来确定。在民用建筑中，一般的生活、学习、工作用房，窗台高度常取 900~1 000 mm，以保证书桌上有充足的光线；托儿所、幼儿园的窗台，由于考虑到儿童的身高和家具尺寸，高度一般采用 600~700 mm；而浴室、厕所、卫生间等窗台高度可适当提高，一般采用 1 800 mm；展览陈列室等，往往需要沿墙布置陈列品，为了消除和减少眩光，常设高侧窗或天窗窗台。为满足窗台与陈列品的夹角大于 14°保护角的要求，窗台高度常提高到距地面 2 500 mm 以上。门的高度是指门的洞口高度，宜采用 3M 模数数列，门的净高即是门的通行高度，通常等于门扇高度。门净高一般不小于 2 m。门顶不设亮子时，门高常取 2.1 m 和 2.4 m，当门顶设亮子时，门高常取 2.4 m 和 2.7 m。

三、室内外地面高差

为了防止室外雨水流入室内使墙身受潮，室内外地面之间应有一定高差。一般民用建筑的室内外地面高差数值不应低于 150 mm，通常取 450 mm，高差过大，室内外联系不便，建筑造价提高；高差过小，不利于建筑的防水防潮。室内地面高差值应根据通行要求、防水防潮要求、建筑物沉降量、建筑物使用性质、建筑标准、地形条件等综合确定。一些大型公共建筑或纪念性建筑，也通过设置大台阶、高基座以营造出庄严、肃穆的气氛。在建筑设计中，一般取底层室内地坪相对标高为±0.000。建筑其他部位及室外设计地坪的标高均以此为标准，高于底层室内地坪为正值，低于底层室内地坪为负值。

四、建筑层数和总高度的确定

影响建筑层数和总高度的因素大致有以下几种。

1. 城市规划要求

考虑城市的总体面貌，城市规划对每个局部的建筑群体都有高度方面的要求。例如，在某些风景区附近不得建造高层建筑，以免破坏自然景观。

确定房屋的层数不能脱离一定的场地条件和环境要素。在相同建筑面积的条件下，场地面积小，建筑层数就会增加；而位于城市街道两侧、广场周围、风景园林区的建筑，还必须做到与周围建筑物、道路、绿化的协调一致。

2. 建筑物的使用要求

建筑物的使用性质与其层数也有密切的关系。如幼儿园、敬老院为了使用安全及便于使用者与室外活动场地的联系，应建造为低层建筑，建筑层数不宜超过 3 层；小学、中学教学楼应控制在 4、5 层以内；剧院、车站应以单层或低层为主；住宅、写字楼可采用多层或高层形式。

3. 建筑结构、材料和施工要求

建筑结构形式和材料也是决定房屋层数的基本因素。例如，砌体结构墙体多采用砖或砌块，自重大，整体性差，下部墙体厚度随层数的增加而增加，故建筑层数一般控制在6层以内，常用于住宅、宿舍、普通办公楼、中小学教学楼等大量性建筑；框架结构、剪力墙结构、框架-剪力墙结构、筒体结构，由于抗水平荷载的能力增强，故可用于宾馆、写字楼、住宅等多层或高层建筑；而网架结构、薄壳结构、悬索结构等空间结构体系，则常用于体育馆、影剧院等单层或低层大跨度建筑。

由于高层建筑必须考虑风荷载等水平荷载的作用，而多层及低层建筑则无此必要。不同的建筑结构类型和所选的建筑材料由于适用性不同，对建造的建筑层数和总高度都会产生不同的影响。

4. 城市消防能力要求

城市消防能力体现在对不同性质和不同高度的建筑有不同的消防要求。例如，各类建筑防火规范对建筑的耐火等级、允许层数、防火间距、细部构造等都做了详细的规定。这些规定是确定建筑物的层数和总高度时不可忽略的因素。按照《建筑设计防火规范（2018 年版）》(GB 50016—2014)的规定，当建筑物耐火等级为一、二级时，建筑层数不限；当为三级时，最多允许建造 5 层；当为四级时，仅允许建造 2 层。在进行公共建筑设计时，当总高度超过 24 m 时，还要按照《建筑设计防火规范（2018 年版）》(GB 50016—2014)的规定进行设计。

5. 经济要求

在满足上述各方面要求的前提下，适当降低层高可减轻建筑物自重，降低消耗，缩小建筑物间距，降低建筑造价。

第三节　建筑空间的剖面组合与空间利用

一、建筑空间剖面组合设计的原则

在实际工作中，房屋建筑剖面组合设计是与平面组合设计一起考虑的。例如，平面中房间的分层安排和剖面中房屋层数的通盘考虑，大厅式平面中不同高度房间竖向组合的平面、剖面关系，以及垂直交通联系部分楼梯间的位置和进深尺寸的确定等，都需要平面、剖面密切结合同时考虑。建筑剖面空间组合，主要是分析建筑物各部分应有的高度、建筑层数、建筑空间在垂直方向上的组合和利用以及建筑剖面和结构、构造的关系等问题。

（1）根据建筑的功能和使用要求，分析建筑空间的剖面组合关系。在剖面设计中，不同用途的房间有着不同的位置要求，应根据功能和使用要求以及组合的可能性来进行考虑。一般情况下，对外联系密切、人员出入频繁、室内有较重设备的房间应位于建筑的底层或下部；而那些对外联系较少、人员出入不多、要求安静或有隔离要求、室内无大型设备的房间，可以放在建筑的上部。例如，在高等学校综合科研楼设计中，就常将接待室和有大型设备的实验室放在底层；将人数多、人流量较大的综合教室放在建筑的下部；而使用人数较少，相对安静的研究室、研究生教室、普通用房，则位于建筑的上部。

（2）根据房屋各部分的高度，分析建筑的空间剖面组合关系。不同功能的房间有不同的高度要求，而建筑则是集多种用途的房间为一体的综合体。在建筑的剖面组合设计中，需要在功能分析的基础上，将有不同高度要求的大小空间进行归类整合，按照建筑空间的剖面组合规律，进行内部空间的组织，使建筑各个部分在垂直方向上取得协调和统一。

二、建筑剖面空间组合设计的形式

1. 单层建筑的剖面组合

跨度较大、人流量大且对外联系密切的建筑，如体育馆等多采用单层。一些要求顶部采光或通风的建筑，如食堂、展览馆等，也常采用单层。根据各房间的高度及剖面形状不同，单层建筑的剖面组合形式主要有等高组合、不等高组合、夹层组合三种形式。

2. 多层、高层建筑的剖面组合

通常民用建筑多采用多层和高层，但必须与平面组合结合进行。对高度相差较大的房间，应尽可能安排在不同的楼层上，各层之间采用不同的层高；若必须设在同一层而层高又难以调整到同一高度时，可采用不同的层高，局部做错层处理。对少量高度较大的房间，可采用布置在顶层或附设于主体建筑端部，也可单独用走廊与主体连接三种方式。多层和高层建筑的剖面组合形式主要有叠加组合、错层组合、跃层组合三种形式。

三、建筑空间的利用

充分利用建筑物内部空间，实际上在建筑占地面积和平面布置基本不变的情况下，可以起到扩大使用面积、节约投资、丰富室内空间艺术效果的作用，充分发挥房屋的使用效益。

（1）房间内空间的利用。在人们室内活动和家具设备布置等必需的空间范围之外，可以充分利用房间内剩余部分的空间，例如，在住宅卧室中利用床铺上部的空间设置吊柜用以储物，由此可以充分利用上部空间，有效地扩大使用面积。

（2）夹层空间的利用。由于大型公共建筑的各种功能要求、内部空间的大小不一致，空间高度又很大，而其他有联系的辅助用房空间高度较小，因此，常采用设夹层的方法组合空间，提高利用率，丰富室内空间艺术效果。

（3）楼梯及走道空间的利用。走道的高度一般和房间高度相同，但有时可将走道设计成比其他房间低，这样可以充分利用走道上部的多余空间布置设备管道及照明线路。住宅的户内走道上空还可布置储藏空间。

建筑空间的利用示例如图 4-9 和图 4-10 所示。

图 4-9　建筑空间的利用示例 1

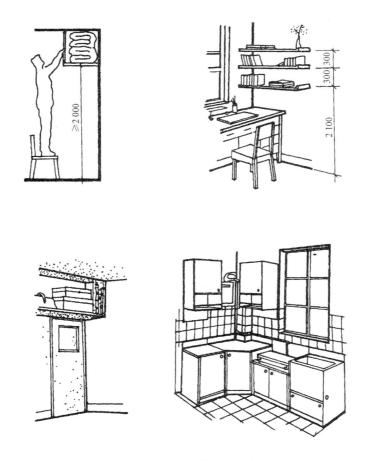

图 4-10　建筑空间的利用示例 2

本章小结

本章主要介绍了使用要求、材料和结构施工、采光、通风等因素对建筑的剖面形状的影响，在此基础上简述了如何确定房屋各部分的层数和高度，最后讲述了建筑不同高度的房间如何合理进行组合以及建筑空间的合理利用。

思考与练习

一、填空题

1. 单层房屋进深较大的房间，为改善室内采光，常在屋顶设置各种形式的_____。

2. 房间的_____是指楼地面到结构层(梁、板)底面或顶棚下表面之间的垂直距离。

3. 房间的_____是指该层楼地面到上一层楼地面之间的距离。

4. 学生宿舍设有双层床时，净高不应小于_____，层高一般取_____左右。

5. 为了防止室外雨水流入室内使墙身受潮，室内外地面之间应有一定_____。

6. 建筑设计中，一般取底层室内地坪相对标高为±0.000。建筑其他部位及室外设计地坪的标高均以此为标准，高于底层室内地坪为_____，低于底层室内地坪为_____。

7. 多层和高层建筑的剖面组合形式主要有_____、_____、_____三种形式。

二、选择题

1. 一般情况下，室内净高度应保证人在举手时不触及顶棚，也就是不应低于( ) mm。

   A. 1 800   B. 2 000   C. 2 200   D. 2 400

2. 公共活动用房的室内净高更高一些，如排球比赛厅室内净高不低于( ) m。

   A. 8   B. 10   C. 12   D. 14

3. 在民用建筑中，一般的生活、学习、工作用房，窗台高度常取( ) mm，以保证书桌上有充足的光线。

   A. 700～9 000   B. 900～1 000
   C. 900～1 200   D. 1 200～2 400

4. 一般民用建筑的室内外地面高差数值不应低于( ) mm，通常取( ) mm。

   A. 150，350   B. 150，450
   C. 250，350   D. 250，450

三、简答题

1. 房间剖面形状的确定应主要考虑哪几个方面？

2. 影响建筑层数和总高度的因素大致有哪几种？

3. 简述建筑空间剖面组合设计的原则。

4. 根据各房间的高度及剖面形状不同，单层建筑的剖面组合形式主要有哪些？

5. 简述建筑空间的利用。

第五章 建筑构造概论

知识目标

1. 了解影响建筑构造设计的因素、建筑构造设计应遵循的基本原则。
2. 掌握建筑物组成的基本构件、附属构件。
3. 熟悉建筑构造图的详图的索引方法、常用建筑材料图例、建筑构件的尺寸。

能力目标

1. 能运用本章原理进行中、小型建筑构造设计。
2. 能在施工一线实际工作中运用本章知识把握建筑构造质量。

第一节 建筑构造的设计原则

建筑构造是研究建筑物各组成部分的构成和构造方法的学科。其涉及建筑材料、建筑物理、建筑力学、建筑结构、建筑施工以及建筑经济等相关方面知识，具有实践性强和综合性强的特点。

一、影响建筑构造设计的因素

(1)外界环境因素的影响。

1)外力作用的影响——决定构件的尺度与用料。

2)自然气候的影响——防潮、防水、保温、隔热措施。

3)各种人为因素的影响——隔震、防腐、防火、隔声设置。

(2)物质技术条件的影响。

1)结构形式不同，则构造措施不同，例如，砖混结构中墙板连接为搭接。

2)材料不同，则构造措施不同，例如，钢筋混凝土框架结构中梁柱的连接为刚接。

(3)经济条件的影响。建筑等级、造价高低不同，则构造做法不同，例如，高级抹灰与低级抹灰的不同。

二、建筑构造设计应遵循的基本原则

（1）满足建筑物的使用功能及变化的要求。环境的不同对建筑构造设计有不同的要求。另外，由于建筑物的使用周期普遍较长，建筑物在长期的使用过程中，还需要经常性的维修。因此，在对建筑物进行构造设计时，应当通过综合分析、合理设计来确定经济合理的方案。

（2）充分发挥所用材料的各种性能，并且适应建筑工业化需要。充分发挥材料的性能意味着最安全合理的结构方案、最方便易行的施工过程以及最符合经济原则的选择。在构造设计时，应推广选用各种新型建筑材料，采用标准设计和定型构件，使其更符合建筑工业化需要。

（3）注意施工现场条件及操作可能性。进行结构设计时，应特别重视施工现场条件及操作的可能性，以保证施工顺利进行。

（4）注意感官效果，注重美观。构造设计使得建筑物的构造连接合理，同时，又赋予构件及连接节点以相应的形态。这样，在进行构造设计时，就必须兼顾其形状、尺度、质感、色彩等方面给人的感官印象。

（5）注重建筑经济的综合效益。工程建设项目是投资较大的项目，应保证建设投资的合理运用，考虑综合经济效益，在安全性能和节能的同时，必须保证工程质量。选用材料和技术方案等方面的问题还涉及建筑长期的社会效益。

第二节 建筑物组成构件

一栋民用建筑，由基本构件如基础、墙或柱、楼地层（楼板与楼地面）、楼梯、屋顶和门窗几大部分组成，如图 5-1 所示。其附属构件有阳台、坡道、雨篷、烟囱、台阶、垃圾井、花池等，它们所处部位不同，发挥着各自的作用。

一、基本构件

（1）基础。基础是房屋的重要组成部分，是建筑物地面以下的承重构件，它承受建筑物上部结构传递下来的全部荷载，并将这些荷载连同基础的自重一起传递到地基上。

（2）墙。墙是建筑物的竖向构件，其作用是承重、围护、分隔及美化室内空间。作为承重构件，墙承受着由

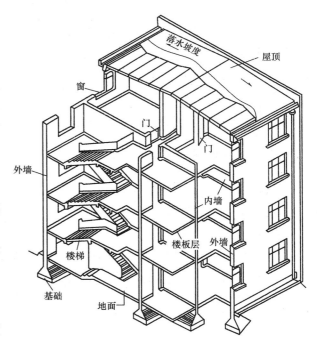

图 5-1 建筑物的组成

屋顶或楼板层传来的荷载，并将其传递给基础；作为围护构件，外墙抵御着自然界各种不利因素对室内的侵袭；作为分隔构件，内墙起着分隔建筑内部空间的作用；同时，墙体对建筑物的室内外环境还起着美化和装饰作用。

（3）柱。柱是建筑物的竖向构件，主要用作承重构件，作用是承受屋顶和楼板层传来的荷载并传递给基础。

（4）楼地层。楼地层是建筑物的水平分隔构件，承受着人及家具设备和构件自身的荷载，并将这些荷载传递给墙、梁柱或地基。楼板作为分隔构件，沿竖向将建筑物分隔成若干楼层，以扩大建筑面积。

（5）楼梯。楼梯是建筑的垂直交通联系设施，其作用是供人们上下楼层和安全疏散，楼梯也有承重作用，但不是基本承重构件。

（6）门窗。门是建筑物及其房间出入口的启闭构件，主要供人们通行和分隔房间。窗主要是建筑中的透明构件，起采光、通风以及围护等作用。

（7）屋顶。屋顶是房屋最顶部起覆盖作用的围护结构，用以防风、雨、雪、日晒等对室内的侵袭，承受自重和作用于屋顶上的各种荷载，并将这些荷载传递给墙或梁柱。

二、附属构件

（1）阳台：直接接触自然、观景等。
（2）坡道：通行，特别是用于医院、厂房等。
（3）台阶：室外垂直交通。
（4）雨篷：构成外门厅。
（5）烟囱：排烟。
（6）垃圾井：方便生活中的垃圾处理，但污染环境，影响建筑美观，不宜设置。
（7）花池：装饰、美化环境。

建筑构造的关键

第三节　建筑构造图的表达

在施工图中，由于平面、立面、剖面图所用的比例较小，建筑的细部构造无法清楚表示。为了满足施工的需要，必须分别将其形状、尺寸、材料、做法等用较大的比例详细画出图样，这种图样称为构造详图。其比例常采用 1：1、1：2、1：5、1：10、1：20、1：30几种，构造详图中除构件形状和必要的图例外，还应标明相关的尺寸以及所用的材料、级配、厚度和做法。

一、详图的索引方法

构造详图一般用索引符号注明详图的位置、详图的编号以及详图所在的图纸编号。索引符号有详图索引符号、局部剖切索引符号和详图符号三种。

1. 详图索引符号

按照规定，索引符号的圆和引出线均应以细实线绘制，圆的直径为 10 mm。引出线应对准圆心，圆内过圆心画一水平线，上半圆中用阿拉伯数字注明该详图的编号，下半圆中用阿拉伯数字注明该详图所在图纸的图纸号，如图 5-2(a)所示；如果详图与被索引的图样在同一张图纸内，则在下半圆中间画一水平细实线，如图 5-2(b)所示；索引出的详图如采用标准图，应在索引符号水平直径的延长线上加注该标准图册的编号，如图 5-2(c)所示。

图 5-2　详图索引符号示意

2. 局部剖切索引符号

当索引符号用于索引剖面详图时，应在被剖切的部位绘制剖切位置线，并以引出线引出索引符号，索引线所在的一侧为剖视方向，引出线所在一侧应为投射方向。如图 5-3 所示，局部剖切索引符号用于索引剖面详图，它与详图索引符号的区别在于增加了剖切位置线，图中用粗短线表示。

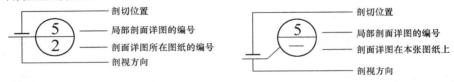

图 5-3　局部剖切索引符号示意

3. 详图符号

引出的详图画好之后，应在详图下方编上号，称为详图符号。详图符号用一粗实线圆绘制，直径为 14 mm。详图与被索引的图样同在一张图纸内时，应在符号内用阿拉伯数字注明详图编号；不在同一张图纸内时，可用细实线在符号内画一水平直径，在上半圆中注明详图编号，在下半圆中注明被索引的图纸号，如图 5-4 所示。

图 5-4　详图符号示意

二、常用建筑材料图例

建筑的各专业对其图例都有明确的规定，采用一系列的图形符号来代表建筑构配件、卫生设备、建筑材料等，部分图例如表 5-1 所示。

表 5-1　常用建筑材料图例

序　号	名　　称	图　　例	备　　注
1	自然土壤		包括各种自然土壤

序号	名称	图例	备注
2	夯实土壤		
3	砂、灰土		
4	砂砾石、碎砖三合土		
5	石材		
6	毛石		
7	实心砖、多孔砖		包括普通砖、多孔砖、混凝土砖等砌块

三、建筑构件的尺寸

为了保证建筑构、配件的安装与有关尺寸相互协调，在建筑模数协调中可将尺寸分为标志尺寸、构造尺寸和实际尺寸。

1. 标志尺寸

标志尺寸符合模数数列的规定，用来标注建筑物定位轴面、定位面或定位轴线、定位线之间的垂直距离以及建筑构配件、建筑组合件、建筑制品、有关设备界限之间的尺寸。

2. 构造尺寸

构造尺寸是指建筑构配件、建筑组合件、建筑制品等的设计尺寸，一般情况下，标志尺寸减去缝隙尺寸或加上支承尺寸为构造尺寸，即构造尺寸＝标志尺寸－缝隙尺寸，缝隙尺寸的大小应符合模数数列的规定。

构造尺寸与标志尺寸之间的关系如图 5-5 所示。

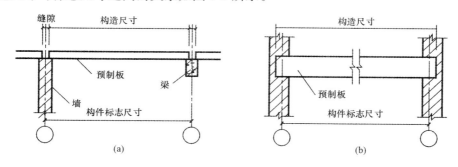

图 5-5　标志尺寸与构造尺寸之间的关系

(a)构件标志尺寸大于构造尺寸；(b)构件标志尺寸小于构造尺寸

3. 实际尺寸

实际尺寸是指建筑构配件、建筑组合件、建筑制品等生产后的实际尺寸，实际尺寸与构造尺寸之间的差数应符合建筑公差的规定。

$$实际尺寸＝构造尺寸±允许偏差$$

本章小结

建筑构造是系统介绍建筑物各组成部分的设计原则、构造要领和工程做法的应用技术学科，目的是学习建筑构造的基本原理。本章主要介绍建筑构造的设计原则、建筑物组成构件及建筑构造图的表达。

思考与练习

一、填空题

1. 为了满足施工的需要，必须分别将其形状、尺寸、材料、做法等用较大的比例详细画出图样，这种图样称为_____。

2. 索引符号有_____、_____和_____三种。

3. 为了保证建筑构、配件的安装与有关尺寸相互协调，在建筑模数协调中可将尺寸分为_____、_____和_____。

二、选择题

1. 组成房屋的构件中，下列属于承重构件又是围护构件的是（　　）。

    A. 墙、屋顶　　　　　　　　　　B. 楼板、基础

    C. 屋顶、基础　　　　　　　　　D. 门窗、墙

2. 组成房屋的围护构件的是（　　）。

    A. 屋顶、门窗、墙（柱）　　　　B. 屋顶、楼梯、墙（柱）

    C. 屋顶、楼梯、门窗　　　　　　D. 基础、门窗、墙（柱）

3. 组成房屋的承重构件是（　　）。

    A. 屋顶、门窗、墙（柱）、楼板　B. 屋顶、楼板、墙（柱）、基础

    C. 屋顶、楼梯、门窗、基础　　　D. 屋顶、门窗、楼板、基础

三、简答题

1. 影响建筑构造设计的因素有哪些？

2. 建筑构造设计应遵循哪些基本原则？

3. 建筑物的基本构件由哪几个部分组成？

4. 建筑物的附属构件有哪些？

第六章　基础和地下室

知识目标

1. 了解地基与基础的概念及人工地基常用的处理；熟悉基础的类型与构造、基础的埋置深度的确定。
2. 熟悉地下室的组成及分类；掌握地下室防潮和防水。

能力目标

1. 能运用本章原理进行中、小型建筑基础构造设计。
2. 能在施工一线实际工作中运用本章知识把握建筑基础构造质量。

第一节　基　础

一、地基与基础

1. 基础

建筑物埋置在土层中的承重结构称为基础。基础是房屋的重要组成部分，是建筑物地面以下的承重构件，它承受上部荷载并将这些荷载连同基础自重传递到地基上。

2. 地基

支承基础传递来荷载的土（岩）层称为地基。其可分为天然地基和人工地基两大类。不需要经过人工加固可直接在其上建造房屋的天然土层，称为天然地基；经过人工加固处理的地基，称为人工地基。常用的人工地基有压实地基、换土地基和桩基。

3. 人工地基常用的处理

人工地基常用的处理方法有换填垫层法、预压法、强夯法、深层挤密法、化学加固法等。

（1）换填垫层法：挖去地表浅层软弱土层或不均匀土层，回填坚硬、较粗粒径的材料，并夯压密实，形成垫层的地基处理方法。

（2）预压法：对地基进行堆载或真空预压，使地基土固结的地基处理方法。

（3）强夯法：反复将夯锤提到高处使其自由落下，给地基以冲击和振动能量，将地基土夯实的地基处理方法，称为强夯法；将重锤提高到高处使其自由落下形成夯坑，并不断夯击坑内回填的砂石、钢渣等硬粒料，使其形成密实的墩体的地基处理方法，称为强夯置换法。

（4）深层挤密法：主要是靠桩管打入或振入地基后对软弱土产生横向挤密作用，从而使土的压缩性减小，抗剪强度提高。通常有灰土挤密桩法、土挤密桩法、砂石桩法、振冲法、石灰桩法、夯实水泥土桩法等。

（5）化学加固法：将化学溶液或胶粘剂灌入土中，使土胶结，以提高地基强度、减少沉降量或防渗的地基处理方法。具体有高压喷射注浆法、深层搅拌法、水泥土搅拌法等。

二、基础的埋置深度

（一）基础埋置深度的概念

为确保建筑物的坚固、安全，基础要埋入土层中一定的深度。一般将自室外设计地面标高至基础底部的垂直高度称为基础的埋置深度，简称埋深，如图 6-1 所示。

一般来说，基础的埋深越小，土方开挖量就越小，基础材料用量也越少，工程造价也就越低。但当基础的埋深过小时，基础底面的土层受到压力后会将基础周围的土挤走，使基础产生滑移而失去稳定性；同时，基础埋得过浅，还容易受外界各种不良因素的影响。所以，基础的埋深最小不能小于 500 mm。

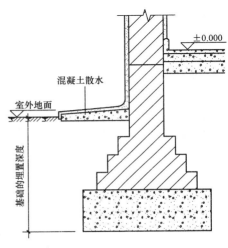

图 6-1 基础的埋置深度

（二）影响基础埋深的因素

1. 地基土层构造的影响

不同的建筑场地，其土质情况也不同，就是同一地点，当深度不同时土质也会发生变化。地基土层分布不同，通常有以下几种情况，如图 6-2 所示。

（1）土质均匀的良好土，基础宜浅埋，但不得低于 500 mm，如图 6-2（a）所示。

（2）土层软土不超过 2 m，下层为好土，基础宜埋在好土内，如图 6-2（b）所示。

（3）上层软土为 2～5 m，下层为好土，对于低层、轻型建筑可埋在软土内；总荷载较大的建筑宜埋在好土内，如图 6-2（c）所示。建筑可埋在软土内；总荷载较大的建筑宜埋在好土内或采用人工地基，如图 6-2（d）所示。

（4）上层为好土，下层为软土，应将基础埋在好土内，适当提高基础底面，并验算下卧层顶面处压力，如图 6-2（e）所示。

（5）地基由好土与软土交替组成，总荷载大的基础可采用人工地基或将基础埋深至好土中，如图 6-2（f）所示。

一般情况下，基础应设置在坚实的土层上，而不要设置在淤泥等软弱土层上。当表面软弱土层较厚时，可采用深基础或人工地基。

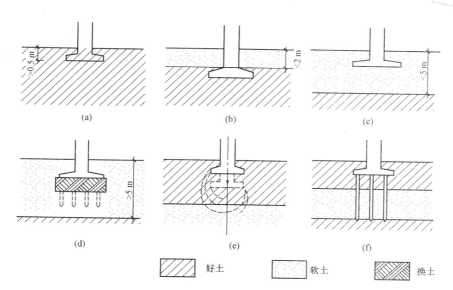

图 6-2　地基土层构造的影响

2. 地下水水位的影响

一般基础宜埋置在地下水水位以上，以减少特殊的防水、排水措施，以及使基础免受化学污染的水对基础的侵蚀，有利于施工。当必须埋在地下水水位以下时，宜将基础埋置在最低地下水水位以下不小于 200 mm 处，如图 6-3 所示。

3. 地基土冻胀和融陷的影响

对于冻结深度浅于 500 mm 的南方地区或地基土为非冻胀土时，可不考虑土的冻结深度对基础埋深的影响。对于冰冻地区，如地基为冻胀土时，应使基础底面低于当地冻结深度；在寒冷地区，土层会因气温变化而产生冻融现象。土层冰冻的深度称为冰冻线，当基础埋置深度在土层冰冻线以上时，如果基础底面以下的土层冻胀，会对基础产生向上的顶力，严重的会使基础上抬起拱；如果基础底面以下的土层解冻，顶力消失，使基础下沉，这样的过程会使建筑产生裂缝和破坏，因此，在寒冷地区基础埋深应在冰冻线以下 200 mm 处，如图 6-4 所示。采暖建筑的内墙基础埋深可以根据建筑的具体情况进行适当的调整。

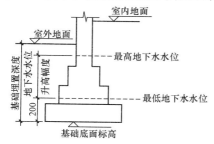

图 6-3　基础埋置深度和地下水水位的关系

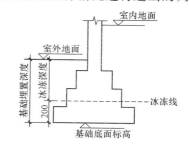

图 6-4　基础埋置深度和冰冻线的关系

4. 其他因素对基础埋深的影响

（1）建筑物自身的特性。建筑物设有地下室、地下管道或设备基础时，常需将基础局部或整体加深。为了保护基础不露出地面，构造要求基础顶面距离室外设计地面不得小于 100 mm。

基础埋深的确定原则

（2）作用在地基上的荷载大小和性质。荷载有恒载和活载之分。其中，恒载引起的沉降量最大，因此当恒载较大时，基础埋深应大一些。荷载按作用方向又分为竖直方向和水平方向。当基础要承受较大的水平荷载时，为了保证结构的稳定性，也常将埋深加大。

（3）相邻建筑物的基础埋深。当存在相邻建筑物时，一般新建建筑物基础的埋深不应大于原有建筑物基础，以保证原有建筑物的安全；当新建建筑物基础的埋深必须大于原有建筑基础的埋深时，为了不破坏原基础下的地基土，应与原基础保持一定的净距 L，L 的数值应根据原有建筑物荷载大小、基础形式和土质情况确定，一般取等于或大于两基础的埋置深度差，如图 6-5 所示。当上述要求不能满足时，应采取分段施工、设临时加固支撑、打板桩、地下连续墙等施工措施，或加固原有建筑物的地基。

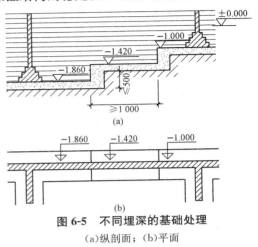

图 6-5　不同埋深的基础处理
(a)纵剖面；(b)平面

三、基础的类型与构造

基础类型很多，按基础埋置深度的不同可分为深基础和浅基础。埋深小于 5 m 的称为浅基础，埋深大于 5 m 的称为深基础；按基础材料及受力特点，可分为刚性基础及非刚性基础；按构造形式，可分为条形基础、独立基础、筏形基础、箱形基础、桩基础等，如图 6-6 所示。

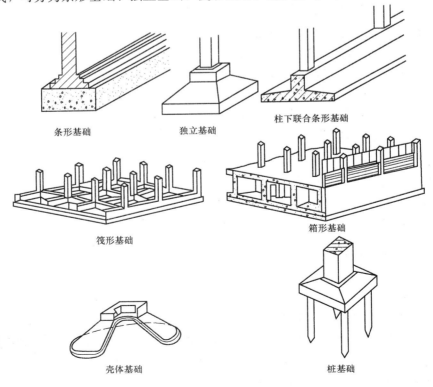

条形基础　　独立基础　　柱下联合条形基础

筏形基础　　箱形基础

壳体基础　　桩基础

图 6-6　基础类型

1. 按基础材料及受力特点分类

（1）刚性基础。由刚性材料制作的基础称为刚性基础。在常用的建筑材料中，砖、石、素混凝土等抗压强度高，而抗拉、抗剪强度低，均属刚性材料。据试验得知，上部结构（墙或柱）在基础中传递压力沿一定角度分布，这个传力角度称为压力分布角，或称为刚性角，用 α 表示。由于刚性材料抗压能力强、抗拉能力差，因此，压力分布角只能在材料的抗压范围内控制。刚性基础底面宽度的增大要受刚性角的限制，如图 6-7 所示。

（2）非刚性基础。当建筑物的荷载较大而地基承载能力较小时，由于基础底面宽度需要加宽，若仍采用素混凝土材料，势必导致基础深度也要加大。这样，既增加了挖土工作量，又会使材料用量增加，对工期和造价都十分不利。如果在混凝土基础的底部配以钢筋，利用钢筋来承受拉力，就会使基础底部能够承受较大弯矩。这时，基础宽度的加大不受刚性角的限制，如图 6-8 和图 6-9 所示。

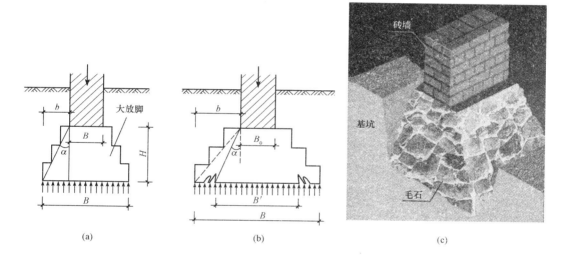

图 6-7　刚性基础

（a）基础在刚性角范围内传力；

（b）基础的面宽超过刚性角范围而破坏刚性基础的受力、传力特点；

（c）毛石基础

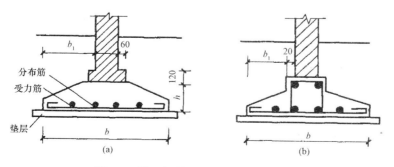

图 6-8　墙下钢筋混凝土条形基础构造

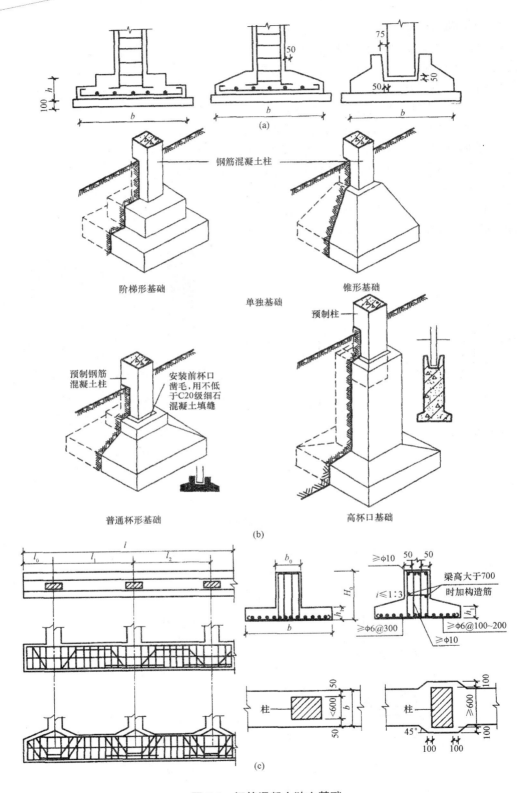

图 6-9　钢筋混凝土独立基础

(a)、(b)柱下钢筋混凝土独立基础；(c)柱下钢筋混凝土条形基础

2. 按基础的构造形式分类

(1)条形基础。条形基础是指基础长度远大于其宽度的一种基础形式。按上部结构形式，可分为墙下条形基础和柱下条形基础，而且条形基础往往是砖石墙基础形式。

(2)独立基础。独立基础又可分为柱下独立基础和墙下独立基础。独立基础的形状有阶梯形、锥形和杯形等，如图 6-10 所示。其优点是土方工程量少，便于地下管道穿过，节省用料，但整体刚度差。当地基条件较差或上部荷载较大时，此时在承重的结构柱下使用独立柱基础已不能满足其承受荷载和整体要求。为了提高建筑物的整体刚度，避免不均匀沉降，常将柱下独立基础沿纵向和横向连接起来，做成十字交叉的井格基础。

(3)筏形基础。当建筑物上部荷载较大，而建造地点的地基承载能力又比较差，墙下条形基础或柱下条形基础不能适应地基变形的需要时，可将墙或柱下基础面扩大为整片的钢筋混凝土板状基础形式，形成筏形基础。筏形基础整体性好，能调节基础各部分不均匀沉降。筏形基础又可分为梁板式和平板式两种类型，如图 6-11 所示。

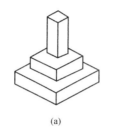 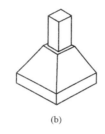 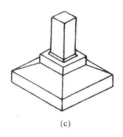

(a)   (b)   (c)

图 6-10　独立基础

(a)阶梯形；(b)锥形；(c)杯形

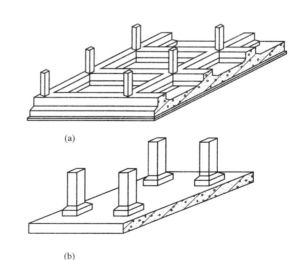

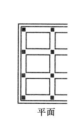

(b)

图 6-11　筏形基础

(a)梁板式；(b)平板式

(4)箱形基础。箱形基础是由钢筋混凝土顶板、底板、外墙和一定数量的内墙组成刚度很大的盒状基础。箱形基础具有刚度大、整体性好、内部空间可用作地下室的特点，适用于高层公共建筑、住宅建筑及需设地下室的建筑，如图 6-12 所示。

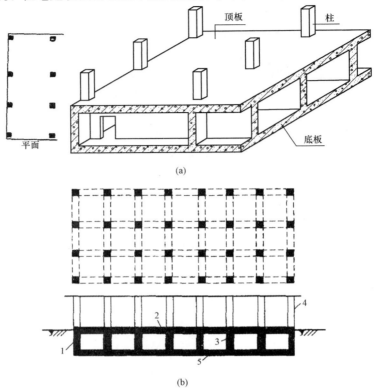

(a)

(b)

图 6-12　箱形基础
1—侧壁；2—顶板；3—内壁；4—柱；5—底板

（5）桩基础。桩基础由承台和群桩组成，如图 6-13～图 6-15 所示。桩基础的类型很多，按桩的形状和竖向受力情况，可分为摩擦桩和端承桩；按桩的材料，可分为混凝土桩、钢筋混凝土桩和钢桩；按桩的制作方法，有预制桩和灌注桩两类。目前，较常用的是钢筋混凝土预制桩和灌注桩。

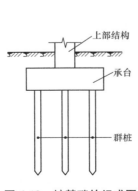

图 6-13　桩基础的组成图

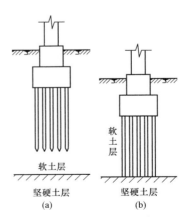

图 6-14　桩基础示意
（a）摩擦桩；（b）端承桩

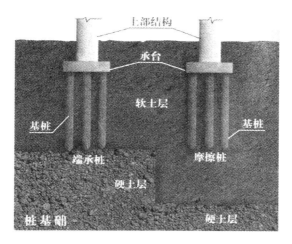

图 6-15　桩基础

第二节　地下室

一、地下室的组成

地下室一般由墙体、底板、顶板、门窗、楼梯、采光井等部分组成。地下室的墙体不仅要承受上部传来的垂直荷载，还要承受土、地下水、土壤冻结时的侧压力。当建筑物较高、基础的埋深很大时，可利用这个深度设置地下室，能更好地利用空间，不需要增加投资就能提高建设用地利用率。当上部荷载较大或地下水位较高时，最好采用混凝土或钢筋混凝土墙，厚度不宜小于 200 mm。当采用砖墙时，厚度不宜小于 370 mm。

地下室的底板应有足够的强度、刚度和抗渗能力，一般采用钢筋混凝土底板；顶板常采用现浇或预制钢筋混凝土楼板。当为全地下室时，必须在窗外设置采光井，如图 6-16 所示。

二、地下室的分类

地下室按埋入地下深度，可分为全地下室和半地下室两类。当地下室地面低于室外地坪的高度超过该地下室净高的 1/2 时，为全地下室；当地下室地面低于室外地坪的高度超过该地下室净高的 1/3，但不超过 1/2 时，为半地下室。地下室按使用功能，分为普通地下室和人防地下室。普通地下室一般用作设备用房、商场、餐厅、车库等；人防地下室主要用于战备防空。

三、地下室防潮和防水

由于地下室的墙身、底板埋在土中，长期受到潮气或地下水的侵蚀，会引起室内地面、

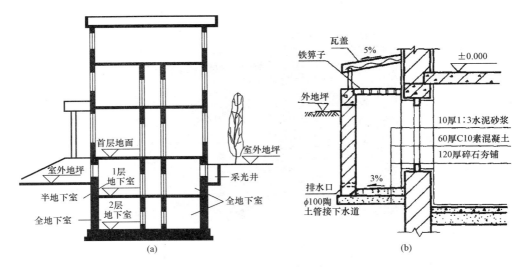

图 6-16 地下室的组成

(a)地下室构造;(b)地下室采光井构造

墙面生霉,墙面装饰层脱落,严重时会使室内进水,影响地下室的正常使用和建筑物的耐久性。所以,地下室必须采取相应的防潮和防水措施。地下室防潮有墙体防潮和底板防潮两种。地下室防水有卷材防水和混凝土构件自防水两种。其中卷材防水又可分为外防水和内防水两种。

1. 地下室防潮

当地下水的最高水位低于地下室地坪 300~500 mm 时,地下室的墙体和底板只会受到土中潮气的影响,所以只需做防潮处理,即在地下室的墙体和底板中采取防潮构造。当地下室的墙体采用砖墙时,墙体必须用水泥砂浆来砌筑,要求灰缝饱满,并在墙体的外侧设置垂直防潮层和在墙体的上下设置水平防潮层,如图 6-17 所示。

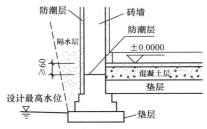

图 6-17 地下室防潮构造

2. 地下室防水

地下室防水措施有沥青卷材防水、防水混凝土防水等。

(1)沥青卷材防水。沥青卷材防水是以沥青为胶结材料,粘贴一层或多层卷材作为防水层的防水做法。根据卷材与墙体的关系可分为内防水和外防水。地下室卷材外防水做法如图 6-18 所示。

卷材铺贴在地下室墙体外表面的做法称为外防水或外包防水,具体做法是:先在外墙外侧抹 20 mm 厚 1:3 水泥砂浆找平层,其上刷一道冷底子油,然后铺贴卷材防水层,并与从地下室地坪底板下留出的卷材防水层逐层搭接。防水层的层数应根据地下室最高水位到地下室地坪的距离来确定。当两者的高差小于或等于 3 m 时用 3 层,3~6 m 时用 4 层,6~12 m 时用 5 层,大于 12 m 时用 6 层。防水层应高出最高水位 300 mm,其上应贴一层油毡至散水底。在防水层外面砌半砖保护墙一道,在保护墙与防水层之间用水泥砂浆填实。砌

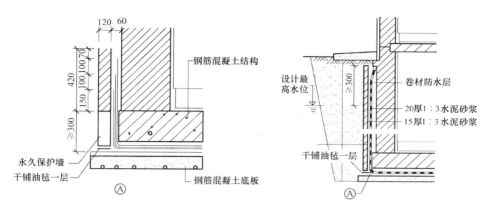

图 6-18 地下室卷材外防水做法

筑保护墙时，先在底部干铺一层油毡，并沿保护墙长度每隔 5～8 m 设一通高断缝，以便使保护墙在土的侧压力作用下能紧紧压住卷材防水层。最后在保护墙外 0.5 m 的范围内回填 2∶8 的灰土或炉渣。

另外，还有将防水卷材铺贴在地下室外墙内表面的内防水做法（又称内包防水）。这种防水方案对防水不太有利，但施工方便，易于维修，多用于修缮工程。

地下室水平防水层的做法：先在垫层做水泥砂浆找平层，找平层上涂冷底子油，再铺贴防水层，最后做基坑回填隔水层（黏土或灰土）和滤水层（砂），并分层夯实。

（2）防水混凝土防水。地下室的地坪与墙体一般都采用钢筋混凝土材料，其防水以采用防水混凝土为佳。防水混凝土的配制与普通混凝土相同，所不同的是采用不同的集料级配，以提高混凝土的密实性；或在混凝土内掺入一定量的外加剂，以提高混凝土自身的防水性能。集料级配主要是采用不同粒径的集料进行级配，同时提高混凝土中水泥砂浆的含量，使砂浆充满于集料之间，从而堵塞因集料直接接触出现的渗水通道，达到防水的目的。

掺外加剂是在混凝土中掺入加气剂或密实剂以提高其抗渗性能。目前，常采用的外加防水剂的主要成分是氯化铝、氯化钙和氯化铁，是淡黄色的液体。它掺入混凝土中能与水泥水化过程中的氢氧化钙反应，生成氢氧化铝、氢氧化铁等不溶于水的胶体，并与水泥中的硅酸二钙、铝酸三钙化合成复盐晶体，这些胶体与晶体填充于混凝土的孔隙内，从而提高其密实性，使混凝土具有良好的防水性能。集料级配防水混凝土的抗渗等级可达 35 个大气压；外加剂防水混凝土的抗渗等级可达 32 个大气压。防水混凝土的外墙、底板均不宜太薄，外墙厚度一般应在 200 mm 以上，底板厚度应在 150 mm 以上。为防止地下水对混凝土侵蚀，在墙外侧应抹水泥砂浆，然后涂抹冷底子油。

3. 地下室变形缝

图 6-19 所示为地下室变形缝处的构造做法。变形缝处是地下室最容易发生渗漏的部位，因而地下室应尽量不要做变形缝，如必须做变形缝（一般为沉降缝），应采用止水带、遇水膨胀橡胶腻子止水条等高分子防水材料和接缝密封材料做多道防线。止水带构造有内埋式和可拆卸式两种，对水压大于 0.3 MPa、变形量为 20～30 mm、结构厚度大于等于 300 mm 的变形缝，应采用中埋式橡胶止水带；对环境温度高于 50 ℃处的变形缝，可采用 2 mm 厚的紫铜片或 3 mm 厚的不锈钢等金属止水带，其中间呈圆弧形，以适应变形。

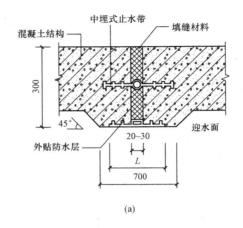

(a)

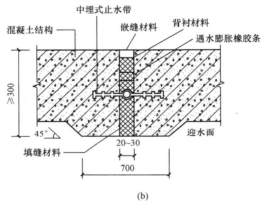

(b)

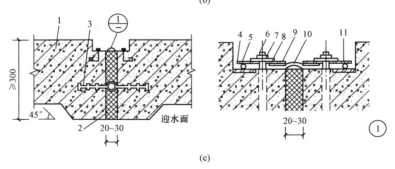

(c)

图 6-19　地下室变形缝构造

（a）中埋式止水带与外贴防水层复合使用

（外贴式止水带 $L \geqslant 300$，外贴防水卷材 $L \geqslant 400$，外涂防水涂层 $\geqslant 400$）；

（b）中埋式止水带与遇水膨胀橡胶条、嵌缝材料复合使用；

（c）中埋式止水带与可卸式止水带复合使用

1—混凝土结构；2—填缝结构；3—中埋式止水带；4—预埋钢板；5—紧固件压板；

6—预埋螺栓；7—螺母；8—垫圈；9—紧固件压块；10—凸形止水带；11—紧固件圆钢

4. 后浇带

当建筑物采用后浇带解决变形问题时，其要求如下：

(1)后浇带应设在受力和变形较小的部位，间距宜为 30～60 m，宽度宜为 700～1 000 mm。

(2)后浇带可做成平直缝结构，主筋不宜在缝中断开，如必须断开，则主筋搭接长度应大于 45 倍主筋直径，并应按设计要求加设附加钢筋。后浇带的防水构造如图 6-20～图 6-22 所示。

(3)后浇带需超前止水时，后浇带部位混凝土应局部加厚，并增设外贴式或中埋式止水带，后浇带超前止水构造如图 6-23 所示。

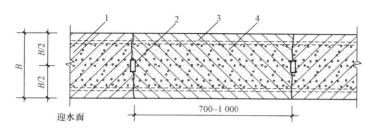

图 6-20 后浇带防水构造(一)

1—先浇混凝土；2—遇水膨胀止水条；3—结构主筋；4—后浇补偿收缩混凝土

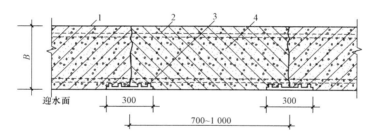

图 6-21 后浇带防水构造(二)

1—先浇混凝土；2—结构主筋；3—外贴式止水带；4—后浇补偿收缩混凝土

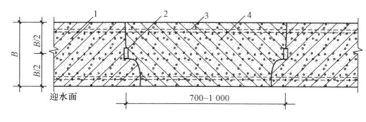

图 6-22 后浇带防水构造(三)

1—先浇混凝土；2—遇水膨胀止水条；3—结构主筋；4—后浇补偿收缩混凝土

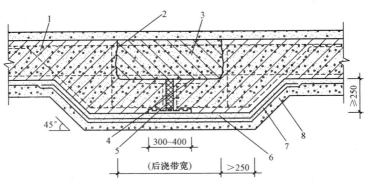

图 6-23 后浇带超前止水构造

1—混凝土结构；2—钢丝网片；3—后浇带；4—填缝材料；
5—外贴式止水带；6—细石混凝土保护层；7—卷材防水层；8—垫层混凝土

本章小结

本章主要介绍基础和地下室的构造做法，通过本章的学习使学生掌握基础的类型和构造。

思考与练习

一、填空题

1. 建筑物埋置在土层中的承重结构称为_____；支承基础传来荷载的土（岩）层称为_____。

2. 一般将自室外设计地面标高至基础底部的垂直高度称为_____。

3. 一般情况下，基础应设置在_____的土层上，而不要设置在_____土层上。

4. 基础按材料及受力特点分为_____、_____。

5. 墙或柱在基础中传递压力沿一定角度分布，这个传力角度称为压力分布角，或称为_____。

6. 桩基础的类型很多，按桩的形状和竖向受力情况，可分为_____和_____。

7. 地下室按埋入地下深度，分为_____和_____两类。

8. 地下室防潮有_____和_____两种。地下室防水有_____和_____两种。

二、选择题

1. 通常将埋置深度大于（   ）m 的称为深基础；埋置深度小于（   ）m 的称为浅基础。

    A. 3，3   B. 5，5

    C. 3，5   D. 5，3

2. 当基础必须埋在地下水水位以下时，宜将基础埋置在最低地下水水位以下不小于
（　　）mm 处。

A. 200　　　　　　　B. 400　　　　　　　C. 600　　　　　　　D. 800

3. （　　）是指基础长度远大于其宽度的一种基础形式。

A. 独立基础　　　　B. 筏形基础　　　　C. 箱形基础　　　　D. 条形基础

三、简答题

1. 人工地基常用的处理方法有哪些？

2. 影响基础埋深的因素有哪些？

3. 按基础的构造形式分为哪几种类型？

4. 地下室一般由哪几部分组成？

5. 什么是全地下室？什么是半地下室？

6. 简述地下室防潮构造做法。

7. 简述地下室沥青卷材防水的构造做法。

第七章 墙体和幕墙

知识目标

1. 了解墙体的作用；熟悉墙体的类型及设计要求；掌握结构布置方式与墙体承重方案。
2. 了解砖墙材料；熟悉砖墙组砌方式；掌握墙体细部构造。
3. 了解砌块的种类及规格；熟悉砌块的组砌方式；掌握砌块墙圈梁与构造柱构造。
4. 了解墙面装修的作用、种类；了解幕墙的特点及分类。

能力目标

1. 能运用本章知识进行中、小型建筑墙体设计。
2. 具备简单建筑构造设计能力；并能在施工一线实际工作中，运用本章知识把握建筑墙体构造质量。

第一节 概 述

一、墙体的作用及类型

1. 墙体的作用

墙体是建筑最主要的构造，它的作用依建筑的结构形式、位置和材料等的不同而有所不同，主要包括承重作用、围护作用、分隔作用。

(1)承重作用。墙体直接承受楼板及屋顶传下来的荷载、水平的风荷载、地震荷载及自重，并将其传递给基础的墙体，将这种墙体称为承重墙。

(2)围护作用。墙体所具有的抵御自然界风、雨、雪的袭击，防止太阳辐射、噪声干扰以及室内温度随外界影响变化过快等的作用，也称为保温、隔热、隔声等的作用。

(3)分隔作用。将建筑物的室内外空间分隔开来，或将建筑物内容空间分割成若干个空间的作用。

2. 墙体的类型

(1)按墙体所在位置分类。按墙体在平面上所处位置不同，可分为外墙和内墙，纵墙和横墙。对于一片墙来说，窗与窗之间和窗与门之间的称为窗间墙；窗台下面的墙称为窗下墙。墙体各部分名称如图 7-1 所示。

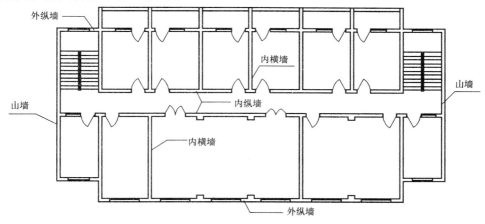

图 7-1　墙体各部分名称

（2）按墙体受力状况分类。在混合结构建筑中，按墙体受力方式可分为承重墙和非承重墙两种。非承重墙又可分为两种：一是自承重墙，不承受外来荷载，仅承受自身质量并将其传至基础；二是隔墙，起分隔房间的作用，不承受外来荷载，并将自身质量传递给梁或楼板。框架结构中的墙称框架填充墙。

（3）按墙体构造和施工方法分类。按构造方式，墙体可以分为实体墙、空体墙和组合墙三种；按施工方法，墙体可以分为块材墙、板筑墙及板材墙三种。

二、墙体的设计要求

1. 强度和稳定性的要求

墙体的强度是指其承受荷载的能力，作为承重的墙体必须有足够的强度来保证结构的安全。因此，墙体所采用的材料、材料的强度等级、墙体的截面尺寸、构造方式、施工方式必须满足强度的要求，以保证结构的安全。墙体的高厚比及墙体的长度是保证墙体稳定的重要因素，墙、柱的高厚比越大、长度越长，其稳定性越差，同时，墙体的稳定性还与纵横向墙体之间的距离有关。因而，要提高墙体稳定性可采用增加墙厚、提高砌筑砂浆等级、增加墙垛、构造柱、圈梁以及在墙内加钢筋等措施。

2. 满足热工性能方面的要求

建筑在使用中，作为外围护结构的外墙应具有良好的热稳定性，使室内温度在外界气温变化的情况下保持相对的稳定。冬季寒冷地区的室内温度高于室外，就应提高外墙的保温能力，如增加厚度、选用孔隙率高、密度小的材料等方法减少热损失；也可以在室内高温一侧设置隔蒸汽层，阻止水蒸气进入墙体后产生凝结水，导致墙体的导热系数加大，破坏了保温的稳定性。南方夏热地区则应注意建筑的朝向、通风及外墙的隔热性能。

3. 满足隔声方面的要求

为了保证室内有良好的声学环境，保证人们的生活、工作不受噪声干扰，要求墙体必须具有一定的隔声能力。人们在设计中可通过加强墙体的密封处理、增加墙体的密实性及厚度、采用有空气间隔层或多孔性材料的夹层墙等措施来提高墙体的隔声能力。

4. 防火性能要求

国家在建筑物相关防火规范中对墙体的耐火极限和材料的燃烧性能有特殊的规定，并对建筑防火墙的设置位置、距离、构造方法给予明确说明。

5. 适应建筑工业化发展的要求

在大量的民用型建筑中，墙体工程量占有相当大的比重，不仅消耗大量的劳动力，且施工工期长。建筑工业化的关键就是墙体改革，改变手工操作，提高机械化施工程度，提高工效，降低劳动强度，并采用轻质高强的墙体材料，以减轻自重降低成本。

另外，在墙体设计中还应根据实际情况考虑防潮、防水、防射线、防腐蚀及经济等各方面的要求。

三、结构布置方式与墙体承重方案

1. 横墙承重

凡以横墙承重的称横墙承重方案或横向结构系统，如图 7-2（a）所示。其主要特点是横墙间距密，加上纵墙的拉结，使建筑物的整体性好、横向刚度大，对抵抗地震作用等水平荷载有利。但横墙承重方案的开间尺寸不够灵活。该方案适用于房间开间尺寸不大的宿舍、住宅及病房楼等建筑。

2. 纵墙承重

凡以纵墙承重的称为纵墙承重方案或纵向结构系统，纵墙承重可使房间开间的划分灵活，多适用于需要较大房间的办公楼、商店、教学楼等公共建筑，如图 7-2（b）所示。

3. 纵横墙承重

凡由纵向墙和横向墙共同承受楼板、屋顶荷载的结构布置称纵横墙（混合）承重方案，如图 7-2（c）所示。该方案房间布置较灵活，建筑物的刚度亦较好。该承重方案多用于开间、进深尺寸较大且房间类型较多的建筑和平面结构复杂的建筑中。

4. 部分框架承重

部分框架承重指房间面积大、外墙加内柱组合成半框架承重墙或底层为框架承重、上层承重墙承重、用梁和柱代替部分承重墙的结构形式。该承重方案抗震性能差，较少使用，如图 7-2（d）所示。

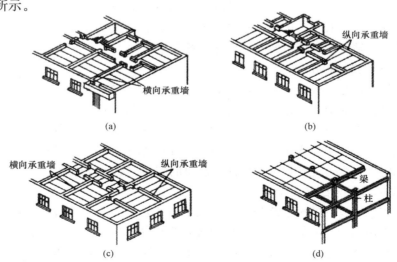

(a)

(b)

(c)

(d)

图 7-2　结构承重方式

第二节 砌筑墙体

砌筑墙体是由砖或砌块砌筑的墙体，是建筑的主要构件之一，起围合和承重作用。

一、砖墙构造

砖墙具有取材方便、制造简单的特点，而且能满足各种功能的要求（如保温、隔热、隔声、防火、防冻等），具有一定的承载力，但是施工进度慢，占用面积大，且取土制砖破坏耕地，使土地沙化，故不宜使用。

(一)砖墙材料

砖墙由砖和砂浆两种材料组成。

1. 砖

标准砖的规格为 53 mm×115 mm×240 mm，如图 7-3(a)所示。在加入灰缝尺寸后，砖的长、宽、厚之比为 4∶2∶1，如图 7-3(b)所示，即一个砖长等于两个砖宽加灰缝[240 mm＝2×(115 mm)＋(10 mm)]或等于四个砖厚加三个灰缝[240 mm＝4×(53 mm)＋3×(9.5 mm)]。

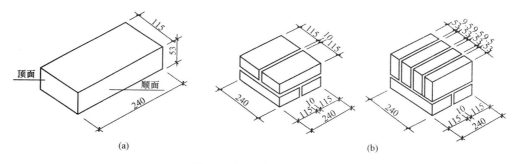

(a)   (b)

图 7-3　标准砖的尺寸关系

(a)标准砖的尺寸；(b)标准砖的组合尺寸关系

多孔砖与空心砖的规格一般在长、宽方向上与普通砖相同，但增加了厚度尺寸，并使之符合模数的要求，如 240 mm×115 mm×95 mm。长、宽、高均与现有模数协调的多孔砖和空心砖并不多见，而是常见于新型材料的墙体砌块。

砖按组成材料，可分为烧结普通砖、灰砂砖、页岩砖、水泥砖、煤矸石砖、粉煤灰砖、炉渣砖等；按生产形状，可分为实心砖、空心砖、多孔砖。烧结多孔砖和烧结实心砖统称为烧结普通砖，其强度等级是根据其抗压强度和抗折强度确定的，共分为 MU7.5、MU10、MU15、MU20、MU25、MU30 六个等级。其中建筑中砌墙常用的是 MU7.5 和 MU10。

2. 砂浆

砌墙用的砂浆统称为砌筑砂浆，主要有水泥砂浆、混合砂浆和石灰砂浆三种。墙体一般采用混合砂浆砌筑，水泥砂浆主要用于砌筑地下部分的墙体和基础，由于石灰砂浆的防水性能差、强度低，一般用于砌筑非承重墙或荷载较小的墙体。砂浆的强度等级根据其抗压强度确定，共分 M2.5、M5、M7.5、M10、M15、M20 六个等级。

(二)砖墙组砌方式

砖墙组砌方式有全顺式、一顺一丁式、多顺一丁式、十字式、两平一侧式、每皮丁顺相间式等，如图 7-4 所示。在砌筑砖墙时，应遵循"内外搭接、上下错缝"的组砌原则，砖在砌体中相互咬合，使砌体不出现连续的垂直通缝，以增加砌体的整体性，确保砌体的强度。砖与砖之间搭接和错缝的距离一般不小于 60 mm。砖墙组砌时，要求砂浆饱满、横平竖直。

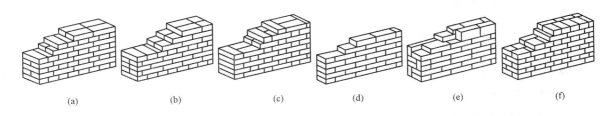

(a)　　　　　(b)　　　　　(c)　　　　　(d)　　　　　(e)　　　　　(f)

图 7-4　砖墙的组砌方式

(a)一顺一丁式(240 砖墙)；(b)多顺一丁式(240 砖墙)；

(c)十字式(240 砖墙)；(d)120 砖墙；(e)180 砖墙；(f)370 砖墙

(三)墙体尺度

墙体尺度是指厚度和墙段长两个方向的尺度。要确定墙体的尺度，除应满足结构和功能要求外，还必须符合块材自身的规格尺寸。

1. 砖墙的厚度

用普通砖砌筑的墙称为实心砖墙。由于烧结普通砖的尺寸是 240 mm×115 mm×53 mm，所以实心砖墙的尺寸应为砖宽加灰缝(115 mm+10 mm=125 mm)的倍数。砖墙的厚度尺寸如表 7-1 所示。

表 7-1　砖墙的厚度 　　　　　　　　　　　　　　　　　　　　　　　mm

墙厚名称	$\frac{1}{4}$砖	$\frac{1}{2}$砖	$\frac{3}{4}$砖	1 砖	$1\frac{1}{2}$砖	2 砖	$2\frac{1}{2}$砖
标志尺寸	60	120	180	240	370	490	620
构造尺寸	53	115	178	240	365	490	615
习惯称呼	60 墙	12 墙	18 墙	24 墙	37 墙	49 墙	62 墙

2. 洞口尺寸

洞口尺寸主要是指门窗洞口的尺寸，其尺寸应按《建筑模数协调标准》(GB/T 50002—2013)制定，这样可以减小门窗规格，有利于工厂化生产，提高工业化的程度。一般情况下，1 000 mm 以内的洞口尺寸采用基本模数 100 mm 的倍数，如 600 mm、700 mm、800 mm、900 mm、1 000 mm；大于 1 000 mm 的洞口尺寸采用扩大模数 300 mm 的倍数，如 1 200 mm、1 500 mm、1 800 mm 等。

(四)墙体细部构造

墙体的细部构造包括门窗过梁、窗台、勒脚、散水、明沟、变形缝、圈梁、构造柱和防火墙等。

1. 墙脚构造

底层室内地面以下、基础以上的墙体常称为墙脚。墙脚包括墙身防潮层、勒脚、散水和明沟等。

(1)墙身防潮层。墙身防潮层构造及类型如图 7-5 和图 7-6 所示。

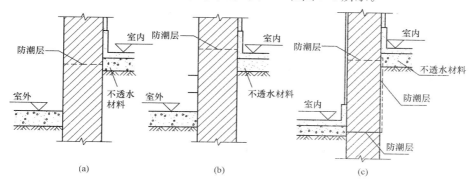

图 7-5 墙身防潮层构造

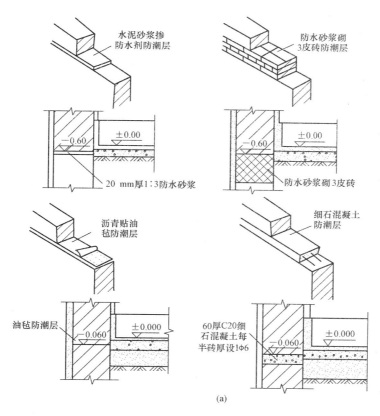

图 7-6 墙身防潮层类型

（a)墙身防潮层类型

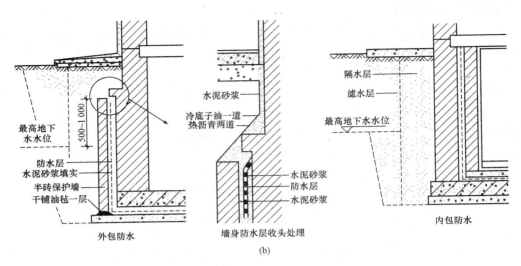

图 7-6 墙身防潮层类型(续)

(b)墙身卷材防水的类型

墙身水平防潮层常用细石混凝土防潮层,采用 60 mm 厚的细石混凝土带,内配三根 φ6 钢筋,其防潮性能好。

如果墙脚采用不透水的材料(如条石或混凝土等),或设有钢筋混凝土地圈梁时,可以不设防潮层。

(2)勒脚。勒脚构造如图 7-7 所示。勒脚是外墙墙身接近室外地面的部分,为防止雨水上溅墙身和机械力等的影响,所以要求墙脚坚固耐久和防潮。

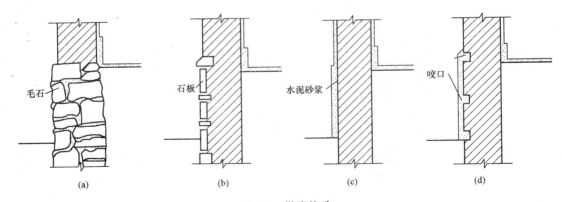

图 7-7 勒脚构造

(a)毛石勒脚;(b)石板贴面勒脚;(c)抹灰勒脚;(d)带咬口抹灰勒脚

一般采用以下几种构造做法:

1)抹灰:可采用 20 厚 1:3 水泥砂浆抹面,1:2 水泥白石子浆水刷石或斩假石抹面。此法多用于一般建筑。

2)贴面:可采用天然石材或人工石材,如花岗石、水磨石板等。其耐久性、装饰效果好,用于高标准建筑。

(3)散水。房屋四周可设散水。散水的材料通常使用水泥砂浆、混凝土等，厚度为60～70 mm，也可用石材。散水应设不小于3‰的排水坡。散水宽度一般为600～1 000 mm，具体做法如图7-8所示。散水与外墙交接处应设分格缝，分格缝用弹性材料嵌缝，防止外墙下沉时将散水拉裂。散水整体面层纵向距离每隔6～12 m做一道伸缩缝。

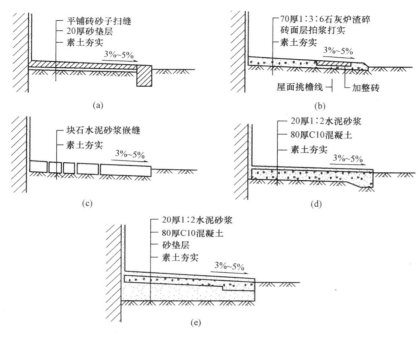

图 7-8　散水构造

2. 门窗洞口构造

(1)窗台。窗台高度根据室内使用功能确定，一般高度为民用建筑900 mm，工业厂房1 000 mm。窗台构造做法如图7-9所示。

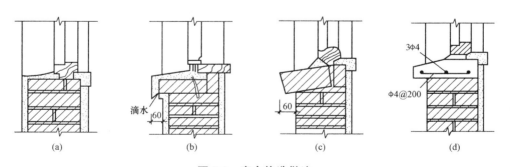

图 7-9　窗台构造做法

(a)不悬挑窗台；(b)有滴水的悬挑窗台；(c)测砌砖窗台；(d)预制钢筋混凝土窗台

(2)门窗过梁。

1)钢筋混凝土过梁。梁宽一般同墙厚，梁两端支承在墙上的长度不少于240 mm，以保证足够的承压面积。过梁断面形式有矩形和L形。为简化构造、节约材料，可将过梁与圈梁、悬挑雨篷、窗楣板或遮阳板等结合起来设计，图 7-10 所示为钢筋混凝土过梁。

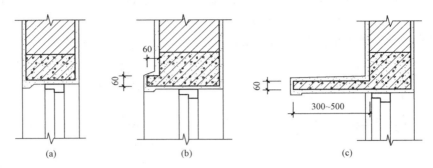

图 7-10　钢筋混凝土过梁

(a)平墙过梁；(b)带窗套过梁；(c)带窗楣过梁

2)钢筋砖过梁。钢筋砖过梁用砖不低于 MU7.5，砌筑砂浆不低于 M2.5。一般在洞口上方先支木模，砖平砌，下设 3~4 根 Φ6 钢筋，要求伸入两端墙内不少于 240 mm，梁高砌 5~7 皮砖或 ≥$L/4$，钢筋砖过梁净跨宜为 1.5~2 m，如图 7-11 所示。

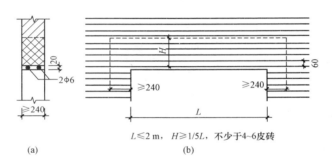

$L \leqslant 2$ m，　$H \geqslant 1/5L$，不少于4~6皮砖

(a)　　　　　　　　　(b)

图 7-11　钢筋砖过梁

3)砖拱过梁。砖拱过梁可分为平拱和弧拱。由竖砌的砖作拱圈，一般将砂浆灰缝做成上宽下窄，上宽不大于 20 mm，下宽不小于 5 mm。砖不低于 MU7.5，砂浆不能低于 M2.5，砖砌平拱过梁净跨宜小于 1.2 m，不应超过 1.8 m，中部起拱高约为 1/50L。如图 7-12 所示为砖平拱过梁。

4)圈梁兼过梁。若标高统一，则圈梁可兼作过梁，如图 7-13 所示。

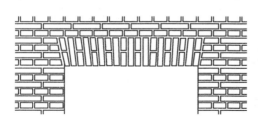

图 7-12　砖平拱过梁

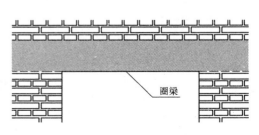

图 7-13　圈梁兼作过梁

3. 墙身加固措施

(1)壁柱和门垛。壁柱和门垛构造如图 7-14 所示。

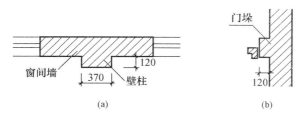

图 7-14　壁柱和门垛构造

(a)壁柱；(b)门垛

1)当墙体的窗间墙上出现集中荷载，而墙厚又不足以承担其荷载；或当墙体的长度和高度超过一定限度并影响到墙体稳定性时，常在墙身局部适当位置增设凸出墙面的壁柱以提高墙体刚度。

2)当在较薄的墙体上开设门洞时，为便于门框的安置和保证墙体的稳定，须在门靠墙转角处或丁字接头墙体的一边设置门垛，门垛凸出墙面不少于 120 mm，宽度同墙厚。

(2)圈梁。圈梁是沿外墙四周及部分内墙设置在楼板处的连续闭合的梁，一般置于与楼板、屋面板同一标高处，如图 7-15 所示。圈梁可提高建筑物的空间刚度及整体性，增加墙体的稳定性，减少由于地基不均匀沉降而引起的墙身开裂，对于抗震设防地区，利用圈梁加固墙身更加必要。圈梁应封闭，当圈梁被门窗洞口截断时，应在洞口上部增设相同截面的附加圈梁，其配筋和混凝土强度等级均不变。

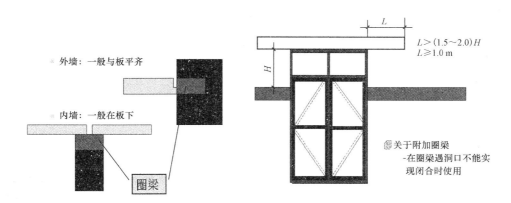

图 7-15　圈梁的位置

1)圈梁的构造。圈梁有钢筋砖圈梁和钢筋混凝土圈梁两种。钢筋砖圈梁就是将前述的钢筋砖过梁沿外墙和部分内墙一周连通砌筑而成。钢筋混凝土圈梁的高度不小于 120 mm，宽度与墙厚相同。圈梁的构造要点如图 7-16 所示。

2)圈梁的做法。圈梁多采用钢筋混凝土材料，钢筋砖圈梁已很少采用，如图 7-17 所示。钢筋混凝土圈梁的宽度宜与墙厚相同，当墙厚大于 240 mm 时，允许其宽度减小，但不宜小于墙厚的 2/3；圈梁高度应大于 120 mm，并在其中设置纵向钢筋和箍筋，**如为 8 度抗震设防时，纵筋为 4Φ10，箍筋为 Φ6@200。钢筋砖圈梁应采用不低于 M5 的砂浆砌筑**，高度为 4～6 皮砖。纵向钢筋不宜少于 6Φ6，水平间距不宜大于 120 mm，**分上下两层设在**圈梁顶部和底部的灰缝内。

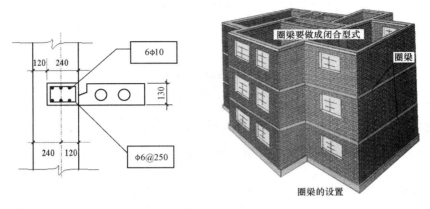

图 7-16　圈梁的构造要点示意

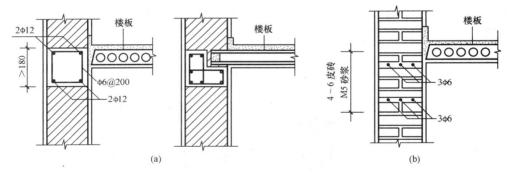

图 7-17　圈梁的一般构造
(a)钢筋混凝土圈梁；(b)钢筋砖圈梁

（3）构造柱。构造柱是从构造角度考虑设置的，一般设在建筑物的四角、内外墙交接处、楼梯间、电梯间的四角以及某些较长墙体的中部。其作用是从竖向加强层间墙体的连接，与圈梁一起构成空间骨架，加强建筑物的整体刚度，提高墙体抗变形的能力，约束墙体裂缝的开展。为了提高墙体的抗震能力和稳定性，砖混结构建筑应在墙体内设置构造柱。构造柱设置在墙体内部，与水平设置的圈梁相连，形成了具有较大刚度的空间骨架。**构造柱的下端应锚固在钢筋混凝土基础或基础圈梁中，上部与楼层圈梁连接。构造柱的截面不宜小于 240 mm×180 mm**，常用 240 mm×240 mm。纵向钢筋宜采用 Φ12，箍筋不少于 Φ6@250，并在柱的上下端适当加密。构造柱应先砌墙后浇筑，墙与柱的连接处宜留出五进五出的马牙槎，进出 60 mm，并沿墙高每隔 500 mm 设 2Φ6 的拉结钢筋，每边伸入墙内不宜少于 1 000 mm，施工时应当先砌墙体，并留出马牙槎。随着墙体的上升，逐段现浇钢筋混凝土构造柱。构造柱下端可伸入室外地面下 500 mm 或锚入浅于 500 mm 的地圈梁内。如图 7-18～图 7-20 所示，为构造柱设置部位及做法。

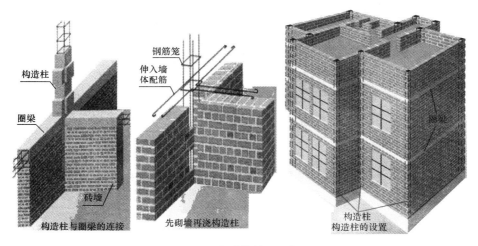

图 7-18 构造柱的设置部位

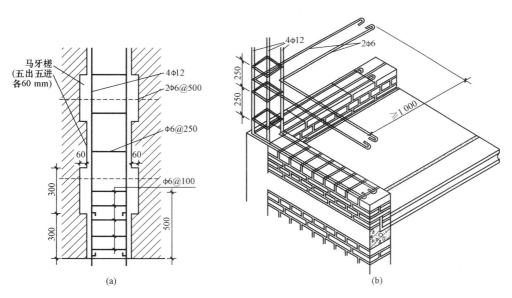

图 7-19 砖墙构造柱做法

(a)平直墙面处的构造柱；(b)转角处的构造柱

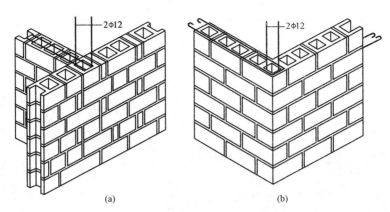

图 7-20　砌块墙构造柱做法

(a)内外墙交接处的构造柱；(b)外墙转角处的构造柱

二、砌块墙构造

(一)砌块的种类及规格

砌块按单块质量和规格可分为小型砌块、中型砌块和大型砌块。目前，采用中小型砌块居多。小型砌块的质量一般不超过 20 kg，主块外形尺寸为 190 mm×190 mm×390 mm，辅块尺寸为 90 mm×190 mm×190 mm 和 190 mm×190 mm×190 mm，适合人工搬运和砌筑。中型砌块的质量为 20～350 kg，目前各地的规格很不统一，常见的有 180 mm×845 mm×630 mm、180 mm×845 mm×1 280 mm、240 mm×380 mm×280 mm、240 mm×380 mm×580 mm、240 mm×380 mm×880 mm 等，需要用轻便机具搬运和砌筑。大型砌块的质量一般在 350 kg 以上，是向板材过渡的一种形式，需要用大型设备搬运和施工。

(二)砌块的组砌方式

在砌筑砌块墙前，必须进行砌块排列设计，尽量提高砌块的使用率，避免镶砖或少镶砖。砌块的排列应使上下皮错缝，搭接长度一般为砌块长度的 1/4，并且不应小于 150 mm。当无法满足搭接长度要求时，应在灰缝内设 φ4 钢筋网片连接，如图 7-21 所示。砌块墙的灰缝宽度一般为 10～15 mm，用 M5 砂浆砌筑。当垂直灰缝大于 30 mm 时，则需用 C10 细石混凝土灌实。由于砌块尺寸较大，一般不存在内外皮之间的搭接问题，在纵横交接处和外墙转角处均应咬接，如图 7-22 所示。

(三)砌块墙圈梁与构造柱构造

砌块墙的圈梁常与过梁统一考虑，有现浇和预制两种，不少地区采用槽形预制构件，在槽内配置钢筋，浇灌混凝土形成圈梁，如图 7-23 所示。

为了加强墙体的竖向连接，在外墙转角及某些内外墙相接的"丁"字接头处，利用空心砌块上下孔对齐，在孔内配置 φ10～φ12 的钢筋，然后用细石混凝土分层灌实，形成构造柱，使砌块在垂直方向连成一体，如图 7-24 所示。

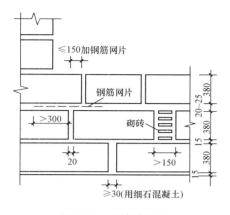

图 7-21　砌块的排列

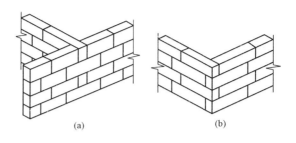

图 7-22　砌块的咬接
(a)纵横墙交接；(b)外墙转角交接

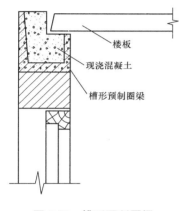

图 7-23　槽形预制圈梁

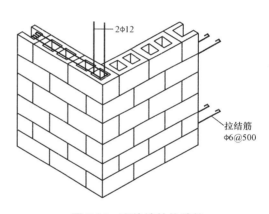

图 7-24　砌块墙的构造柱

三、隔墙构造

隔墙是用来分隔建筑空间，并起一定装饰作用的非承重构件。隔墙较固定，能在较大程度上限定空间，也能在一定程度上满足隔声、遮挡视线等要求。

(一)块材隔墙

块材隔墙是采用普通砖、空心砖、加气混凝土砌块等块状材料砌筑的隔墙，具有取材方便、造价较低、隔声效果好的特点。常用的有普通砖隔墙和砌块隔墙两种。

1. 普通砖隔墙

普通砖隔墙多采用普通砖砌筑，可分为1/2砖厚和1/4砖厚两种，以1/2砖隔墙为主。

(1)1/2砖隔墙。1/2砖隔墙又称为半砖隔墙，是用烧结普通砖采用全顺式砌筑而成，砌墙用砂浆强度应不低于M5。由于隔墙的厚度较薄，为确保墙体的稳定，应控制墙体的长度和高度。当墙体的长度超过5 m或高度超过3 m时，应采取加固措施。

为使隔墙与两端的承重墙或柱固接，隔墙两端的承重墙需预留出马牙槎，并沿墙高每隔500～800 mm埋入2Φ6拉结钢筋，伸入隔墙不小于500 mm。在门窗洞口处，应预埋混凝土块，安装窗框时打孔旋入膨胀螺栓，或预埋带有木楔的混凝土块，用圆钉固定门窗框，如图 7-25 所示。为使隔墙的上端与楼板之间结合紧密，隔墙顶部采用斜砌立砖或每隔 1 m 用木楔打紧。

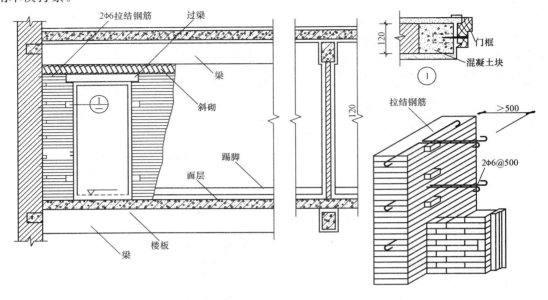

图 7-25　1/2 砖砌隔墙的构造

（2）1/4 砖隔墙。1/4 砖隔墙是用标准砖侧砌的，标志尺寸为 60 mm，砌筑砂浆的强度不应低于 M5。其高度不应大于 2.8 m，长度不应大于 3.0 m。它多用于建筑内部的一些小房间的墙体，如厕所、卫生间的隔墙。1/4 砖隔墙上最好不开设门窗洞口，而且应当用强度较高的砂浆抹面。

2. 砌块隔墙

采用轻质砌块来砌筑隔墙，可以将隔墙直接砌在楼板上，不必再设承墙梁。目前，应用较多的砌块有炉渣混凝土砌块、陶粒混凝土砌块、加气混凝土砌块。炉渣混凝土砌块和陶粒混凝土砌块的厚度通常为 90 mm，加气混凝土砌块多采用 100 mm 厚。由于加气混凝土的防水、防潮能力较差，因此在潮湿环境中应慎重采用，或在表面作防潮处理。砌块隔墙构造如图 7-26 所示。

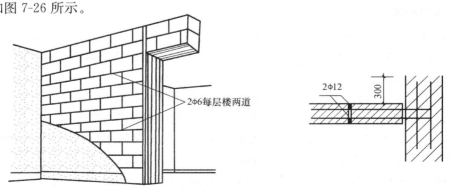

图 7-26　砌块隔墙的构造

另外，由于砌块的密度和强度较低，如需在砌块隔墙上安装暖气散热片或电源开关、插座，应预先在墙体内部设置埋件。

(二)板材隔墙

板材隔墙是采用在构件生产厂家生产的轻质板材，如加气混凝土条板、石膏条板、碳化石灰板、水泥玻璃纤维空心条板、泰柏板以及各种复合板，在现场直接装配而成的隔墙。这种隔墙装配性好、施工速度快、防火性能好，但价格较高。

1. 水泥玻璃纤维空心条板隔墙

石膏条板和水泥玻璃纤维空心条板多为空心板，长度为 2 400～3 000 mm，略小于房间的净高，宽度一般为 600～1 000 mm，厚度为 60～100 mm。主要用黏结砂浆和特制胶粘剂进行黏结安装。为使之结合紧密，板的侧面多做成企口。板之间采用立式拼接，当房间高度大于板长时，水平接缝应当错开至少 1/3 板长。安装条板时，条板下部先用小木楔顶紧后，用细石混凝土堵严，板缝用胶粘剂黏结，并用胶泥刮缝，平整后再进行表面装修。水泥玻璃纤维空心条板隔墙的连接构造如图 7-27 所示。

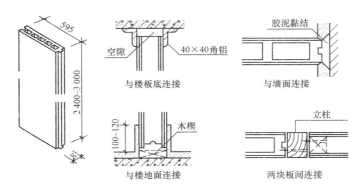

图 7-27　水泥玻璃纤维空心条板隔墙的连接构造

2. 泰柏板隔墙

泰柏板（PG 板）是由点焊 14 号钢丝网笼和可发性聚苯乙烯泡沫塑料板组合而成的墙体材料，如图 7-28 所示。泰柏板可以根据实际尺寸进行加工，现场进行拼接组装。泰柏板的自重轻，保温、隔热性能较好，而且具有相当大的强度，不但可以用作隔墙，还可以用作建筑的非承重外墙、承重较小的内墙、屋顶和跨度较小的楼板。泰柏板一般由膨胀螺栓与地面、顶棚或其他承重构件相连，接缝和转角处应加设连接网。泰柏板隔墙的连接构造如图 7-29 所示。泰柏板虽然有较好的防火性能，但在高温下会散发出有毒气体，因此，其不宜在建筑的疏散通道两侧使用。

灰板条要钉在立筋上，板条长边之间应留出 6～9 mm 的缝隙，以便抹灰时灰浆能够挤入缝隙之中，使之能附着在灰板条上。灰板条应在立筋上接头，两根灰板条接头处应留出 3～5 mm 的空隙，以免抹灰后灰板条膨胀相顶而弯曲，灰板条的接头连续高度应不超过 500 mm，以免在墙面出现通长裂缝，如图 7-30(b) 所示。为了使抹灰黏结牢固，灰板条表面不能够刨光，砂浆中应掺入麻刀或其他纤维材料。

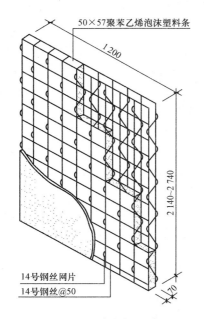

图 7-28　泰柏板隔墙

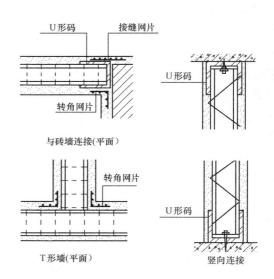

图 7-29　泰柏板的连接构造

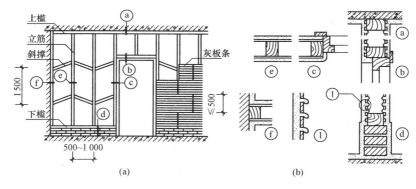

图 7-30　灰板条隔墙

（a）隔墙组成示意；（b）细部构造

3. 石膏板隔墙

石膏板隔墙是目前使用较多的一种隔墙。石膏板又称纸面石膏板，是一种新型建筑材料，其自重轻、防火性能好，加工方便，且价格不高。石膏板的厚度有 9 mm、10 mm、12 mm、15 mm 等，用于隔墙时多选用 12 mm 厚石膏板，有时为了提高隔墙的耐火极限，也可以采用双层石膏板。

石膏板隔墙的骨架可以采用薄壁型钢、木方和石膏板条。目前，采用薄壁型钢骨架的较多，又称为轻钢龙骨石膏板。轻钢龙骨一般由沿顶龙骨、沿地龙骨、竖向龙骨、横撑龙骨、加强龙骨和各种配套件组成。组装骨架的薄壁型钢是工厂生产的定型产品，并配有组装需要的各种连接构件。竖龙骨的间距≤600 mm，横龙骨的间距≤1 500 mm，当墙体高度在 4 m 以上时，还应适当加密。图 7-31 所示为轻钢龙骨石膏板隔墙的构造。

石膏板用自攻螺钉与龙骨连接，钉的间距为 200~250 mm，钉帽应压入板内约 2 mm，以便于刮腻子。刮腻子后即可做饰面，如喷刷涂料、油漆、贴壁纸等。为了避免开裂，板的接缝处应加贴 50 mm 宽的玻璃纤维带或根据墙面观感要求，事先在板缝处预留凹缝。

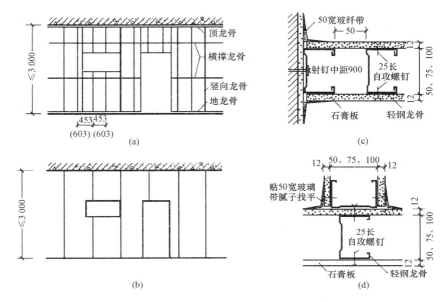

图 7-31 轻钢龙骨石膏板隔墙的构造

(a)龙骨排列；(b)石膏板排列；(c)靠墙节点；(d)"丁"字隔墙节点

第三节 墙面装修

一、墙面装修的作用

(1)保护墙体，增强墙体的坚固性、耐久性，延长墙体的使用年限。

(2)改善墙体的使用功能，提高墙体的保温、隔热和隔声能力。

(3)提高建筑的艺术效果，美化环境。

二、墙面装修的种类

墙面装修种类如表 7-2 所示。

表 7-2 墙面装修种类

类 别	室外装修	室内装修
抹灰类	水泥砂浆、混合砂浆、聚合物水泥砂浆、拉毛、水刷石、干粘石、斩假石、拉假石、假面砖、喷涂、滚涂等	纸筋灰、麻刀灰粉面、石膏粉面、膨胀珍珠岩灰浆、混合砂浆、拉毛、拉条等
贴面类	外墙面砖、马赛克、玻璃马赛克、人造水磨石板、天然石板等	釉面砖、人造石板、天然石板等
涂料类	石灰浆、水泥浆、溶剂型涂料、乳液涂料、彩色胶砂涂料、彩色弹涂等	大白浆、石灰浆、油漆、乳胶漆、水溶性涂料、弹涂等
裱糊类		塑料墙纸、金属面墙纸、木纹壁纸、花纹玻璃纤维布、纺织面墙纸等
铺钉类	各种金属面饰面板、石棉水泥板、玻璃	各种木夹板、木纤维板、石膏板及各种装饰面板等

(一)抹灰类墙面装修

1. 抹灰类墙面装修的分类

(1)按材料、施工工艺分类，如表 7-2 所示抹灰类种类。

(2)按等级分类，可分为普通抹灰、中级抹灰、高级抹灰。

(3)按位置分类，可分为内抹灰、外抹灰。

(4)按功能分类，可分为一般抹灰、装饰抹灰。

2. 各层作用要求

(1)底层抹灰主要起到与基层墙体黏结和初步找平的作用。

(2)中层抹灰在于进一步找平，以减少打底砂浆层干缩后可能出现的裂纹。

(3)面层抹灰主要起装饰作用，因此要求面层表面平整、无裂痕、颜色均匀。

3. 质量标准

抹灰按质量及工序要求，分为三种标准，如表 7-3 所示。

表 7-3 抹灰类三种标准

层次 / 标准	底层(层)	中层(层)	面层(层)	总厚度/mm	平整度 每2 m误差/mm	适用范围
普通抹灰	1	—	1	≤18	≤6	简易宿舍、仓库等
中级抹灰	1	1	1	≤20	≤4	住宅、办公楼、学校、旅馆等
高级抹灰	1	若干	1	≤25	≤2	公共建筑、纪念性建筑，如剧院、展览馆等

4. 抹灰构造

(1)一般抹灰。

1)外墙抹灰：一般为 20～25 mm，在构造上和施工时须分层操作。底层为 5～15 mm，中间层为 5～10 mm，须达到要求效果。

2）内墙抹灰：一般为 15～20 mm，在构造上和施工时须分层操作。底层为 5～10 mm，中间层为 5～10 mm，须达到要求效果。

3）顶棚抹灰：一般为 12～15 mm。分层操作，须达到要求效果。

（2）装饰抹灰。装饰抹灰有水刷石、干粘石、斩假石、拉毛等。装饰抹灰一般是指采用水泥、石灰砂浆等抹灰的基本材料，除对墙面作一般抹灰外，还能利用不同的施工操作方法，将其直接做成饰面层。

5. 常用抹灰做法

常用抹灰做法举例如表 7-4 所示。

表 7-4　常用抹灰做法举例

抹灰名称	构造及材料配合比	适用范围
纸筋（麻刀）灰	12～17 厚(1：2)～(1：2.5)石灰砂浆(加草筋)打底 2～3 厚纸筋（麻刀）灰粉面	普通内墙抹灰
混合砂浆	12～15 厚 1：1：6 水泥、石灰膏、砂、混合砂浆打底 5～10 厚 1：1：6 水泥、石灰膏、砂、混合砂浆粉面	外墙、内墙均可
水泥砂浆	15 厚 1：3 水泥砂浆打底 10 厚(1：2)～(1：2.5)水泥砂浆粉面	多用于外墙或内墙受潮侵蚀部位
水刷石	15 厚 1：3 水泥砂浆打底 10 厚(1：1.2)～(1：1.4)水泥石渣抹面后水刷	用于外墙
干粘石	10～12 厚 1：3 水泥砂浆打底 7～8 厚 1：0.5：2 外加 5％108 胶的混合砂浆粘结层 3～5 厚彩色石渣面层(用喷或甩方式进行)	用于外墙
斩假石	15 厚 1：3 水泥砂浆打底 刷素水泥浆一道 8～10 厚水泥石渣粉面 用剁斧斩去表面层水泥浆或石尖部分，使其显出凿纹	用于外墙或局部内墙
水磨石	15 厚 1：3 水泥砂浆打底 10 厚 1：1.5 水泥石渣粉面，磨光、打蜡	多用于室内潮湿部位
膨胀珍珠岩	12 厚 1：3 水泥砂浆打底 9 厚 1：16 膨胀珍珠岩灰浆粉面 (面层分 2 次操作)	多用于室内有保湿或吸声要求的房间

（二）涂料类墙面装修

涂料是指喷涂、刷于基层表面后，能与基层形成完整而牢固保护膜的涂层饰面装修。涂料按其主要成膜物的不同，可以分为有机涂料和无机涂料两大类。

常用的无机涂料有石灰浆、大白浆、可赛银浆、无机高分子涂料等。

有机合成涂料依其主要成膜物质和稀释剂的不同，可分为溶剂型涂料、水溶性涂料和乳液型涂料三种。图 7-32 所示为涂料装修。

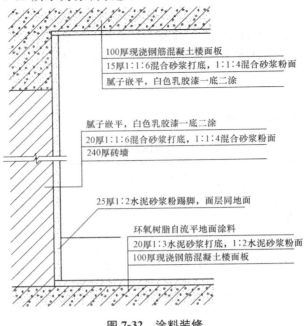

100厚现浇钢筋混凝土楼面板
15厚1:1:6混合砂浆打底，1:1:4混合砂浆粉面
腻子嵌平，白色乳胶漆一底二涂

腻子嵌平，白色乳胶漆一底二涂
20厚1:1:6混合砂浆打底，1:1:4混合砂浆粉面
240厚砖墙

25厚1:2水泥砂浆粉踢脚，面层同地面

环氧树脂自流平地面涂料
20厚1:3水泥砂浆打底，1:2水泥砂浆粉面
100厚现浇钢筋混凝土楼面板

图 7-32　涂料装修

(三)贴面类墙面装修

贴面类装修是指在内外墙面上粘贴各种天然石板、人造石板、陶瓷面砖等。

1. 面砖饰面

面砖应先放入水中浸泡，安装前取出晾干或擦干净，安装时先抹 15 mm 1:3 水泥砂浆找底并划毛，再用 1:0.3:3 水泥石灰混合砂浆或用掺有 108 胶（水泥用量 5%～7%）的 1:2.5 水泥砂浆满刮 10 mm 厚于面砖背面紧粘于墙上。对贴于外墙的面砖常在面砖之间留出一定缝隙，图 7-33 所示为面砖饰面构造示意；图 7-34 所示为面砖饰面构造实例。

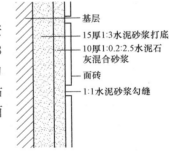

基层
15厚1:3水泥砂浆打底
10厚1:0.2:2.5水泥石灰混合砂浆
面砖
1:1水泥砂浆勾缝

图 7-33　面砖饰面构造示意

2. 陶瓷马赛克饰面

陶瓷马赛克尺寸较小，根据其花色品种，可拼成各种花纹图案。铺贴时先按设计的图案将小块材正面向下贴在 300 mm×300 mm、500 mm×500 mm、600 mm×600 mm 大小的牛皮纸上，然后牛皮纸面向外，将陶瓷马赛克贴于饰面基层上，待半凝后将纸洗掉，同时修整饰面，图 7-35 所示为陶瓷马赛克饰面。

3. 贴面类石材

石材饰面分为天然石材和人造石材饰面两种。石材按其厚度可分为板材和块材两种。通常将厚度 30～40 mm 的称为板材；厚度 40～130 mm 以上的称为块材。常见天然板材饰面有花岗石、大理石和青石板等，强度高、耐久性好，多作高级装饰用；常见人造石板有预制水磨石板、人造大理石板等。图 7-36 所示为贴面类石材及墙面装修。

图 7-34　面砖饰面构造实例

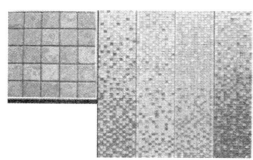

图 7-35　陶瓷马赛克饰面

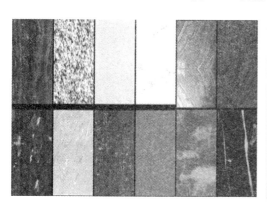

图 7-36　贴面类石材及墙面装修

(四)石材钩挂饰面装修

1. 石材拴挂法(湿法挂贴)的方法

天然石材和人造石材的安装方法相同,先在墙内或柱内预埋 Φ6 铁箍,间距依石材规格而定,而铁箍内立 Φ6~Φ10 竖筋,在竖筋上绑扎横筋,形成钢筋网。在石板上下边钻小孔,用双股 16 号钢丝绑扎,固定在钢筋网上。上下两块石板用不锈钢卡销固定。板与墙面之间预留 20~30 mm 缝隙,上部用定位活动木楔做临时固定,校正无误后,在板与墙之间浇筑 1:3 水泥砂浆,待砂浆初凝后,取掉定位活动木楔,继续上层石板的安装。

2. 钩挂石材举例

图 7-37 所示为钩挂石材墙面装修,图 7-38 所示为片状连接件挂装石材,图 7-39 所示为杆状连接件挂装石材。

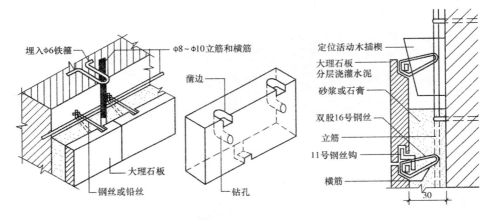

图 7-37　钩挂石材墙面装修

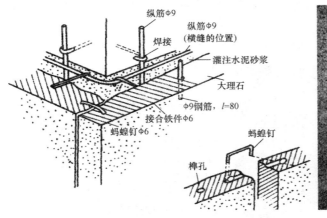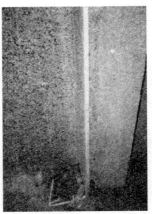

图 7-38　片状连接件挂装石材

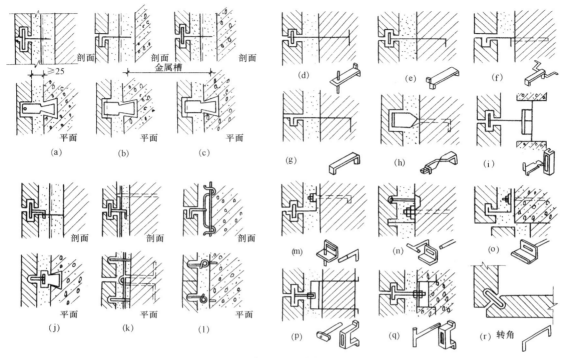

图 7-39 杆状连接件挂装石材

(五)裱糊类墙面装修

裱糊类墙面装修是将各种装饰性的墙纸、墙布、织锦等材料裱糊在内墙面上的一种装修饰面。墙纸品种很多,目前国内使用最多的是塑料墙纸和玻璃纤维墙布等。其施工工序如下:

(1)基层处理。在基层刮腻子,以使裱糊墙纸的基层表面达到平整、光滑。同时,为了避免基层吸水过快,还应对基层进行封闭处理,处理方法为:在基层表面满刷胶油腻子一遍,然后用砂纸磨平。

(2)准备上墙裱糊的壁纸,纸背预先刷清水一遍(即闷水),再刷胶粘剂一遍。有的壁纸产品背面已带胶粘剂,可不必再刷。

(3)为了使壁纸与墙面结合,提高粘结力,裱糊的基层同时刷胶粘剂一遍,壁纸即可以上墙裱糊。

图 7-40 所示为裱糊类墙面装修实例。

图 7-40　裱糊类墙面装修实例

特殊做法的
抹灰涂层墙面

第四节 幕 墙

外墙面使用透明的材料而使建筑物内部空间完全暴露，或是外墙面安装完面板后，各分层、墙、外围等的印象模糊，像披上一层"帷幕"，这样的外墙称为幕墙。

一、幕墙的特点

幕墙是现代公共建筑外墙的一种常见形式。其特点是装饰效果好、质量轻、安装速度快，是外墙轻型化、装配化比较理想的形式。幕墙还控制着光线、空气、热量等的内外交流，已被广泛采用。但玻璃幕墙产生光反射，在建筑密集区易造成光污染，给生活和交通带来诸多不便。另外，幕墙悬挂于骨架结构上，承受着风荷载，并通过连接固定体系将其自重和风荷载传递给骨架结构，因此设计时应考虑环境条件。

二、幕墙的分类

(1)按施工方法不同，幕墙可分为元件式幕墙和单元式幕墙两种。

1)元件式幕墙：用一根元件(立柱、横梁等)连接安装形成框格体系，再镶嵌安装玻璃。

2)单元式幕墙：这种幕墙是由预制的单元组件固定在楼层梁或板上，组件竖边对扣连接，上下层组件的顶与底对齐连接而成的。

(2)按材料不同，幕墙可分为金属幕墙和石材幕墙。

1)金属幕墙：不承担主体结构荷载与作用的建筑外围护结构，由金属构架和金属板构成，与隐框玻璃幕墙构造基本一致。

2)石材幕墙：不承担主体结构荷载与作用的建筑外围护结构，由金属挂件或金属骨架和石材饰面板构成。

(3)按组合方式和构造做法的不同，幕墙可分为明框玻璃幕墙、隐框玻璃幕墙、半隐框玻璃幕墙、全玻璃幕墙和点式玻璃幕墙等。

1)明框玻璃幕墙是金属框架构件显露在外表面的玻璃幕墙，由立柱、横梁组成框格，并在幕墙框格的镶嵌槽中安装固定玻璃，工作性能可靠，表面分格明显，使用寿命长。

2)隐框玻璃幕墙是将玻璃用硅酮结构胶黏结于金属附框上，以连接件将金属附框固定于幕墙立柱和横梁所形成的框格上的幕墙形式。这种幕墙均采用镀膜玻璃，具有单向透光的特性，从外侧看不到框料，从而达到隐框的效果。

3)半隐框玻璃幕墙综合上述两种特点，根据立面需要，选择合适的隐藏幕墙框架，可以横明竖隐或竖明横隐。

4)全玻璃幕墙是由玻璃板和玻璃肋制作的玻璃幕墙，适用于大的公共建筑，它透明轻盈、空间渗透性强，支承系统可分为悬挂式、支承式和混合式三种。高度在 6 m 以上时，应采用悬挂式支承系统。

5)点式玻璃幕墙的支承受力体系是用金属骨架或玻璃肋形成的，在其上安装连接板或钢爪，再用螺栓连接四角开圆孔的玻璃于连接板或钢爪上的幕墙形式。

图 7-41～图 7-43 所示为幕墙安装及幕墙实例。

图 7-41　幕墙安装

图 7-42　幕墙实例 1

图 7-43　幕墙实例 2

本章小结

　　墙体是房屋的重要组成部分，在一般砌体结构房屋中，墙体是主要的承重构件，也有可能是维护构件，在工程设计中，合理地选择墙体材料、结构方案及构造做法十分重要。本章主要介绍了砌体墙、隔墙和构造。

思考与练习

一、填空题

1. 按墙体在平面上所处位置不同，可分为_____和_____，_____和_____。

2. 窗与窗之间和窗与门之间的墙称为_____，窗台下面的墙称为_____。

3. 在混合结构建筑中，按墙体受力方式可分为_____和_____两种。

4. 砖墙由_____和_____两种材料组成。

5. 墙体尺度是指_____和_____的尺度。用普通砖砌筑的墙称为_____。

6. 底层室内地面以下、基础以上的墙体常称为_____。

7. 散水与外墙交接处应设_____，_____用弹性材料嵌缝，防止外墙下沉时将散水拉裂。

8. 砌块的排列应使上下皮错缝，搭接长度一般为砌块长度的_____，并且不应小于_____。

9. _____是用来分隔建筑空间，并起一定装饰作用的非承重构件。

10. 普通砖隔墙多采用普通砖砌筑，可分为_____和_____两种。

11. 抹灰类墙面装修的分类按位置分类，可分为_____、_____。

12. 涂料按其主要成膜物的不同，可以分为_____和_____两大类。

13. 贴面类装修指在内外墙面上粘贴各种_____、_____、_____等。

14. 按组合方式和构造做法的不同，幕墙可分为_____、_____、_____、_____和_____等。

二、选择题

1. 按构造方式，墙体的分类不包括（　　）。

　　A. 实体墙　　　　　B. 空体墙　　　　　C. 组合墙　　　　　D. 承重墙

2. 散水的坡度一般取（　　）。

　　A. 3%～5%　　　　B. 10%　　　　　　C. 12%　　　　　　D. 15%

3. 下列（　　）砂浆既有较高的强度又有较好的和易性。

　　A. 水泥　　　　　　B. 石灰　　　　　　C. 混合　　　　　　D. 黏土

4. 门窗过梁不包括（　　）。

　　A. 钢筋混凝土过梁　　　　　　　　B. 砖石混合过梁

　　C. 砖拱过梁　　　　　　　　　　　D. 圈梁兼过梁

5. 下列(　　)不是墙体的加固做法。

    A. 当墙体长度超过一定限度时，在墙体局部位置增设壁柱

    B. 设置圈梁

    C. 设置钢筋混凝土构造柱

    D. 在墙体适当位置用砌块砌筑

6. 墙体的勒脚部位的水平防潮层一般设于(　　)。

    A. 基础顶面   B. 底层地坪混凝土结构层之间的砖缝中

    C. 底层地坪混凝土结构层之下 60 mm 处   D. 室外地坪之上 60 mm 处

三、简答题

1. 墙体的作用有哪些？

2. 墙体的设计要求有哪些？

3. 墙体承重方案有哪些？

4. 砖墙组砌方式有哪些？在砌筑砖墙时，应遵循哪些组砌原则？

5. 简述墙体勒脚的构造做法。

6. 什么是构造柱？其作用是什么？其如何设置？

7. 常用的块材隔墙有哪两种？

8. 墙面装修的作用有哪些？

9. 简述裱糊类墙面装修的施工工序。

第八章　楼地层

知识目标

1. 熟悉楼地层的组成；掌握楼地层的构造。

2. 掌握现浇式钢筋混凝土楼板、预制装配式钢筋混凝土楼板、装配整体式钢筋混凝土楼板的构造。

3. 了解地坪层的作用、要求、地面的类型；掌握地坪层的构造、地面的构造及楼底层变形缝的构造。

4. 了解阳台的分类；熟悉直接式顶棚、悬吊式顶棚的构造要求；掌握雨篷、阳台细部及其构造要求。

能力目标

能运用本章知识进行中、小型建筑楼地层、阳台、雨篷构造设计；并能在施工一线实际工作中，运用本章知识把握楼地层、阳台、雨篷构造质量。

第一节　楼地层的组成与构造

一、楼地层的组成

楼地层可分为楼板层和地坪层两种，如图 8-1 所示。

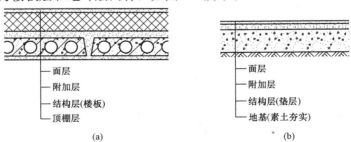

（a）　　　　　　　　　　　　　　　（b）

图 8-1　楼地层的组成

（a）楼板层；（b）地坪层

楼板层一般由面层、结构层和顶棚层等几个基本层次组成。当房间对楼板层有特殊要求时，可加设相应的附加层。

1. 面层

面层又称为楼面，是楼板层上表面的构造层，也是室内空间下部的装修层。其作用是保护楼板并传递荷载，有清洁和装饰室内的作用。根据各房间的功能要求不同，面层有多种不同的做法。

2. 结构层

结构层通常称为楼板，包括板、梁等构件。结构层位于面层和顶棚层之间，是楼板层的承重部分。结构层承受整个楼板层的全部荷载，并对楼板层的隔声、防火等起主要作用，能加强建筑物的整体刚度。

3. 顶棚层

顶棚层是楼板层下表面的构造层，也是室内空间上部的装修层。顶棚的主要功能是保护楼板、安装灯具、装饰室内空间及满足室内的特殊使用要求。

4. 附加层

附加层通常设置在面层和结构层之间，有时也设置在结构层和顶棚层之间。根据构造和使用要求，可设置结合层、找平层、防水层、保温层、隔热层、隔声层、管道敷设层等不同构造层次。

二、楼地层的构造

楼板层通常由面层、楼板（结构层）、顶棚三部分组成。地坪层是将地面荷载均匀地传递给地基的构件，它由面层、结构层、垫层和素土夯实层构成。依据具体情况可设找平层、结合层、防潮层、保温层、管道铺设层，如图 8-2 所示。

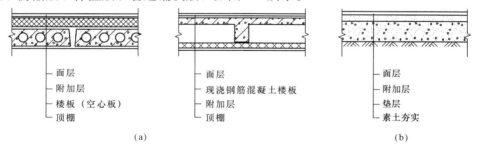

(a)   (b)

图 8-2　楼地层的组成

（1）素土夯实层：素土夯实层是地坪的基层，材料为不含杂质的砂石黏土，通常是填 300 mm 的土夯实成 200 mm 厚，使之均匀传力。

（2）垫层：将力传递给结构层的构件，有时垫层也与结构层合二为一。垫层又可分为刚性垫层和非刚性垫层，刚性垫层采用 C10 混凝土、厚度为 80～100 mm，多用于地面要求较高、薄而脆的面层；非刚性垫层有 50 mm 厚的砂垫层、80～100 mm 厚的碎石灌浆、50～70 mm 厚的石灰炉渣、70～120 mm 厚的三合土等，常用于不易断裂的面层。

（3）结构层：将力传给垫层的构件，常与垫层结合使用，通常采用 70～80 mm 厚的 C10 混凝土。

（4）面层：是人们直接接触的部位，应坚固、耐磨、平整、光洁、不易起尘，且应有较好的蓄热性和弹性。特殊功能的房间要符合特殊的要求。

三、楼板的类型

（1）木楼板。木楼板是我国的传统做法，但其耐火性、耐久性、隔声能力较差，相关建筑设计规范规定，主要承重构件必须为非燃材料，现在楼板层已不用木楼板。

（2）砖拱楼板。砖拱楼板是用砖砌成拱形结构所形成的楼板。这种楼板可以节约钢材、水泥，但自重较大，抗震性能差，而且楼板层厚度较大，施工复杂，目前已经很少使用。

（3）钢筋混凝土楼板。钢筋混凝土楼板的强度高、刚度好，具有较强的耐久性、防火性能和良好的可塑性，便于工业化生产和机械化施工，是目前我国房屋建筑中广泛采用的一种楼板形式。

（4）压型钢板组合楼板。压型钢板组合楼板是在钢筋混凝土基础上发展起来的，这种组合体系是利用凹凸相间的压型薄钢板作衬板与现浇混凝土浇筑在一起而形成的钢衬板组合楼板，既提高了楼板的强度和刚度，又加快了施工进度，在大空间、高层民用建筑和大跨度工业厂房中应用比较广泛。

楼板类型如图 8-3 所示。

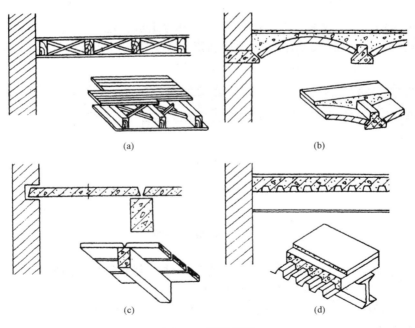

(a)　　　　　　　　　　　　(b)

(c)　　　　　　　　　　　　(d)

图 8-3　楼板类型

(a)木楼板；(b)砖楼板；(c)钢筋混凝土楼板；(d)压型钢板组合楼板

第二节　钢筋混凝土楼板构造

钢筋混凝土楼板按施工方式的不同，可分为现浇式钢筋混凝土楼板、预制装配式钢筋混凝土楼板和装配整体式钢筋混凝土楼板三种类型。

一、现浇式钢筋混凝土楼板

现浇式钢筋混凝土楼板具有能够自由成型、整体性强、抗震性能好的优点，但模板用量大、工序多、工期长，需要养护，工人劳动强度大，并且施工受季节、气候影响较大。现浇式钢筋混凝土楼板按其结构类型不同，可分为板式楼板、梁板式楼板、密肋楼板、无梁楼板。

1. 板式楼板

板式楼板是将楼板现浇成一块平板，四周直接支承在墙上。板式楼板的底面平整，便于支模施工，但当楼板跨度大时，需增加楼板的厚度，耗费材料较多，所以适用于平面尺寸较小的房间及公共建筑的走廊。板式楼板按支撑情况和受力特点可分为单向板和双向板。当 l_2/l_1 板的长边尺寸 l_2 与短边尺寸 l_1 之比 >2 时，在荷载作用下，荷载基本沿 l_1 方向传递，称为单向板，如图 8-4(a) 所示；当 $l_2/l_1 \leqslant 2$ 时，楼板荷载沿两个方向传递，称为双向板，如图 8-4(b) 所示。

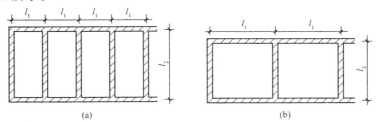

图 8-4　板式楼板的类型

(a) 单向板($l_2/l_1 > 2$)；(b) 双向板($l_2/l_1 \leqslant 2$)

2. 梁板式楼板

当房间平面尺寸较大时，为了避免楼板的跨度过大，可在楼板下设梁来增加板的支点，从而减小板跨。这时，楼板上的荷载先由板传递给梁，再由梁传递给墙或柱。这种由板和梁组成的楼板称为梁板式楼板，根据梁的布置情况，梁板式楼板可分为单梁式楼板、双梁式楼板和井式楼板。

(1) 单梁式楼板。当房间有一个方向的平面尺寸相对较小时，可以只沿短向设梁，梁直接搁置在墙上，这种梁板式楼板属于单梁式楼板，如图 8-5 所示。单梁式楼板的结构较简单，仅适用于教学楼、办公楼等建筑。

(2) 双梁式楼板。当房间两个方向的平面尺寸都较大时，在纵、横两个方向都设置梁，有主梁和次梁之分。主梁和次梁的布置应整齐、有规律，并考虑建筑物的使用要求、房间的大小形状及荷载的作用情况等，一般主梁沿房间短跨方向布置，次梁则垂直于主梁布置。

除考虑承重要求外，梁的布置还应考虑经济合理性。一般主梁的经济跨度为 5～8 m，主梁的高度为跨度的 1/14～1/8，主梁的宽度为高度的 1/3～1/2。主梁的间距即次梁的跨度，次梁的跨度一般为 4～6 m，次梁的高度为跨度的 1/18～1/12，次梁的宽度为高度的 1/3～1/2。次梁的间距即板的跨度，一般为 1.7～2.7 m，板的厚度一般为 60～80 mm。

（3）井式楼板。井式楼板是一种特殊形式的楼板，其特点是不分主次梁，将两个方向的梁等间距布置，除边梁外，其他都采用相同的梁高，形成"井"字梁，其荷载传递路线为板→梁→柱（或墙）。其适用于建筑平面为方形或近似方形的大厅。由于井式楼板结构形式整齐，具有较强的装饰性，其多用于公共建筑的门厅和大厅式的房间，如图 8-6 所示。

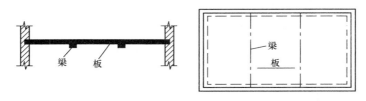

图 8-5　单梁式楼板

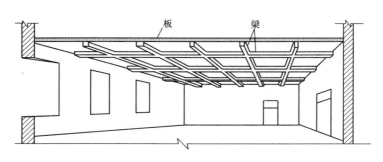

图 8-6　井式楼板

3. 密肋楼板

密肋楼板为现浇预制带骨架芯板填充块楼板，由密肋板和填充块构成，如图 8-7 所示。密肋楼板的肋（搁栅）长度为 200～300 mm，宽度为 60～150 mm，间距为 700～1 000 mm；密肋楼板的厚度不小于 50 mm，楼板的适用跨度为 3～10 mm。搁栅间距小时常填以陶土空心砖或空心矿渣混凝土块，以适应楼层隔声、保温、隔热的效果。同时，空心砖还可以起到模板的作用，也可以铺设管道，造价低廉。如预做吊顶，可在搁栅内预留钢丝；如需铺木楼板，则可于钢筋混凝土搁栅面上嵌燕尾形木条，然后铺钉木楼板搁栅。

4. 无梁楼板

无梁楼板是将现浇钢筋混凝土板直接支承在柱上的楼板结构，如图 8-8 所示。

为了增大柱的支撑面积和减小板的跨度，常在柱顶增设柱帽和托板。无梁楼板顶棚平整，室内净空大，采光、通风好。其经济跨度为 6 m 左右，板厚一般为 120 mm 以上。楼面荷载较大时，为避免楼板太厚，应采用有柱帽无梁楼板，增加板在柱上的支承面积；当楼面荷载较小时，可采用无柱帽楼板。

图 8-9 所示为现浇钢筋混凝土楼板施工现场。

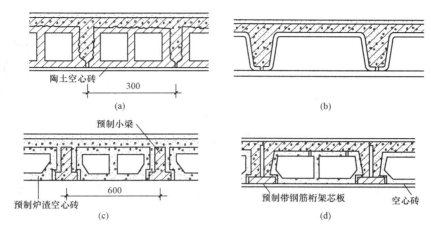

图 8-7　密肋楼板

(a)空心砖现浇；(b)玻璃钢壳现浇；(c)预制小梁填充块；(d)带骨架芯板填充块

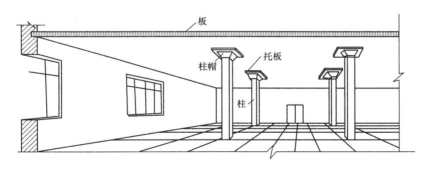

图 8-8　无梁楼板

图 8-9　现浇钢筋混凝土板施工现场

二、预制装配式钢筋混凝土楼板

预制装配式钢筋混凝土楼板，是将楼板分成若干构件，在预制加工厂或施工现场外预先制作，然后运到施工现场进行安装的钢筋混凝土楼板。这样可节省模板、提高劳动生产率、缩短工期，但整体性较差，在抗震要求较高的地区不宜采用。

1. 装配式钢筋混凝土楼板的类型及特点

预制构件可分为预应力和非预应力两种。采用预应力构件，可提高构件的抗裂度和刚度。预应力构件与非预应力构件相比较，可以节省钢材 30%～50%，节省混凝土 10%～30%，从而减轻自重、降低造价。预制装配式混凝土楼板分为实心平板、槽形板和空心板三种，如图 8-10 所示。

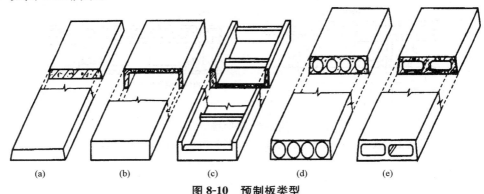

图 8-10　预制板类型

(a)实心平板；(b)正槽形板；(c)反槽形板；(d)圆孔板；(e)方孔板

(1)实心平板。实心平板制作简单，板上下表面平整，但隔声效果较差，一般用作走廊或小开间房屋的楼板，也可作架空搁板、管沟盖板等。实心平板的板跨一般不大于 2.4 m，板宽为 600～900 mm，板厚为 50～80 mm。

(2)槽形板。槽形板是一种梁板结合的构件，即在实心板的两侧设有纵肋，以承受板的荷载。荷载主要由板侧的纵肋承受，因此板可做得较薄。当板跨较大时，应在板纵肋之间增设横肋，以提高刚度。槽形板有预应力和非预应力两种。

槽形板的跨度为 3～7.2 m，板宽为 600～1 200 mm，板厚为 25～30 mm，肋高为 120～300 mm。槽形板的搁置有正置与倒置两种。正置板底不平，受力均匀、合理，不利于室内采光，多作吊顶；倒置板底平整，受力不合理，需另作面板，可利用其肋间空隙填充保温或隔声材料。

(3)空心板。空心板荷载主要由板纵肋承受，但由于其传力更合理，质量轻，且上下板面平整，因而应用广泛。

空心板按其抽孔方式的不同，有方孔板、椭圆孔板、圆孔板之分。方孔板较经济，但脱模困难，现已不再使用；圆孔板抽芯脱模容易，目前使用极为普遍。

空心板有中型板与大型板之分。中型空心板的板跨不大于 4.2 m，板宽为 500～1 500 mm，较经济的跨度为 2.4～4.2 m。

2. 预制装配式钢筋混凝土楼板的结构布置与细部构造

预制装配式钢筋混凝土楼板的支承方式有墙承式和梁承式，如图 8-11 和图 8-12 所示。

墙承式多用于横墙较密的住宅、宿舍等建筑，梁承式多用于教学楼、办公楼等空间较大的建筑物。当采用梁承式结构布置时，可将板直接搁在矩形梁的梁顶上，也可搁在花篮梁和十字梁挑耳上，如图8-13所示。

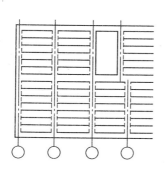

图8-11　墙承式结构布置

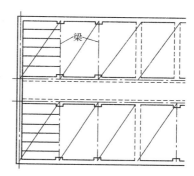

图8-12　梁承式结构布置

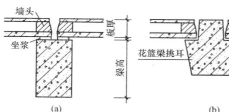

图8-13　板在梁上的搁置方式

（a）板搁在矩形梁顶上；（b）板搁在花篮梁挑耳上；（c）板搁在十字梁挑耳上

进行板布置时，一般要求板的规格、类型越少越好，以免增加制作和施工难度。

板在墙上搁置时，必须有足够的搁置长度，外墙不应小于120 mm，内墙不应小于100 mm；板在梁上搁置时，其搁置长度不宜小于80 mm，同时必须在墙或梁上铺约20 mm的水泥砂浆（坐浆），将板与板、墙梁用锚固钢筋锚固在一起，以增强房屋的整体刚度。拉结钢筋的配置视建筑物对整体刚度的要求及抗震要求而定。板的接缝包括端缝和侧缝，板缝处理一般用细石混凝土灌缝，为增强建筑物的整体性和抗震性能，可将板端外露钢筋交错搭接。侧缝接缝形式有V形缝、U形缝、凹形缝等，如图8-14所示。

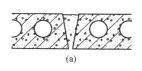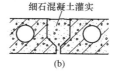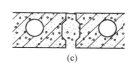

图8-14　侧缝接缝形式

（a）V形缝；（b）U形缝；（c）凹形缝

3. 板缝处理

预制板板缝起着连接相邻两块板协同工作的作用，使楼板成为一个整体。在具体布置楼板时，往往出现缝隙。板缝处理如图8-15所示。

（1）当缝隙小于60 mm时，可调节板缝（使其不大于30 mm，灌C20细石混凝土）。

（2）当缝隙为 60～120 mm 时，可在灌缝的混凝土中加配 2φ6 通长钢筋。

（3）当缝隙为 120～200 mm 时，设现浇钢筋混凝土板带，且将板带设在墙边或有穿管的部位。

（4）当缝隙大于 200 mm 时，调整板的规格。

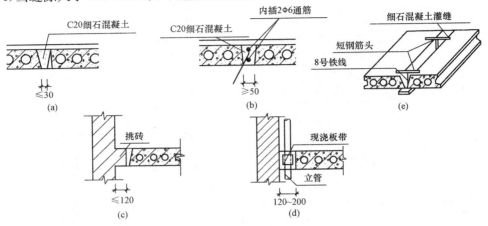

图 8-15　板缝处理

4. 板锚固筋设置

板与板及板与墙之间须用拉结筋锚固拉结，加强整体性，如图 8-16 所示。

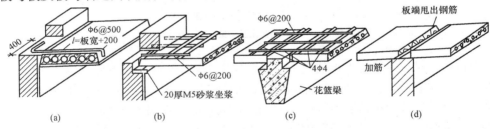

图 8-16　板拉接筋设置

（a）板侧锚固；（b）板端锚固；（c）花篮梁上锚固；（d）甩出钢筋锚固

5. 在楼板上设置隔墙

楼板上需设置隔墙，宜采用轻质隔墙，可搁置于楼板的任一位置。若为质量较重的隔墙，如砖隔墙、砌块隔墙等，则应避免将隔墙搁置在一块板上，一般隔墙下可设置小梁、板内配筋或将隔墙置于槽形板纵肋上，如图 8-17 所示。

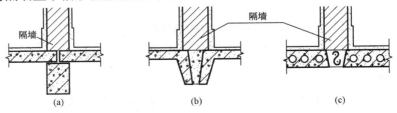

图 8-17　楼板上需设置隔墙

（a）隔墙支承在梁上；（b）隔墙支承在纵肋上；（c）板缝内配钢筋支承隔墙

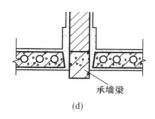
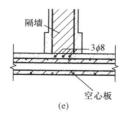

图 8-17　楼板上需设置隔墙(续)

(d)隔墙支承在梁上；(e)隔墙支承在多块空心板上

三、装配整体式钢筋混凝土楼板

装配整体式钢筋混凝土楼板是将楼板中的部分构件预制，现场安装后再浇筑混凝土面层而形成的整体楼板。这种楼板的整体性较好，施工速度也快，目前常用的是预制薄板叠合楼板。

预制薄板叠合楼板是由预制板和现浇钢筋混凝土层叠合而成的装配整体式楼板。其是以预制钢筋混凝土薄板为永久模板来承受施工荷载的。现浇的钢筋混凝土叠合层强度为C20级，内部可敷设水平设备管线。这种楼板具有良好的整体性且板的上、下表面平整，便于饰面层装修，适用于对整体刚度要求较高的高层建筑和大开间建筑。

密肋填充块楼板

预制薄板叠合楼板的预制板部分，通常采用预应力或非预应力薄板，板的跨度一般为 4～6 m，预应力薄板最大可达 9 m，板的宽度一般为1.1～1.8 m，板厚通常为 50～70 mm。叠合楼板的总厚度一般为 150～250 mm。为使预制薄板与现浇叠合层牢固地结合在一起，可对预制薄板的板面作适当处理，如板面刻槽、板面露出结合钢筋等，如图 8-18(a)、(b)所示。叠合楼板的预制板部分也可以采用钢筋混凝土空心板。现浇叠合层的厚度较小，一般为 30～50 mm，如图 8-18(c)所示。

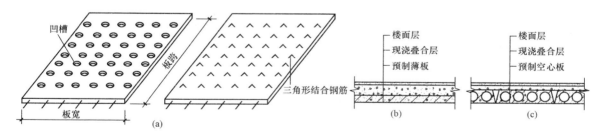

图 8-18　预制薄板叠合楼板

(a)预制薄板的板面处理；(b)预制薄板叠合楼板；(c)预制空心板叠合楼板

第三节 地坪层基本构造

地坪层也称地层，是分隔建筑物最底层房间与下部土壤的水平构件。其承受作用在其上面的各种荷载，并将这些荷载完全地传递给地基。

一、地坪层的构造、作用及要求

(1)面层。面层是地坪层的表面层，直接承受各种物理作用、化学作用，是人们日常生活直接接触的表面，应满足坚固、耐磨、平整、光洁、不起尘、易于清洗、防水、防火、有一定弹性等使用要求。

(2)垫层。垫层的作用是满足面层铺设所要求的刚度和平整度，有刚性垫层和非刚性垫层之分。刚性垫层一般采用强度等级为 C10 的混凝土，厚度为 60～100 mm，适用于整体面层和小块料面层的地坪中，如水磨石、水泥砂浆、陶瓷马赛克、缸砖等地面。

非刚性垫层一般采用砂、碎石、三合土等散粒状材料夯实而成，厚度为 60～120 mm。其适用于强度高、厚度大的大块料面层地坪中，如预制混凝土地面等。

(3)基层。基层起着保护垫层、防水、防潮和室内装饰的作用。

(4)变形缝。当地坪层采用刚性垫层时，变形缝应从垫层到面层处断开，垫层处缝内填沥青麻丝或聚苯板；当地坪层采用非刚性垫层时，可不设变形缝。

二、地面的类型

按面层所用材料和施工方式不同，常见地面可分为以下几类：

(1)整体地面：水泥砂浆地面、细石混凝土地面、水泥石屑地面、水磨石地面等。

(2)块材地面：砖铺地面、面砖、缸砖及陶瓷马赛克地面等。

(3)塑料地面：常用的塑料地毡为聚氯乙烯塑料地毡和聚氯乙烯石棉地板。聚氯乙烯塑料地毡(又称地板胶)是软质卷材，可直接干铺在地面上。聚氯乙烯石棉地板是在聚氯乙烯树脂中掺入 60%～80%的石棉绒和碳酸钙填料。由于树脂少，填料多，所以质地较硬，常做成 300 mm×300 mm 的小块地板，用胶粘剂拼花对缝粘贴。

(4)木地面：常采用条木地面和拼花木地面。

(5)涂料地面：涂料类地面耐磨性好，耐腐蚀、耐水防潮，整体性好，易清洁，不起灰，弥补了水泥砂浆和混凝土地面的缺陷，同时价格低廉，易于推广。

三、常见地面的构造

(一)整体式楼地面

整体式楼地面是采用在现场拌和的湿料，经浇抹形成的面层，具有构造简单、造价较低的特点，是一种应用较为广泛的类型，一般包括水泥砂浆楼地面、水泥混凝土楼地面、现浇水磨石楼地面。

1. 水泥砂浆楼地面

水泥砂浆楼地面是直接在现浇混凝土楼板或垫层上施工形成面层的一种传统整体式楼地面，一般有单层和双层两种做法，如图 8-19 所示。单层做法只抹一层 20～25 mm 厚的 1∶2 或 1∶2.5 的水泥砂浆；双层做法是增加一层 10～20 mm 厚的 1∶3 水泥砂浆找平层，表面只抹 5～10 mm 厚的 1∶2 水泥砂浆，双层做法虽增加了工序，但不易开裂。

水泥砂浆楼地面构造简单、坚固，能防潮、防水且造价较低，但水泥地面蓄热系数大，冬天感觉冷，不易清洁。

2. 水泥混凝土楼地面

水泥混凝土楼地面常用两种做法：一种是采用细石混凝土面层，其强度等级不应小于 C20，厚度为 30～40 mm，如图 8-20(a)所示；另一种是采用水泥混凝土垫层兼面层，其强度等级不应小于 C15，厚度按垫层确定，如图 8-20(b)所示。

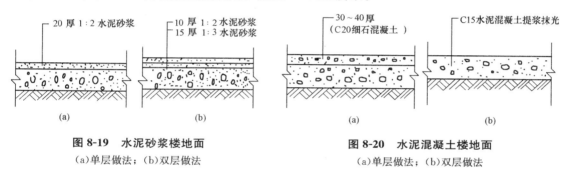

| (a) | (b) | (a) | (b) |

图 8-19 水泥砂浆楼地面
(a)单层做法；(b)双层做法

图 8-20 水泥混凝土楼地面
(a)单层做法；(b)双层做法

3. 现浇水磨石楼地面

现浇水磨石楼地面如图 8-21 所示。现浇水磨石楼地面一般分两层施工。在刚性垫层或结构层上用 10～20 mm 厚的 1∶3 水泥砂浆找平，面层铺 10～15 mm 厚的 1∶(1.5～2)的水泥白石子，待面层达到一定强度后加水养护并用磨石机打磨，最后上蜡保护。现浇水磨石地面具有良好的耐磨性、耐久性、防水防火性。

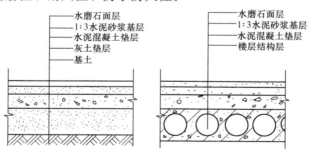

图 8-21 现浇水磨石楼地面

(二)板材楼地面

板材楼地面属于中高档楼地面，它是通过铺贴各种天然或人造的预制块材或板材而形成的建筑地面。这种楼地面易清洁、经久耐用、花色品种多、装饰效果强，但工效低、价格高，主要适用于人流量大、清洁要求和装饰要求高、有防水作用的建筑。

1. 缸砖、瓷砖、陶瓷马赛克楼地面

缸砖、瓷砖、陶瓷马赛克的共同特点是表面致密、光洁、耐磨、吸水率低、不变色，属于小型块材，其铺贴工艺是：先在混凝土垫层或楼板上抹15～20 mm厚1：3的水泥砂浆找平，再用5～8 mm厚1：1的水泥砂浆或水泥胶(水泥：108胶：水＝1：0.1：0.2)粘贴，最后用素水泥浆擦缝。缸砖、陶瓷马赛克楼地面如图8-22所示。

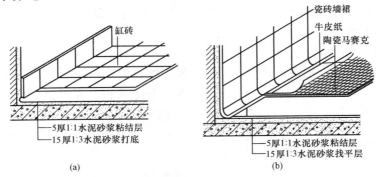

图8-22　缸砖、陶瓷马赛克楼地面
(a)缸砖楼地面；(b)陶瓷马赛克楼地面

陶瓷马赛克在整张铺贴后，用滚筒压平，使水泥砂浆挤入缝隙，待水泥砂浆硬化后，用草酸洗去牛皮纸，然后用白水泥浆擦缝。

2. 花岗石板、大理石板楼地面

花岗石板、大理石板的尺寸一般为(300 mm×300 mm)～(600 mm×600 mm)，厚度为20～30 mm，属于高级楼地面材料。花岗石板的耐磨性与装饰效果好，但价格昂贵。

花岗石板、大理石板楼地面如图8-23所示。板材铺设前应按房间尺寸预定制作；铺设时需预先试铺，合适后再开始正式粘贴，具体做法是：先在混凝土垫层或楼板找平层上实铺30 mm厚1：(3～4)干硬性水泥砂浆作结合层，上面撒素水泥面(洒适量清水)，然后铺贴楼地面板材，缝隙挤紧，用橡皮锤或木槌敲实，最后用素水泥浆擦缝。

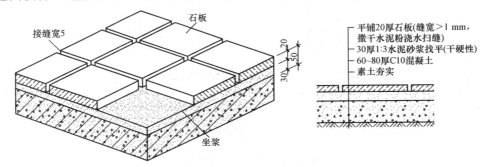

图8-23　花岗石板、大理石板楼地面

(三)木楼地面

木楼地面是一种高级楼地面的类型，其具有弹性好、不起尘、易清洁和导热系数小的特点，但是造价较高，故应用不广泛。木楼地面按构造方式，可分为空铺式和实铺式两种。

1. 空铺式市楼地面

空铺式木楼地面的构造比较复杂，一般是将木楼地面进行架空铺设，使板下有足够的空间，以便于通风，保持干燥。空铺式木楼地面耗费木材量较多，造价较高，多不采用，主要适用于要求环境干燥且对楼地面有较高的弹性要求的房间。

2. 实铺式市楼地面

实铺式木楼地面有铺钉式和粘贴式两种做法。当在地坪层上采用实铺式木楼地面时，必须在混凝土垫层上设防潮层。

(1)铺钉式木楼地面是在混凝土垫层或楼板上固定小断面的木搁栅，木搁栅的断面尺寸一般为 50 mm×50 mm 或 50 mm×70 mm，其间距为 400～500 mm，然后在木搁栅上铺钉木板材。木板材可采用单层和双层做法。铺钉式拼花木楼地面如图 8-24(a)所示。

(2)粘贴式木楼地面是在混凝土垫层或楼板上先用 20 mm 厚 1：2.5 的水泥砂浆找平，干燥后用专用胶粘剂黏结木板材，其构造如图 8-24(b)所示。由于省去了搁栅，粘贴式木楼地面比铺钉式木楼地面节约木材，且施工简便、造价低，故应用广泛。

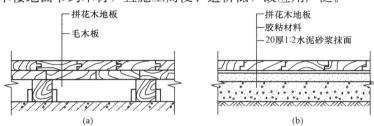

图 8-24　拼花木楼地面

(a)铺钉式；(b)粘贴式

(四)塑料楼地面

塑料楼地面以聚乙烯树脂为基料，加入增塑剂、稳定剂等材料，经塑化热压而成。可以干铺，与片材一样，用胶粘剂粘贴到水泥砂浆找平层上。

聚氯乙烯塑料楼地面是以聚氯乙烯树脂为主要胶结材料，配以增塑剂、填充料、稳定剂、润滑剂和颜料，经高速混合、塑化、辊压或层压成型而成。塑料楼地板分为直接铺设与黏结铺贴两种方式，地面的铺贴方法是：先将板缝切成 V 形，然后用三角形塑料焊条、电热焊枪焊接，并均匀加压 24 h。塑料楼地面施工如图 8-25 所示。

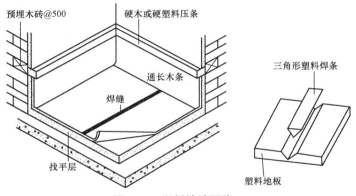

图 8-25　塑料楼地面施工

四、楼地层变形缝的构造

当建筑物设置变形缝时，应在楼地层的对应位置设变形缝。变形缝应贯通楼地层的各个层次，并在构造上保证楼板层和地坪层能够满足美观和变形的需要。

楼地层变形缝的宽度应与墙体变形缝一致，上部用金属板、预制水磨石板、硬塑料板等盖缝，以防止灰尘下落。顶棚处应用木板、金属调节片等做盖缝处理，盖缝板应于一侧固定，另一侧自由，以保证缝两侧结构能够自由变形，如图 8-26 所示。

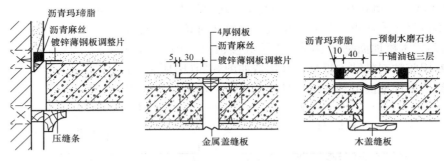

图 8-26　楼地层变形缝的构造

第四节　顶棚装修

一、直接式顶棚

直接式顶棚是在楼板结构层的底面直接进行喷刷、抹灰、贴面而形成饰面的顶棚。顶棚与上部结构层应可靠地黏结或钉接，具有取材容易、构造简单、施工方便、造价较低的优点，广泛应用于民用建筑中。

1. 直接喷涂、抹灰顶棚

直接喷涂、抹灰顶棚是在楼板底面直接喷涂、抹灰，保证饰面的平整和增加抹面灰层与基层的粘结力，如图 8-27 所示。先在顶棚的基层上刷一遍纯水泥浆，然后用混合砂浆打底找平。要求较高的房间，可在底板增设一层钢板网，在钢板网上再做抹灰。

2. 贴面顶棚

贴面顶棚的贴面材料较丰富，能够满足室内不同的使用要求，其基层处理要求和方法与直接抹灰、喷刷、裱糊类顶棚相同。对装修要求较高或有隔声、隔热等特殊要求的建筑物，可在板底直接粘贴装饰吸声板、石膏板、塑胶板等，如图 8-28 所示。

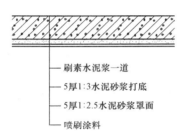

— 刷素水泥浆一道
— 5厚1:3水泥砂浆打底
— 5厚1:2.5水泥砂浆罩面
— 喷刷涂料

图 8-27　直接喷涂、抹灰顶棚

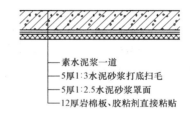

— 素水泥浆一道
— 5厚1:3水泥砂浆打底扫毛
— 5厚1:2.5水泥砂浆罩面
— 12厚岩棉板、胶粘剂直接粘贴

图 8-28　贴面顶棚

二、悬吊式顶棚

悬吊式顶棚又称为吊顶，悬吊在楼板层和屋顶的结构层下面，与结构层之间留有一定的空间，以满足遮挡不平整的结构底面、敷设管线、通风、隔声等使用要求。悬吊式顶棚按材料可分为抹灰吊顶和板材吊顶。

1. 吊顶的组成

吊顶一般由吊筋、基层和面层三部分组成。

（1）吊筋。吊筋又称为吊杆，是连接楼板层和屋顶的结构层与顶棚骨架的杆件，其形式和材料的选用与顶棚的质量、骨架的类型有关，一般有 φ6～φ8 的钢筋、φ4 钢丝或 φ8 的螺栓，也可采用型钢、轻钢型材或木枋等加工制作。

（2）基层。基层即骨架层，一般是指由主龙骨、次龙骨组成的网格骨架体系，按材料可分为木基层和金属基层两大类。基层的主要作用是承受顶棚荷载并将荷载通过吊筋传递给楼板或屋面板。

（3）面层。面层一般可分为抹灰类、板材类和格栅类。其作用是装饰美化室内空间。面层的设计应结合灯具、风口等的布置进行。面层与基层的连接根据其材料的不同而不同，有的用连接件、紧固件连接，如圆钉、螺栓、卡具等，有的则直接将面层搁置或挂扣在龙骨上，不需连接件。

2. 抹灰吊顶

抹灰吊顶的龙骨可以用木龙骨，也可以用轻钢龙骨。主木龙骨的断面宽为 60～80 mm，高为 120～150 mm，中距为 1 m，次龙骨的断面为 40 mm×60 mm，中距为 400～500 mm，用吊木固定在主龙骨上。轻钢龙骨一般有配套的型材。

抹灰面层的做法主要有板条抹灰、板条钢板网抹灰、钢板网抹灰三种。

（1）板条抹灰。板条抹灰一般采用木龙骨，如图 8-29（a）所示。这种顶棚是传统做法，构造简单，造价低，但抹灰层由于干缩或结构变形的影响，很容易脱落，且不防火，故通常用于装修要求较低的建筑。

（2）板条钢板网抹灰。板条钢板网抹灰顶棚的做法是在前一种顶棚的基础上加钉一层钢板网，以防止抹灰层开裂、脱落，如图 8-29（b）所示。这种做法适用于装修要求较高的建筑。

（3）钢板网抹灰。钢板网抹灰吊顶一般采用钢龙骨，钢板网固定在钢筋上，如图 8-29（c）所示。这种做法未使用木材，可以提高顶棚的防火性、耐久性和抗裂性，多用于公共建筑的大厅顶棚和防火要求较高的建筑。

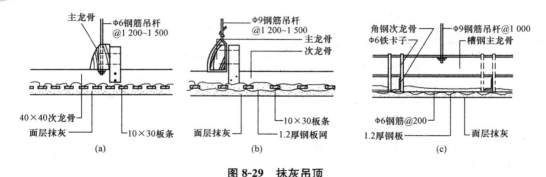

图 8-29　抹灰吊顶

（a)板条抹灰吊顶；(b)板条钢板网抹灰吊顶；(c)钢板网抹灰吊顶

3. 金属板吊顶

金属板吊顶是板材吊顶的一种，采用铝合金板、薄钢板等金属板材面层，铝合金板表面作电化铝饰面处理，薄钢板表面可用镀锌、涂塑、涂漆等防锈饰面处理。在这种顶棚中，顶棚的龙骨除是承重杆件外，还兼有卡具的作用，其构造简单，安装方便，耐火、耐久。

(1)金属条板吊顶。一般来说，金属条板吊顶属于轻型不上人吊顶。金属条板一般多用卡口方式与龙骨相连，但这种方法只适用于板厚不大于 0.8 mm、板宽不超过 100 mm 的条板。

对于板宽超过 100 mm、板厚超过 1 mm 的板材，多采用螺钉等进行固定。铝合金和薄钢板轧制而成的槽形条板，有窄条、宽条之分，根据条板类型的不同，吊顶龙骨的布置方法也不同。金属条板吊顶按条板与条板相接处的板缝处理形式，可分为封闭型条板吊顶和开放型条板吊顶，如图 8-30 所示。

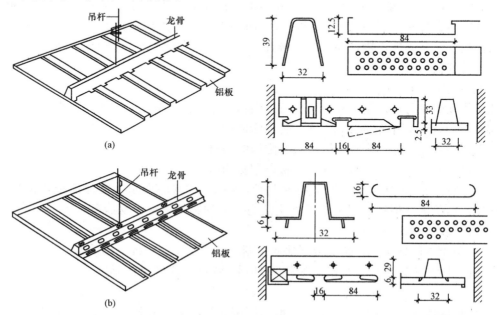

图 8-30　金属条板吊顶

（a)封闭型；(b)开放型

（2）金属方板吊顶。采用金属方板吊顶时，应与顶棚表面设置的灯具、风口、喇叭等协调一致，形成有机的整体。金属方板安装的构造有搁置式和卡入式两种。搁置式多为 T 形龙骨，方板四边带翼缘，搁置后形成格子状离缝，如图 8-31 所示。采用卡入式时，金属方板的卷边应向上，形同有缺口的盒子，一般在边上扎出凸出的卡口，然后卡入带有夹器的龙骨中。其构造如图 8-32 所示。方板可以打孔，在上面衬纸上放置矿棉或玻璃棉的吸声垫，以形成吸声顶棚。方板也可压成各种纹饰，组合成不同的图案。

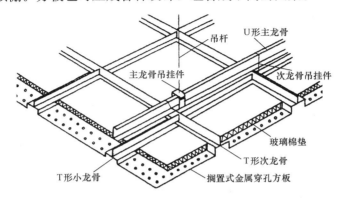

图 8-31　搁置式金属方板吊顶构造

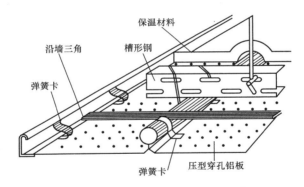

图 8-32　卡入式金属方板吊顶构造

第五节　阳台和雨篷构造

一、阳台

阳台是楼房建筑中各层伸出室外的平台，可供使用者在上面休息、眺望、晾晒衣物或从事其他活动。同时，良好的阳台造型设计还可以增加建筑物的外观美感。

阳台由阳台板和栏杆、扶手组成。阳台板是阳台的承重结构，栏杆、扶手是阳台的围护构件，设在阳台临空的一侧。

图 8-33～图 8-35 所示为阳台实例图。

图 8-33   阳台实例 1

图 8-34   阳台实例 2

图 8-35　阳台实例 3

(一)阳台的分类

(1)按阳台与外墙的相对位置不同,阳台可分为凸阳台、凹阳台、半凸半凹阳台及转角阳台,如图 8-36 所示。

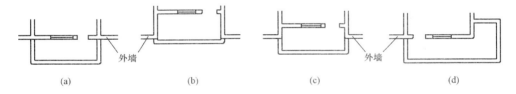

图 8-36　阳台的类型

(a)凸阳台;(b)凹阳台;(c)半凸半凹阳台;(d)转角阳台

(2)按悬挑方式不同,阳台大致可分为挑梁式阳台、挑板式阳台、压梁式阳台三种。采用最多的是现浇钢筋混凝土结构或预制装配式钢筋混凝土结构。

1)挑梁式阳台。挑梁式阳台是从建筑物的横墙上伸出挑梁,于其上搁置阳台板,如图 8-37(a)所示。为防止阳台倾覆,挑梁压入横墙部分的长度应不小于悬挑部分长度的1.5 倍。工程中一般在挑梁端部增设与其垂直的边梁,以加强阳台的整体性,并承受阳台栏杆的质量。

2)挑板式阳台。挑板式阳台是将楼板延伸挑出墙外,形成阳台板,如图 8-37(b)所示。由于阳台板与楼板是一个整体,楼板的质量和墙的质量构成阳台板的抗倾覆力矩,保证阳台板的稳定。挑板式阳台板平整、美观,若采用现浇式工艺,还可以将阳台平面制成半圆形、弧形、多边形等形式,增加房屋的形体美观性。

3)压梁式阳台。压梁式阳台是将凸阳台板与墙梁整浇在一起,墙梁可用加大的圈梁代替,此时梁和梁上的墙构成阳台板后部压重,如图 8-37(c)所示。由于墙梁受扭,故阳台悬挑尺寸不宜过大,一般在 1 m 以内为宜。当梁上部的墙开洞较大时,可将梁向两侧延伸至不开洞部分，必要时还可以伸入内墙来确保安全。

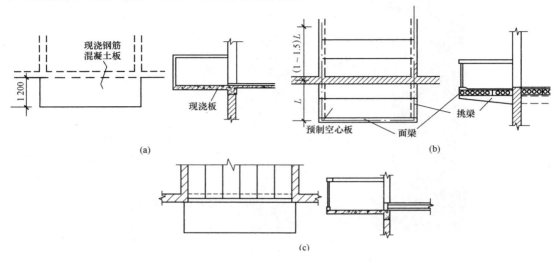

图 8-37 阳台悬挑形式

(a)挑梁式；(b)挑板式；(c)压梁式

(3)按施工方法不同，阳台可分为预制阳台和现浇阳台。

(4)住宅建筑的阳台根据使用功能的不同，可以分为生活阳台和服务阳台。

(二)阳台细部及其构造

1. 栏杆、栏板

栏杆和栏板是阳台的围护结构，还承担着使用者对阳台侧壁的水平推力，因此必须具有足够的强度和适当的高度，以保证使用安全。栏杆有很好的装饰作用，栏杆形式按外形可分为空花式、混合式和实体式三种，如图 8-38 所示。为保证安全，栏杆扶手应有适宜的尺寸，低、多层住宅阳台栏杆净高不应低于 1.05 m，中高层住宅阳台栏杆净高不应低于 1.1 m，但也不应大于 1.2 m。空花栏杆垂直杆之间的净距不应大于 100 mm，也不应设水平分格，以防儿童攀爬。另外，栏杆应与阳台板有可靠的连接。

栏杆、栏板构造如图 8-39 所示。

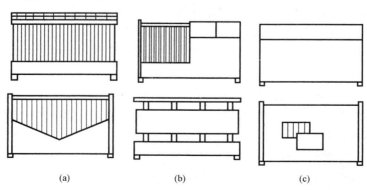

图 8-38 阳台栏杆形式

(a)空花式；(b)混合式；(c)实体式

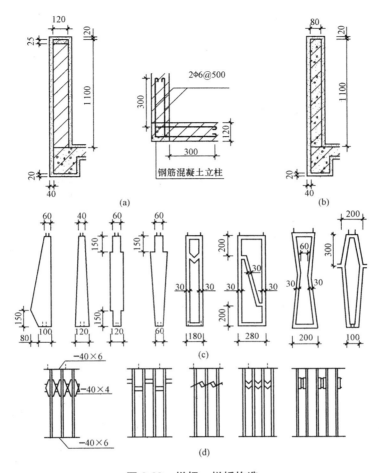

图 8-39 栏杆、栏板构造

(a)砖砌栏板；(b)混凝土栏板；(c)混凝土栏杆；(d)金属栏杆

2. 栏杆扶手

栏杆扶手有金属和钢筋混凝土两种。金属扶手一般为钢管与金属栏杆焊接；钢筋混凝土扶手用途广泛，形式多样，有不带花台、带花台、带花池等形式，如图 8-40 所示。

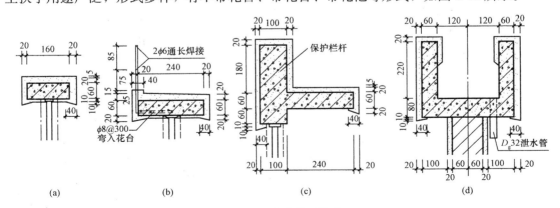

图 8-40 阳台扶手构造

(a)不带花台；(b)、(c)带花台；(d)带花池

3. 阳台细部构造

阳台细部构造主要包括栏杆与扶手的连接、栏杆与面梁(或称止水带)的连接、栏杆与墙体的连接等。

(1)栏杆与扶手的连接方式有焊接、现浇等方式,如图 8-41 所示。

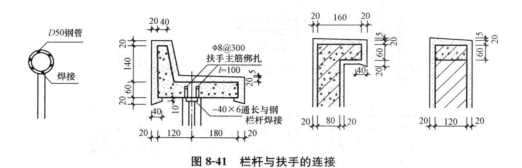

图 8-41　栏杆与扶手的连接

(2)栏杆与面梁或阳台板的连接方式有焊接、榫接坐浆、现浇等,如图 8-42 所示。

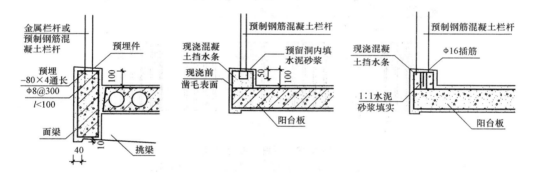

图 8-42　栏杆与面梁或阳台板的连接

4. 阳台隔板

阳台隔板用于连接双阳台,有砖砌和钢筋混凝土隔板两种。砖砌隔板一般采用 60 mm 厚和 120 mm 厚两种,由于荷载较大且整体性较差,所以现多采用钢筋混凝土隔板。隔板采用 C20 细石混凝土预制 60 mm 厚,下部预埋铁件与阳台预埋铁件焊接,其余各边伸出 Φ6 钢筋与墙体、挑梁和阳台栏杆、扶手相连,如图 8-43 所示。

5. 阳台的排水

为防止雨水流入室内,设计时应使阳台标高低于室内地面 20～50 mm,并在阳台一侧设排水孔,如图 8-44 所示。阳台排水主要有坡口管排水和落水管排水两种形式。坡口管排水适用于低层或要求不高的建筑,阳台面向两侧做 5‰坡度,在阳台的外侧栏板设镀锌薄钢管或硬质塑料管,伸出阳台栏板外面长度不少于 80 mm,以防止落水溅到下面阳台上;落水管排水适用于高层建筑,为保证建筑立面效果,可在阳台内侧设地漏和排水立管。

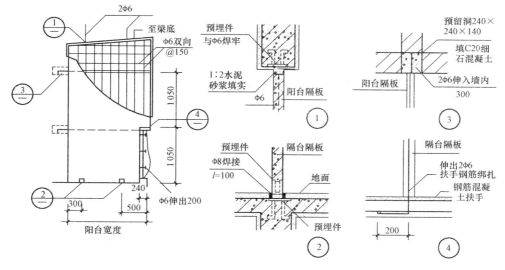

图 8-43　阳台隔板构造

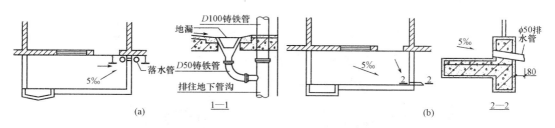

图 8-44　阳台排水构造

(a)落水管排水；(b)排水管排水

二、雨篷

雨篷是建筑物外门顶部悬挑的水平挡雨构件。雨篷除具有保护大门不受侵害的作用外，还具有一定的装饰作用。按结构形式的不同，雨篷有板式和梁板式两种，且多为现浇钢筋混凝土悬挑构件，其悬挑长度一般为 1～1.5 m。

1. **板式雨篷**

板式雨篷所受的荷载较小，因此雨篷板的厚度较薄，一般做成变截面形式，根部厚度不小于 70 mm，端部厚度不小于 50 mm。板式雨篷一般与门洞口上的过梁整体现浇，要求上下表面相平。雨篷挑出长度较小时，构造处理较简单，可采用无组织排水，在板底周边设滴水，雨篷顶面抹 15 mm 厚 1：2 水泥砂浆，内掺 5％防水剂，如图 8-45(a)所示。

2. **梁板式雨篷**

当门洞口尺寸较大，雨篷挑出尺寸也较大时，为了立面需要和使雨篷底面平整，通常将周边梁向上翻起成侧梁式(也称翻梁)，如图 8-45(b)所示，一般是在雨篷外沿用砖或钢筋混凝土板制成一定高度的卷檐。当雨篷尺寸较大时，可在雨篷下面设柱支撑。雨篷排水口可设在前面或两侧，采用坡口管或落水管排水。为防止上部积水渗漏，雨篷顶面应做好防水和排水处理，一般采用 20 mm 厚的防水砂浆抹面进行防水处理，防水砂浆应沿墙面上升，高度不小于 250 mm，同时在板的下部边缘做滴水，以防止雨水沿板底漫流。雨篷顶面需设置 1%的排水坡，并在一侧或两侧设排水管将雨水排除。为了立面需要，可将雨水由落水管集中排除。

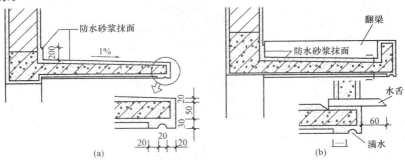

图 8-45　雨篷
(a)板式雨篷；(b)梁板式雨篷

图 8-46 和图 8-47 所示为雨篷实例。

图 8-46　雨篷实例 1

图 8-47　雨篷实例 2

楼地层是房屋主要的水平承重构件和水平支撑构件，它将荷载传递到墙、柱、墩、基础或地基上，同时，又对墙体起着水平支撑的作用，以减少水平风荷载和地震水平荷载对墙面的作用。本章主要介绍了楼地层的组成与构造、钢筋混凝土楼板构造、地坪层基本构造、顶棚装修、阳台和雨篷构造。

思考与练习

一、填空题

1. 楼地层可分为_____和_____两种。

2. 楼板层一般由_____、_____和_____等几个基本层次组成。当房间对楼板层有特殊要求时，可加设相应的_____。

3. 现浇式钢筋混凝土楼板按其结构类型不同，可分为_____、_____、_____、_____。

4. 根据梁的布置情况，梁板式楼板可分为_____、_____和_____。

5. 预制装配式钢筋混凝土楼板的支承方式有_____和_____。

6. 板与板及板与墙之间须用_____拉结，加强整体性。

7. 木楼地面按构造方式，可分为_____和_____两种。

8. 吊顶一般由_____、_____和_____三部分组成。

9. 抹灰面层的做法主要有_____、_____、_____三种。

10. 为防止雨水流入室内，设计时应使阳台标高低于室内地面_____，并在阳台一侧设_____。

11. 按结构形式的不同，雨篷有_____和_____两种。

二、选择题

1. 当现浇钢筋混凝土楼板为单向板时，板的长边与短边之比大于（　　）。
   A. 0.5　　　　　B. 1　　　　　C. 1.5　　　　　D. 2

2. （　　）是将现浇钢筋混凝土板直接支承在柱上的楼板结构。
   A. 无梁楼板　　　B. 密肋楼板　　　C. 井式楼板　　　D. 单梁式楼板

3. 现浇钢筋混凝土楼板的特点在于（　　）。
   A. 施工简便　　　B. 整体性好　　　C. 工期短　　　D. 不需湿作业

4. 按悬挑方式不同，阳台大致有（　　）。
   A. 挑梁式阳台　　B. 挑板式阳台　　C. 压梁式阳台　　D. 凸阳台

三、简答题

1. 简述楼底层的构造。

2. 钢筋混凝土楼板按施工方式的不同可分为哪几类？

3. 简述装配式钢筋混凝土楼板的类型及特点。

4. 简述预制板板缝处理。

5. 什么是装配整体式钢筋混凝土楼板？简述其构造做法。

6. 简述地坪层的构造、作用及要求。

7. 按面层所用材料和施工方式不同，常见地面可分为哪几类？

8. 简述井式楼板与无梁楼板的特点及适应范围。

9. 绘图说明阳台、雨篷的结构布置。

第九章　楼梯与电梯

第一节　楼梯概述

一、楼梯的分类

楼梯是由连续行走的梯级、休息平台和围护安全的栏杆(或栏板)、扶手，以及相应的支托结构组成的用于楼层之间垂直交通的建筑部件。

楼梯的类型较多，在不同的建筑中可以采用不同的类型。

(1)楼梯按楼梯段的数量、构造和平面布置方式划分，常见的类型有单跑式(通常把楼梯段称为跑)、双跑式、三跑式、弧形和螺旋式等，如图 9-1 所示。

1)单跑式楼梯：指从一个楼层沿着一个方向到另一个相邻楼层，只有一个不设中间平台的楼梯段组成的楼梯。其平面投影较长，多用于楼层高度较小的建筑中。

2)双跑式楼梯：指从一个楼层到另一个相邻楼层，由两个楼梯段组成的楼梯。其包括双跑平行式、双跑直行式、转角式、双分式平行梯、双合式平行梯、剪刀式等。其中，双跑平行式楼梯的平面投影为矩形，便于与建筑物中的房间组合，所以应用最为广泛，无论工业还是民用建筑大多采用这种楼梯。双跑直行式楼梯由于平面投影较长，多用于楼梯间平面成长条形的建筑中。转角式楼梯占据房间一角，故多用于室内空间较小的建筑。

双分式平行、双合式平行及剪刀式楼梯，由于楼梯段相对较宽，且便于分散人流，故多用于人流较多的公共建筑中。

3)三跑式楼梯：指从一个楼层到另一个相邻楼层，需要由三个转折的楼梯段组成的楼梯。其平面投影近似方形，故多用于楼梯间平面接近方形的建筑中。

4)弧形式楼梯：指楼梯段的投影为弧形的楼梯。由于其造型优美，可以丰富室内空间的艺术效果，故多用于美观要求较高的公共建筑中。

5)螺旋式楼梯：指楼梯踏步围绕一根或多根中央立柱布置、每个踏步均为扇形的楼梯。由于其踏步内窄外宽，行走不便，但造型优美，一般用于人流量少的居住建筑和公共建筑的大厅中。

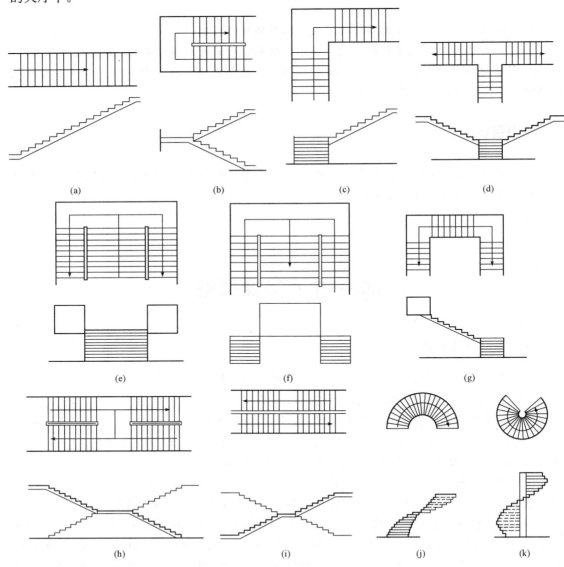

图 9-1 楼梯的类型

(a)单跑式；(b)双跑式；(c)转角式；(d)双分式一；(e)双分式二；

(f)双合式；(g)三跑式；(h)剪刀式；(i)交叉式；(j)弧形式；(k)螺旋式

(2)楼梯按位置划分，有室内楼梯和室外楼梯。

(3)楼梯按重要性划分，有主要楼梯和辅助楼梯。

(4)楼梯按材料划分，有木楼梯、钢楼梯和钢筋混凝土楼梯等。

二、楼梯的组成

楼梯一般由楼梯段、楼梯平台、栏杆（板）和扶手三部分组成，如图9-2所示。

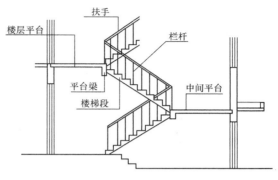

图 9-2　楼梯的组成

1. 楼梯段

楼梯段是指楼层之间上下通行的通道，是由若干个踏步构成的。每个踏步一般由两个相互垂直的平面组成。供人行走时踏脚的水平面称为踏面，其宽度为踏步宽。踏步的垂直面称为踢面，其数量称为级数，高度称为踏步高。

为避免人们行走楼梯段时过于疲劳，每一楼梯段的级数一般不应超过18级；而级数太少则不易为人们察觉，容易摔倒，所以考虑人们行走的习惯性，楼梯段的级数也不应少于3级。公共建筑中的装饰性弧形楼梯可略超过18级。

2. 楼梯平台

楼梯平台是两楼梯段之间的水平连接部分。根据位置的不同分为中间平台和楼层平台。中间平台的主要作用是楼梯转换方向和缓解人们上楼梯的疲劳，故又称休息平台。

楼层平台与楼层地面标高平齐，除起着中间平台的作用外，还用来分配从楼梯到达各层的人流，解决楼梯段转折的问题。

3. 栏杆（板）和扶手

为了保障在楼梯上行走的安全，在楼梯和平台的临空边缘应设栏杆（板）和扶手。当梯段宽度不大时，可只在梯段临空面设置；当梯段宽度较大时，非临空面也应加设靠墙扶手；当梯段宽度很大时，还需在楼梯中间加设中间扶手。

三、楼梯的尺度

1. 楼梯的坡度与踏步尺寸

楼梯的坡度一般为20°～45°，一般楼梯的坡度不宜超过38°，较为舒适的坡度为26°34′，即高宽比为1/2。

踏步由踏面和踢面组成。踏面是指踏步的水平面；踢面是指踏步的垂直面。踏步的尺寸应根据人体的尺度来决定。踏步宽常用 b 表示，高常用 h 表示，如图9-3所示。

为了使人们在楼梯上行走起来安全舒适，踏步的高宽比应根据楼梯坡度要求和不同类型人体自然踏步（步跑）要求来

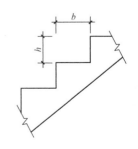

图 9-3　踏步的高、宽示意

确定，即应符合最小宽度和最大高度的要求。例如，住宅公共楼梯踏步最小宽度为 260 mm，最大高度为 175 mm；住宅套内楼梯踏步最小宽度为 220 mm，最大高度为 200 mm；幼儿园、

小学楼梯踏步最小宽度为 260 mm，最大高度为 150 mm。

2. 楼梯段与平台的宽度

楼梯段的宽度是指墙面到扶手中心线或扶手中心线之间的水平距离。其宽度应符合防火要求和人流股数的要求。供日常主要交通用的楼梯的楼梯段净宽应根据建筑物的使用特征确定，一般按每股人流 0.55 m＋(0～0.15)m 计算，且不少于两股人流。其中，0.55 m 为正常人体的宽度，0～0.15 m 为人行走时的摆幅。一般双人通行时，为 1 100～1 400 mm；三人通行时，为 1 650～2 100 mm。住宅套内楼梯的楼梯段净宽，一边临空时，不小于 750 m；两侧有墙时，不小于 900 mm。高层建筑疏散楼梯的最小宽度规定：居住建筑为 1.10 m；医院病房楼为 1.30 m；其他建筑为 1.20 m。

楼梯平台的宽度是指墙面到扶手中心线的水平距离。平台的宽度必须大于或等于楼梯段宽度。当平台上设有暖气片或消火栓时，应扣除其所占的宽度。

3. 楼梯的净空高度

楼梯的净空高度(净高)是指自踏步前缘(包括最高和最低一级踏步前缘线以外 0.30 m 范围内)量至上方凸出物下缘间的垂直高度。

楼梯平台上部及下部过道处的净高不应小于 2 m，楼梯段净高不宜小于 2.2 m，如图 9-4 所示。

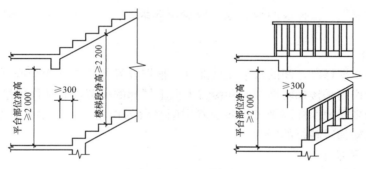

图 9-4　楼梯的净空高度

当楼梯平台下做通道或出入口时，为满足净空高度要求，可采取以下方法解决：

(1)不等楼梯段。将底层第一楼梯段加长，做成不等楼梯段，如图 9-5 所示。这种处理方式适用于楼梯间进深较大的情况。

(2)降低楼梯间入口处室内地面标高。第一段楼梯段长度与步数保持不变，降低楼梯间入口处室内地面标高，如图 9-6 所示。这种处理方式的楼梯构造简单，但是增加了室内外高差，提高了整个建筑物的总高度，造价较高。

(3)综合方法。将上述两种处理方法结合起来使用，既增加了室内外高差，又做成了不等楼梯段。这种处理方式对楼梯间进深和室内外高差要求都不太大，造价适中，应用较多。

4. 楼梯扶手高度

楼梯扶手高度是指自踏步前缘线量起至扶手上表面的垂直高度。

一般情况下，室内楼梯扶手高度不应小于 900 mm。靠梯井一侧水平扶手长度大于 0.5 m 时，其高度不应小于 1.05 m。儿童用扶手高度一般为 600 mm，当采用垂直杆件做栏杆时，其栏杆净距不应大于 0.11 m，如图 9-7 所示。

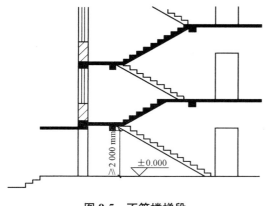

图 9-5　不等楼梯段　　　　　　　　图 9-6　降低楼梯间入口处室内地面标高

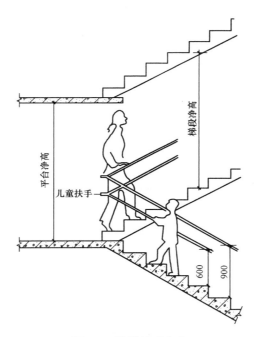

图 9-7　楼梯扶手高度

5. 楼梯间尺寸的确定

已知楼梯间的开间、进深和层高，根据建筑物的性质和使用要求，按以下顺序确定楼梯各部分的尺寸：

(1)确定踏步的尺寸与数量。踏步的尺寸由公式 $2h+b=600\sim620$ mm 或 $b+h=450$ mm 计算，按建筑的使用性质及相关设计规范的规定，先假定出踏步的宽度 b，根据公式求出踏步的高度 h。

踏步的数量则根据房屋的层高来定，如层高为 H，则踏步的数量 $N=H/h$。当为双跑平行楼梯时，踏步最好为偶数，如果求得的 N 为奇数，可重新调整步高 h，使 N 尽量成为偶数，以便于设计与施工。

(2)楼梯段的长度计算。楼梯段的长度取决于踏步的数量，当每层总的踏步级数 N 求出后，对于等跑楼梯段的长度 L，可按下式求得：

$$L=(N/2-1)b$$

(3)楼梯段宽度与平台宽度的计算。楼梯段宽度取决于楼梯间的开间宽度，如果楼梯间净宽为 A，两楼梯段之间的梯井宽为 C，则楼梯段的宽度为

$$B=(A-C)/2$$

平台宽度 $D\geqslant B$。

若楼梯间的尺寸不可调整，计算出的各部分尺寸不满足相关要求时，可以调整楼梯的类型、踏步的尺寸及数量等。若楼梯间的尺寸可以调整时，那么按模数调整楼梯间的尺寸，如图 9-8 所示。

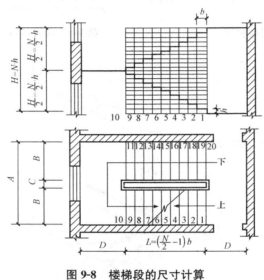

图 9-8　楼梯段的尺寸计算

第二节　钢筋混凝土楼梯

一、现浇钢筋混凝土楼梯

根据楼梯段的传力特点、结构形式及楼梯的支承情况，现浇钢筋混凝土楼梯可分为板式楼梯和梁式楼梯两种。

1. 板式楼梯

板式楼梯是将楼梯段做成一块底部平整、面上带有踏步的板，与平台、平台梁现浇在一起的楼梯，如图 9-9(a)所示。楼梯段相当于是一块斜放的现浇板，平台梁是支座，其作用是将楼梯段和平台上的荷载同时传给平台梁，再由平台梁传到承重横墙或柱上。这种楼梯构造简单、施工方便、底面平整，但楼板厚、质量重，材料消耗多，稳定性差，适用于

荷载较小、楼梯跨度不大的房屋。

为了保证平台过道处的净空高度，可以在板式楼梯的局部位置取消平台梁，这种楼梯称为折板式楼梯，如图9-9(b)所示。图9-10所示为悬挑板式楼梯实例。

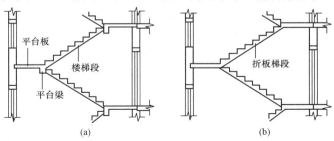

图9-9　板式楼梯

(a)板式；(b)折板式

图9-10　悬挑板式楼梯实例

2. 梁式楼梯

梁式楼梯是指在板式楼梯的梯段板边缘处设有斜梁，斜梁由上下两端平台梁支承的楼梯。楼梯梯段又可分为踏步板和梯段梁两部分，作用在楼梯段上的荷载通过楼梯段斜梁传至平台梁，再传到墙或柱上。这种楼梯的传力线路明确，受力合理，适用于荷载较大、楼梯跨度较大的房屋，如图9-11所示。

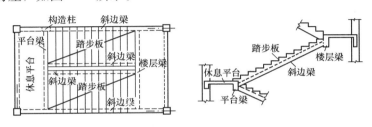

图9-11　梁式楼梯

梁式楼梯的斜梁一般暴露在踏步板的下面，从梯段侧面就能够看见踏步，俗称为明步楼梯；把斜梁反设到踏步板上面时，梯段下面是平整的斜面，俗称暗步楼梯。

二、预制装配式钢筋混凝土楼梯

预制装配式钢筋混凝土楼梯是在预制现场或施工现场将楼梯的组成构件预制成型，运到楼梯的相应部位，进行组装形成的楼梯。其施工速度快，湿作业少，但造价相对较高，楼梯的整体性能也差，有震动和地震的地区不适用，目前已经很少使用。

按构件大小的不同，预制装配式钢筋混凝土楼梯可分为小型构件装配式楼梯、中型构件装配式楼梯和大型构件装配式楼梯。

1. 小型构件装配式楼梯

小型构件装配式楼梯一般由踏步块、梯段梁、平台梁、平台板等组成。小型构件装配式楼梯可分为悬挑式、墙承式和梁承式，如图 9-12 所示。

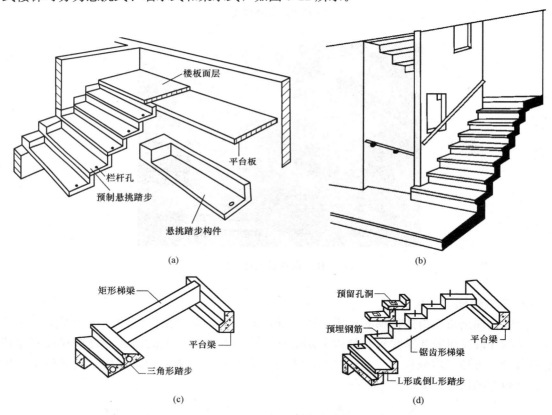

图 9-12 小型构件装配式楼梯
(a)悬挑式楼梯；(b)墙承式楼梯；(c)、(d)梁承式楼梯

2. 中型构件装配式楼梯

中型构件装配式楼梯一般由楼梯段、平台梁、平台板(或平台梁和平台板合二为一)等组成。楼梯段可以为板式，也可以为梁板式，如图 9-13 所示。

3. 大型构件装配式楼梯

大型构件装配式楼梯一般是指楼梯段与平台板合为一体，整个楼梯由两块带有楼梯段的折板组成。按其结构形式的不同，可分为板式楼梯和梁板式楼梯两种，如图 9-14 所示。

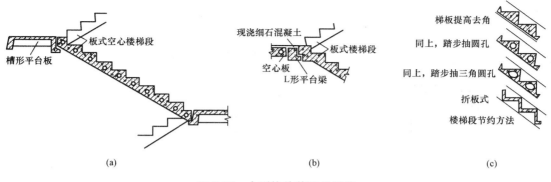

图 9-13 中型构件装配式楼梯

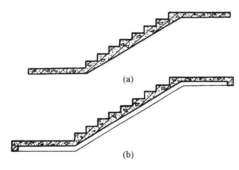

图 9-14 大型构件装配式楼梯

（a）板式楼梯；（b）梁板式楼梯

三、楼梯的细部构造

1. 踏步面层及防滑

楼梯踏步的踏面应坚固、光洁、耐磨且易于清扫。

面层材料常与相邻楼地面的材料一致，常用的有水泥砂浆、水磨石、各种人造石材和天然石材等。

当通行人数较多时，为防止行人在上下楼梯时滑跌，常在踏步表面设防滑条或防滑槽。防滑条应高出面层 2～3 mm，宽度为 10～20 mm。防滑材料可用铜金属条、马赛克等耐磨材料。由于防滑槽使用中易被灰尘填满，使防滑效果不明显，目前已很少使用，如图 9-15 所示。

2. 栏杆、栏板与扶手

（1）栏杆。栏杆是透空构件，常采用圆钢、扁钢、方钢、铸铁等型材焊接或铆接成一定的图案。楼梯栏杆应采用不易攀登的构造。垂直栏杆间净距不大于 0.11 m，如图 9-16 所示。

栏杆与楼梯段的连接方式有焊接、预留孔洞连接和膨胀螺栓连接，如图 9-17 所示。

栏杆与墙、柱的连接方式有焊接和预留孔洞连接，如图 9-18 所示。

栏杆还有放在楼梯段外侧的,这样可以加大楼梯段宽度,如图 9-19 所示。

(2)栏板。栏板是不透空构件,可采用加筋砖砌体、钢丝网水泥、塑料及玻璃钢等制作,目前常用玻璃钢做成,如图 9-20～图 9-22 所示。

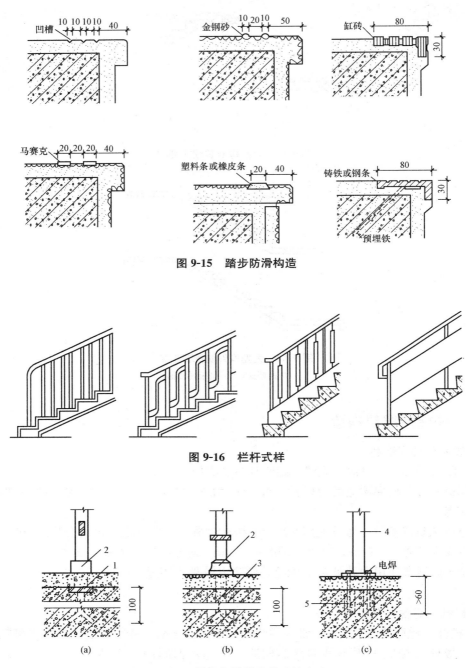

图 9-15 踏步防滑构造

图 9-16 栏杆式样

图 9-17 栏杆与楼梯段的连接方式

(a)与预埋钢板焊牢;(b)埋入预留孔;(c)立柱焊在底板上用膨胀螺栓锚固

1—预埋钢板;2—圆钢或扁钢;3—细石混凝土;4—钢管;5—膨胀螺栓

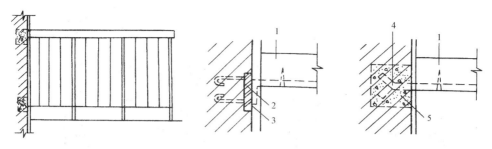

图 9-18　栏杆与墙、柱的连接方式

1—木扶手；2—预埋铁件；3—焊接；4—铁燕尾；5—120 mm×120 mm×120 mm 孔填细石混凝土

图 9-19　栏杆置于楼梯段外侧实例

图 9-20　玻璃栏板实例

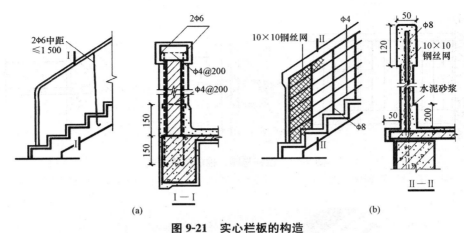

图 9-21　实心栏板的构造

(a)1/4 砖砌栏板；(b)钢丝网水泥栏板

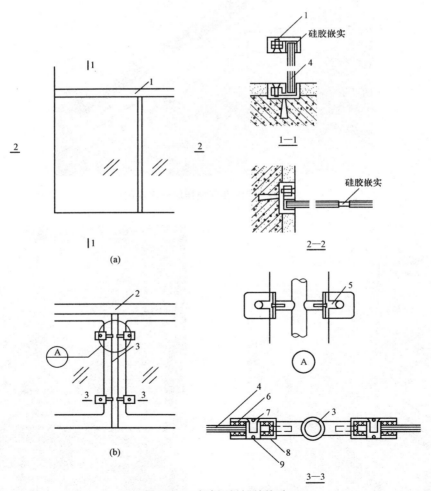

图 9-22　玻璃钢栏板的构造

(a)无立柱全玻璃栏板；(b)立柱夹具夹玻璃栏板

1—不锈钢扶手；2—木扶手；3—φ40 钢管立柱；4—12 mm 厚玻璃；

5—玻璃开槽；6—橡胶衬垫；7、9—紧固件；8—钢夹

（3）扶手。栏杆扶手常采用硬木、钢管、不锈钢钢管、塑料管、大理石等材料做成。玻璃钢栏板的上部可用塑料板、硬木等做扶手。不同材料的栏杆和不同材料的扶手连接有不同的方法。扶手与栏杆的连接方式有焊接、预留孔洞连接、木螺钉连接和扣接等，如图9-23所示。

靠墙扶手与墙的连接方法如图9-24所示。

楼梯的表达方式

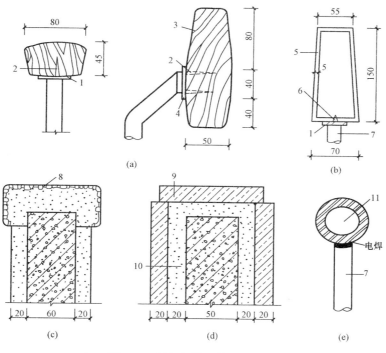

图9-23　栏杆与扶手的连接方式

（a）硬木扶手；（b）塑料扶手；（c）水泥砂浆或水磨石扶手；（d）大理石扶手；（e）钢管扶手

1—通长扁铁；2—木螺钉；3—硬木扶手；4—垫圈；5—塑料扶手；6—螺钉；

7—立柱；8—水磨石；9—大理石；10—水泥砂浆；11—镀锌钢管

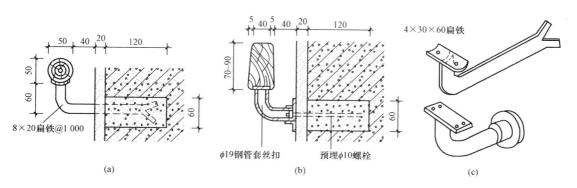

图9-24　靠墙扶手与墙的连接方法

（a）圆木扶手；（b）条木扶手；（c）扶手铁脚

第三节　电梯、自动扶梯、台阶及坡道

一、电梯

电梯是在多层和高层建筑中用于上下运行的建筑设备。一般以下情况应设置电梯：住宅七层及以上（含底层为商店或架空层）或住户入口层楼面距离室外设计地面的高度超过 16 m，六层及以上的办公建筑，四层及以上的医疗建筑和老年人建筑、图书馆建筑；宿舍最高居住层楼面距离入口层地面高度超过 20 m；一级、二级旅馆三层及以上，三级旅馆四层及以上，四级旅馆六层及以上，五级、六级旅馆七层及以上；高层建筑。经常有较重的货物要运送的仓库、厂房也需设置电梯。自动扶梯主要用于人流集中的大型公共建筑，如大型商场、展览馆、火车站等。

(一)电梯的类型

建筑中电梯作为一种方便上下运行的设施，按用途不同，可分为乘客电梯、住宅电梯、消防电梯、病床电梯、客货电梯、载货电梯、杂物电梯等；根据动力拖动的方式不同，可以分为交流拖动电梯、直流拖动电梯；根据消防要求，可以分为普通乘客电梯和消防电梯；按电梯行驶速度，可分为高速电梯、中速电梯、低速电梯。

科学技术的不断进步使得很多具有特殊功能的电梯纷纷问世，如观景电梯、无机房电梯、液压电梯、无障碍电梯等。

(二)电梯的组成

通常，电梯由电梯井道、电梯厅门和电梯机房三部分组成，如图 9-25 所示。不同厂家提供的设备尺寸、运行速度及对土建的要求都不同，在设计时应按厂家提供的产品尺度进行设计。

1. 电梯井道

电梯井道是电梯轿厢运行的通道。井道内部设置电梯导轨、平衡配重等电梯运行配件，并设有电梯出入口。

井道是高层建筑穿通各层的垂直通道，其围护结构必须具备足够的防火性能，耐火极限应不低于 2.5 h。其围护构件应根据有关防火规定设计，较多采用钢筋混凝土墙。而消防电梯井道应设置隔火墙，且耐火极限不低于 20 h，还应设挡水措施，井底应设置集水坑，容量不应小于 2 m³。

由于电梯轿厢在井道内上下运行，高速电梯的井道常设有通风管以减小轿厢运行时的阻力及噪声。另外，为有利于通风和一旦发生火灾时能迅速将烟和热气排出室外，在井道顶部和中部的适当位置（高层时）以及坑底处应设置不小于 300 mm×600 mm 或其面积不小于井道面积 3.5% 的通风口。高层建筑的电梯井道内，超过两部电梯时应用墙隔开。为便于

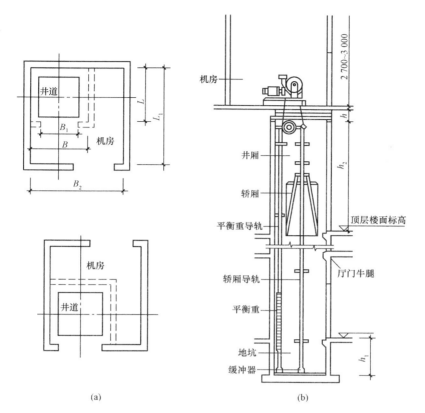

图 9-25　电梯组成示意图

(a)平面图；(b)剖面图

井道内安装、检修和缓冲，井道的上下均须留有必要的空间。井道底坑壁及底均须考虑防水处理。消防电梯的井道底坑还应有排水设施。为便于检修，须考虑坑壁设置爬梯和检修灯槽，坑底位于地下室时，宜从侧面开一检查用小门。电梯井道应只供电梯使用，不允许布置无关的管线。

2. 电梯厅门

电梯井道在停留的每一层都留有洞口，称为电梯厅门，具有坚固、美观、适用的特点。在厅门的上部和两侧都应装上门套，门套可采用水泥砂浆抹灰、水磨石、大理石、金属板或木板装修。门洞通常比电梯门宽 100 mm。电梯门一般为双扇推拉门，宽度为 900～1 300 mm。

电梯厅门有中央分开推向两边和双扇推向同一边两种。电梯出入口地面应设置地坎，并向电梯井道内挑出牛腿，用作承厅门框，也是乘客进入轿厢的踏板。推拉门的滑槽通常安置在门套下楼板边梁如牛腿状挑出部分。电梯厅门构造如图 9-26 所示，厅门牛腿部位构造如图 9-27 所示。

3. 电梯机房

电梯机房一般设置在电梯井道的顶部，少数设在底层井道旁边。机房平面尺寸须根据机械设备尺寸的安排及管理、维修等需要决定，一般至少有两个面，每边扩出 600 mm 以上的宽度，高度多为 2.7～3 m。通往机房的通道、楼梯和门的宽度应不小于 1.2 m。当机房高出屋面有困难时，也可将机房设置在底层或中间层。电梯机房屋顶应在电梯吊缆正上方设置受力梁或吊钩，以便起吊轿厢和重物。在机房地板适当位置设一吊孔，其尺寸根据具体生产厂家的不同型号而定。机房的围护构件的防火要求应与井道一样。为了便于安装和修理，机房的楼板应按机器设备要求的部位预留孔洞。电梯机房平面示例如图 9-28 所示。土建工程应按照厂家的要求预留出足够的安装空间。

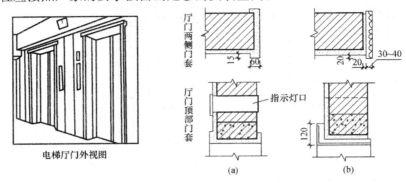

图 9-26　厅门构造

(a)水泥砂浆门套；(b)水磨石门套

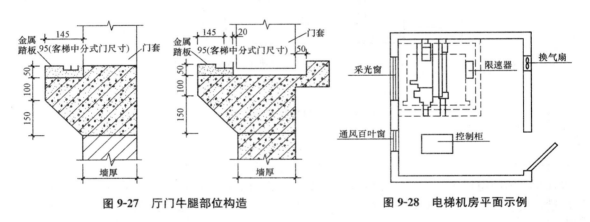

图 9-27　厅门牛腿部位构造　　　　图 9-28　电梯机房平面示例

二、自动扶梯

自动扶梯是人流集中的大型公共建筑常用的设备。在大型商场、客站、码头、地铁、展览馆、火车站、航空港等建筑设置自动扶梯，会对方便使用者、疏导人流起到很大的作用。自动扶梯，常见坡度有 27.3°、30°、35°，常采用 30°；常用宽度有 600 mm、900 mm、1 200 mm 等，自动扶梯也可做成水平运输方式或坡度平稳的室内人行道。停机时可作临时楼梯使用。

1. 自动扶梯的构造

自动扶梯包括扶手、栏板、桁架侧面、底面外包层、护栏及中间支承等，按输送能力分为单人及双人两种。自动扶梯的倾角一般为 30°，基本尺寸如图 9-29 所示。

(1)扶手：特制连续耐磨胶带。

(2)栏板：一般为透明 10 mm 厚安全玻璃，也有非透明的，多为层压板喷涂漆或不锈钢板。

(3)桁架侧面、底面外包层：多为钢板防锈漆面或不锈钢钢板。

(4)护栏：多为不锈钢管或透明玻璃护栏。

(5)中间支承：应按厂家要求进行设计。

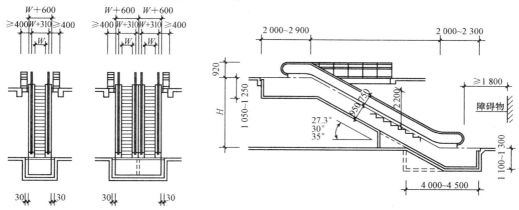

图 9-29　自动扶梯的基本尺寸

2. 自动扶梯的设计要点

自动扶梯应布置在合理安排的流线上。自动扶梯平面布置可单台或多台设置。双台并列式往往采取一上一下的方式，以求得垂直交通的连续性，也有两台自动扶梯平行布置的。

并列的两者之间应留有足够的结构间距，按规定不小于 380 mm，以保证装修的方便与使用者的安全。自动扶梯宜上下成对布置，即在各层换梯时，不需沿梯绕行即可使上行或下行者能连续到达各层。

自动扶梯由电动机械牵引，机房悬挂在楼板的下方，踏步与扶手同步，可以正向、逆向运行。在机械停止运转时，自动扶梯可作为普通楼梯使用。

自动扶梯的起止平台的深度除满足设备安装尺寸外，还应根据梯长和使用场所的人流留有足够的等候及缓冲面积；当畅通区宽度小于等于扶手带中心线之间的距离时，扶手带转向端到前面障碍物距离不小于 2.5 m；当该区宽度增至扶手带中心线之间的距离时，扶手带转向端到前面障碍物距离不小于 2.5 m；当该区宽度增至扶手带中心距 2 倍以上时，其纵深尺寸允许减至 2 m。

3. 自动扶梯的布置形式

自动扶梯的机械装置悬在楼板下面，楼层下作装饰处理，底层则作地坑。在其机房上部自动扶梯口处应做活动地板，以方便检修。地坑也应做防水处理。如果上下两层建筑面积总和超过防火分区面积要求时，应按照防火要求用防火卷帘封闭自动扶梯井。

自动扶梯应选用合理的布置形式，主要有并联排列式、平行排列式、串联排列式、交叉排列式。

(1)并联排列式：楼层交通、乘客流动可以连续，升降两个方向交通均分离清楚，外观豪华，但安装面积大，如图 9-30(a)所示。

(2)平行排列式：安装面积小，但楼层交通不连续，如图 9-30(b)所示。

(3)串联排列式：楼层交通、乘客流动可以连续，如图 9-30(c)所示。

(4)交叉排列式：乘客流动升降两方向均为连续，且搭乘场相距较远，升降客流不发生混乱，安装面积小，如图 9-30(d)所示。

为了保证乘客的安全，自动扶梯和自动人行道与平行墙面间、扶手与楼板开口边缘及相邻平行梯的扶手带的水平距离不应小于 0.4 m。若无法满足上述要求，应在外盖板上方设置一个无锐利边缘的垂直防碰挡板作为标志警告，以避免乘客受伤。

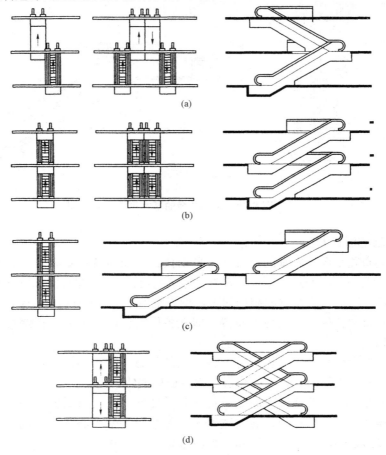

图 9-30　自动扶梯的布置方式
(a)并联排列式；(b)平行排列式；(c)串联排列式；(d)交叉排列式

三、台阶及坡道

大部分台阶和坡道设在室外，是建筑入口与室外地面的过渡，经常有人流通过。大型场地都存在着高差，设置台阶的目的是为人们进出建筑提供方便，坡道是为车辆及残疾人而设置的。

1. 台阶

台阶由平台和踏步两部分组成。其平面形式可根据建筑的功能及周围基础的情况选择。台阶形式有单面踏步、两面踏步、三面踏步、坡道式、踏步坡道结合式等几种。

台阶踏步一般比室内楼梯坡度缓，每级踏步高度为 100～150 mm，宽度常取 300～350 mm。平台宽度一般不小于门扇宽度，平台表面应向外倾斜 1%～2%，以有利于排水。

一些医院及运输的台阶，踢面高度和踏面宽度分别在 100 mm 和 400 mm 左右或更宽。台阶应考虑到坚固、防水、防滑、防冻等，所用材料可根据设计要求确定。

入口台阶高度超过 1 m 时，常采用栏杆、花台、花边等防护措施。室外台阶面层材料须防滑，坡道表面常做成锯齿形或加防滑条。台阶与坡道的形式如图 9-31 所示，台阶构造如图 9-32 所示，室外台阶实例如图 9-33 所示。

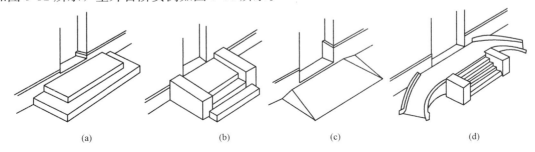

(a)　　　　　(b)　　　　　(c)　　　　　(d)

图 9-31　台阶与坡道的形式

(a)三面踏步式；(b)单面踏步式；(c)坡道式；(d)踏步坡道结合式

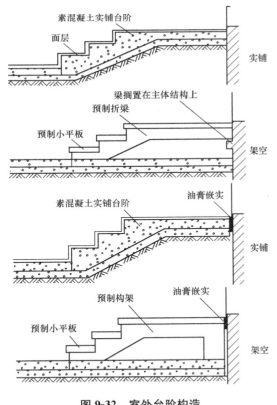

图 9-32　室外台阶构造

图 9-33　室外台阶实例

2. 坡道

坡道是为车辆和残疾人设置的。有安全疏散出口的剧院、医院、疗养院或有轮椅通行的建筑，室内外高差除用台阶连接外，还应设置专用坡道。

坡道的坡度与建筑的室内外高差及坡道的面层处理方法有关。光滑材料面层坡道的坡度不大于 1∶12；粗糙材料面层的坡道(包括设置防滑条的坡道)的坡度不大于 1∶6；带防滑齿坡道的坡度不大于 1∶4。回车坡道的宽度与坡道的半径及通行车辆的规格有关，一般坡道的坡度不大于 1∶10。

残疾人便于通行的坡度标准为不大于 1∶12，每段坡道最大高度为 750 mm，最大坡道水平长度为 900 mm，室内坡道最小宽度应不小于 1 000 mm，室外坡道最小宽度应不小于 1 500 mm。坡道构造如图 9-34 所示，坡道实例如图 9-35 所示。

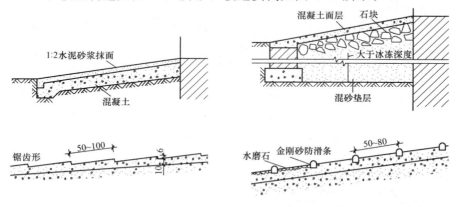

图 9-34　坡道构造

图 9-35　坡道实例

四、无障碍设计构造的要求

无障碍设施是指方便残疾人、老年人等行动不便者或有视力障碍者使用的安全设施。加强无障碍设施的建设，是物质文明和精神文明的体现，是社会进步的重要标志。台阶和坡道的无障碍设计构造要求应符合《无障碍设计规范》(GB 50763—2012)的相关规定。

1. 台阶的无障碍设计规定

(1)公共建筑的室内外台阶踏步宽度不宜小于 300 mm，踏步高度不宜大于 150 mm，并应不小于 100 mm。

（2）踏步应设防滑条。

（3）三级及三级以上的台阶应在两侧设置扶手。

（4）台阶上行或下行的第一阶宜在颜色或材质上与其他阶有明显区别。

2. 轮椅坡道

轮椅坡道是指在坡度、宽度、高度、地面材质、扶手形式等方面方便乘轮椅者通行的坡道。轮椅坡道的设计应符合下列规定：

（1）轮椅坡道宜设计成直线形、直角形或折返形。

（2）轮椅坡道的净宽度不应小于 1.00 m。

（3）轮椅坡道的高度超过 300 mm 且坡度大于 1：20 时，应在两侧设置扶手，坡道与休息平台的扶手应保持连贯。扶手应符合相关规定。

（4）轮椅坡道的最大高度和水平长度应符合表 9-1 的规定。

表 9-1　轮椅坡道的最大高度和水平长度

坡度	1：20	1：16	1：12	1：10	1：8
最大高度/m	1.20	0.90	0.75	0.60	0.30
水平长度/m	24.00	14.40	9.00	6.00	2.40

（5）轮椅坡道的坡面应平整、防滑、无反光。

（6）轮椅坡道的起点、终点和中间休息平台的水平长度不应小于 1.5 m。

（7）轮椅坡道临空侧应设置安全阻挡措施。

（8）轮椅坡道应设置无障碍标志，无障碍标志应符合相关规定。

本章小结

建筑物中各楼层的垂直交通联系主要依靠楼梯、电梯、自动扶梯、台阶、坡道以及爬梯等竖向交通设施来实现。本章主要介绍了楼梯的基本知识、钢筋混凝土楼梯的构造、电梯、自动扶梯等的构造。

思考与练习

一、填空题

1. 楼梯一般由_____、_____和_____三部分组成。

2. _____是指楼层之间上下通行的通道，是由若干个踏步构成的。

3. _____是指踏步的水平面；踢面是指踏步的垂直面。

4. _____是指自踏步前缘（包括最高和最低一级踏步前缘线以外 0.30 m 范围内）量至上方凸出物下缘间的垂直高度。

5. 楼梯扶手高度是指_____起至扶手上表面的垂直高度。

6. 现浇钢筋混凝土楼梯可分为_____和_____两种。

7. _____是在多层和高层建筑中用于上下运行的建筑设备。

8. 电梯通常由_____、_____和_____三部分组成。

二、选择题

1. ( )是两楼梯段之间的水平连接部分。

  A. 楼梯平台　　　　B. 楼梯段　　　　C. 栏杆(板)　　　　D. 扶手

2. 楼梯平台上部及下部过道处的净高不应小于( )m,楼梯段净高不宜小于( )m。

  A. 2,2　　　　　　　　　　　　　B. 2,2.2

  C. 2.2,2.2　　　　　　　　　　　D. 2.2,2.4

3. 室内楼梯扶手高度不应小于( )mm,儿童用扶手高度一般为( )mm。

  A. 1 000,800　　　　　　　　　B. 900,600

  C. 1 000,600　　　　　　　　　D. 800,600

4. 下列( )可作为疏散楼梯。

  A. 直跑楼梯　　　B. 剪刀楼梯　　　C. 螺旋楼梯　　　D. 多跑楼梯

5. 防滑条应凸出踏步面( )mm。

  A. 1～2　　　　　B. 5　　　　　　C. 3～5　　　　　D. 2～3

三、简答题

1. 楼梯按楼梯段的数量、构造和平面布置方式分为哪几类?

2. 楼梯间的尺寸如何确定?

3. 预制装配式钢筋混凝土楼梯按构件大小的不同可分为哪几类?

4. 楼梯踏面如何进行防滑处理?

5. 一般在哪些情况下应设置电梯?

6. 自动扶梯的布置形式有哪些?

7. 简述无障碍设计构造的要求。

第十章　门窗和遮阳构造

知识目标

1. 了解门的分类、组成及尺度要求；掌握木门、铝合金门的构造要求。
2. 了解窗的分类、组成及尺度；掌握平开木窗、钢门窗、塑料门窗、节能窗的构造要求。
3. 熟悉遮阳板的作用及固定遮阳板的形式。

能力目标

1. 能运用本章知识进行中、小型建筑门窗选择和一般构造设计。
2. 具备在实际工程中把握门窗构造质量的能力。

第一节　门

一、门的分类、组成及尺度

1. 门的分类

(1)按门在建筑物中所处的位置，门有内门和外门之分。内门位于内墙上，应满足分隔要求；外门位于外墙上，应满足围护要求。

(2)按门所用材料的不同，可分为木门、钢门、铝合金门、塑料门及塑钢门等。木门制作加工方便，价格低廉，应用广泛，但防火能力较差。钢门强度高，防火性能好，透光率高，在建筑上应用很广，但钢门保温较差，易锈蚀。铝合金门美观，有良好的装饰性和密闭性，但成本高，保温差。塑料门同时具有木材的保温性和铝材的装饰性。

(3)按门的使用功能，可以分为一般门和特殊门两种。特殊门具有特殊的功能，构造复杂，如保温门、防盗门、防火门、防射线门等。

(4)按门扇的开启方式，可以分为平开门、弹簧门、推拉门、折叠门、卷帘门及旋转门等类型。

1）平开门。门扇与门框用铰链连接，门扇水平开启，有单扇、双扇，向内开、向外开之分。平开门构造简单，开启灵活，安装和维修方便，是建筑中使用最广泛的门。

2）弹簧门。门扇与门框用弹簧铰链连接，门扇水平开启，可单向或内外弹动且开启后可自动关闭。其适用于人流较多或有自动关闭要求的建筑，如商店、医院、会议厅等。

3）推拉门。有单扇和双扇之分，有普通推拉门，也有电动及感应推拉门等。推拉门开启时不占空间，受力合理，不易变形，多用于分隔室内空间的轻便门和公共建筑的外门。

4）折叠门。简单的折叠门，可以只在侧边安装铰链，复杂的还要在门的上边或下边装导轨及转动五金配件。折叠门开启时占空间少，但构造复杂，适用于宽度较大的门。

5）卷帘门。门扇由金属叶片相互连接而成，在门洞上部设置卷轴，利用将门帘上卷或放下来开关门洞口。其特点是开启时不占使用空间，但加工制作复杂，造价较高，适用于不经常启闭的商场、车库等建筑的大门。

6）旋转门。由固定弧形门套和垂直旋转的门扇构成，其特点是保温、隔声效果好。但它构造复杂、造价高，不适用于人流出入较多的公共建筑，适用于宾馆、饭店。

2. 门的组成

门由门框、门扇、亮子、玻璃及五金零件等部分组成，如图 10-1 所示。亮子又称腰头窗（简称腰头、腰窗）；门框又称门樘子，由边框、上框、中横框和中竖框等组成；门扇由上冒头、中冒头、下冒头、边梃、门芯板等组成；五金零件包括铰链、插销、门锁、风钩、拉手等。

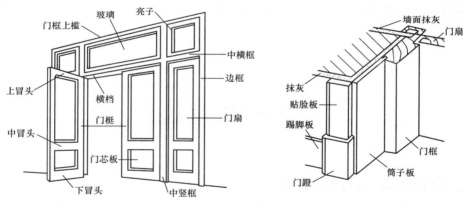

图 10-1　门的组成

3. 门的尺度

门的尺度是指门洞的高宽尺寸，应满足人流疏散，搬运家具、设备的要求，并应符合《建筑模数协调标准》（GB/T 50002—2013）的规定。一般情况下，公共建筑的单扇门的宽度为 950～1 000 mm，双扇门的宽度为 1 500～1 800 mm，高度为 2.1～2.3 m；居住建筑的门可略小些，外门的宽度为 900～1 000 mm，房间门的宽度为 900 mm，厨房门的宽度为 800 mm，厕所门的宽度为 700 mm，高度通常为 2.1 m。供人日常生活活动进出的门，门扇的高度通常为 1 900～2 100 mm，单扇门的宽度为 800～1 000 mm，辅助房间如浴厕、储藏室的门的宽度为 600～800 mm，腰头窗的高度一般为 300～900 mm。工业建筑的门可按需要适当提高。

二、木门的构造

木门主要由门框、门扇、腰头窗、贴脸板（门线）、筒子板（垛头板）和配套五金件等部分组成。

1. 门框

门框的断面形状与尺寸取决于门扇的开启方式和门扇的层数，由于门框要承受各种撞击荷载和门扇具有重量作用，其应有足够的强度和刚度，故其断面尺寸较大（图 10-2）。

门框用料一般分为四级，净料宽为 135、115、95、80(mm) 四种，厚度为 52、67(mm) 两种。框料厚薄与木材优劣有关，一般采用松和杉；大门可为 (60~70)mm×(140~150)mm（毛料），内门可为 (50~70)mm×(100~120)mm，有纱门时用料宽度不宜小于 150 mm。门框在洞口中的位置如图 10-3 所示。

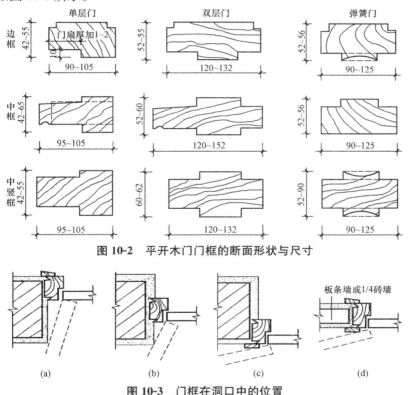

图 10-2　平开木门门框的断面形状与尺寸

图 10-3　门框在洞口中的位置

2. 门扇

木门门扇的做法很多，常见的有镶板门、夹板门、拼板门、玻璃门和弹簧门等。

（1）镶板门。镶板门由上、中、下冒头和边梃组成骨架，中间镶嵌门芯板，门芯板可采用 15 mm 厚的木板拼接而成，也可采用胶合板、硬质纤维板或玻璃等（图 10-4）。

（2）夹板门。夹板门用小截面的木条(35 mm×50 mm)组成骨架，在骨架的两面铺钉胶合板或纤维板等（图 10-5）。

（3）拼板门。拼板门的构造与镶板门相同，由骨架和拼板组成，只是拼板门的拼板用 35~45 mm 厚的木板拼接而成，因而其质量较重，但其坚固耐久，多用于库房、车间的外门（图 10-6）。

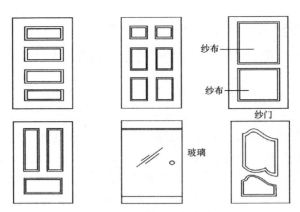

图 10-4　镶板门的构造

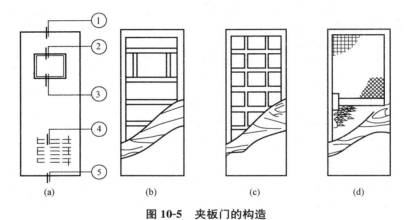

图 10-5　夹板门的构造

(a)门窗外观；(b)水平骨架；(c)双向骨架；(d)格状骨架

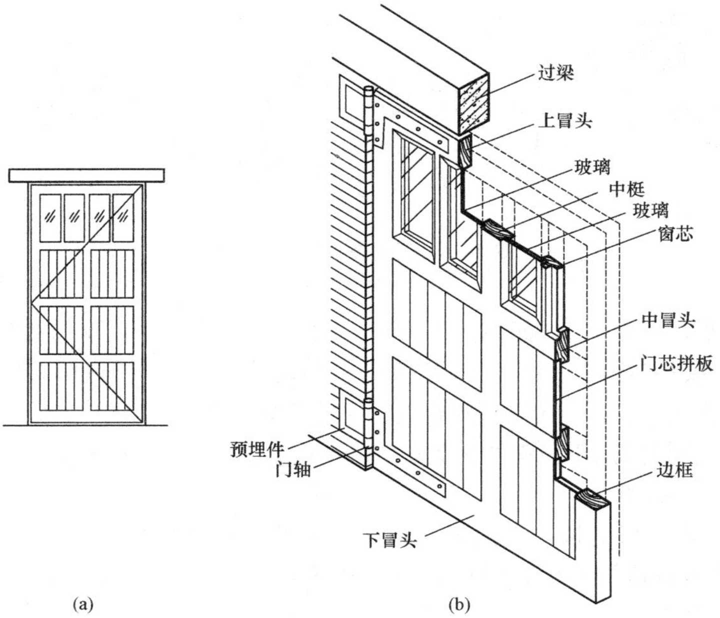

(a)

(b)

图 10-6　拼板门的构造

（4）玻璃门。玻璃门门扇的构造与镶板门基本相同，只是门芯板用玻璃代替，玻璃门用在要求采光与透明的出入口处，如图10-7所示。

（5）弹簧门。单面弹簧门多为单扇，常用于需要调节温度及遮挡气味的房间，如厨房、厕所等；双面弹簧门适用于公共建筑的过厅、走廊及人流较多的房间。弹簧门须用硬木，门扇的厚度为42～50 mm，上冒头及边框的宽度为100～120 mm，下冒头的宽度为200～300 mm（图10-8）。

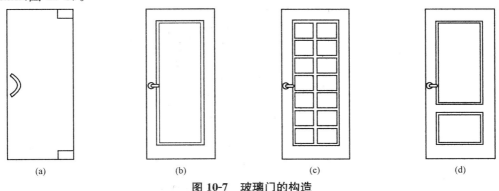

（a）　　　　　（b）　　　　　（c）　　　　　（d）

图 10-7　玻璃门的构造

（a）钢化玻璃一整片的门；（b）四方框里放入压条，固定住板玻璃的门；
（c）装饰方格中放入玻璃的门；（d）腰部下镶板上面装玻璃的门

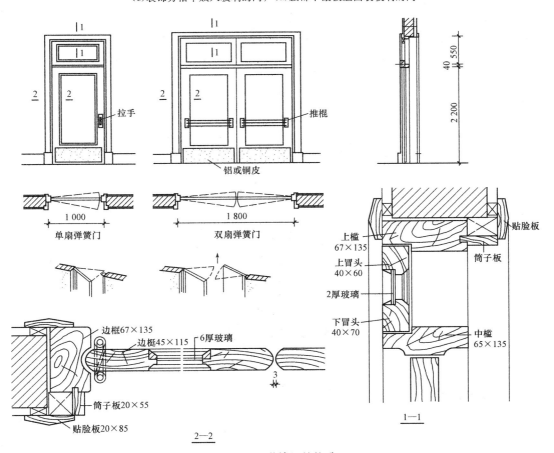

图 10-8　弹簧门的构造

三、铝合金门的构造

铝合金门多为半截玻璃门，有推拉和平开两种开启方式。推拉铝合金门有 70 系列和 90 系列两种。

当采用平开的开启方式时，门扇边梃的上、下端要用地弹簧连接（图 10-9）。

特殊门

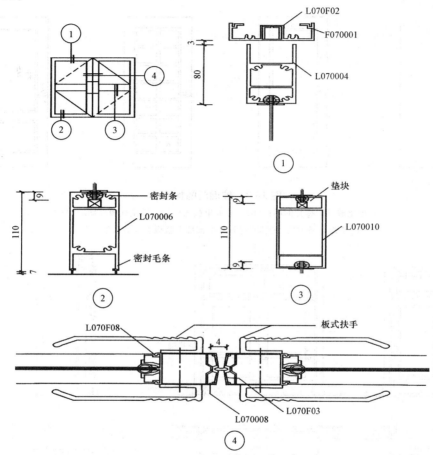

图 10-9　铝合金地弹簧的构造

第二节　窗

一、窗的分类、组成及尺度

1. 窗的分类

（1）按窗的开启方式，可分为固定窗、平开窗、推拉窗、悬窗和百叶窗，如图 10-10 所示。

1)固定窗。固定窗无开启窗扇。它只可供采光和眺望之用，不能通风，构造简单，密封性能好，多与窗亮子或开启窗配合使用。

2)平开窗。平开窗是指窗扇沿水平方向开启的窗。平开窗分为外开窗和内开窗两种。外开窗在开启时不占室内使用空间，且排水问题容易解决，但易损坏。内开窗开启时占用室内空间，但不易损坏。平开窗构造简单，开启灵活，维修方便，被广泛应用于民用建筑中。

3)推拉窗。推拉窗是指窗扇沿导轨或滑槽滑动的窗户。它可分为垂直推拉与水平推拉两种形式。推拉窗开启时不占室内空间，外形美观，采光面积大，防水、隔声及气密性能好，广泛用于住宅、办公、医疗等建筑。

4)悬窗。悬窗可分为上悬、中悬、下悬三种。上悬窗铰链安装在窗扇上部，一般向外开，具有良好的防雨性能，通风效果较差，多用作门和窗上的亮子。中悬窗是在窗扇中部装水平转轴，开启时窗扇上部向内、下部向外，有利于挡雨、通风，常用于高侧窗。下悬窗铰链安装在窗扇下部，一般向内开，通风性能好，但占用室内空间、不防雨。

5)百叶窗。利用百叶片遮挡阳光和视线，并保持自然通风，多用于卫生间等部位。

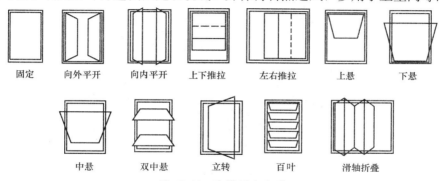

图 10-10　窗的开启方式

(2)按窗的框料材质，可分为铝合金窗、塑钢窗、钢窗和木窗。

1)铝合金窗。铝合金窗采用铝镁硅系列合金钢材制成，是目前应用较多的窗型之一，其断面为空腹。铝合金窗外观精美、质量轻、密闭性能好，能消除碱对门、窗框的腐蚀，但其强度低，易变形。

2)塑钢窗。塑钢窗是采用硬质塑料制成窗框和窗扇，并用型钢加强而制成。其优点是密封和热工性能好、耐腐蚀，目前使用较广泛。

3)钢窗。钢窗用特殊断面的型钢制成，分为实腹和空腹两类。钢窗强度高、断面小、坚固耐久，但易生锈，较少采用。

4)木窗。木窗的优点是适合手工制作、构造简单，缺点是不耐久、容易变形、防火性能差。

(3)按窗的层数，可分为单层窗、双层窗及双层中空玻璃窗等形式。

1)单层窗。单层窗构造简单，造价低，多用于一般建筑。

2)双层窗。双层窗的保温、隔声、防尘效果好，适用于对窗有较高功能要求的建筑中，有单框双窗扇和双框双窗扇两种形式。

3)双层中空玻璃窗。双层中空玻璃窗由双层玻璃中空 4～12 mm 装在一个窗扇上制成，具有保温、隔声、节能的特点。

2. 窗的组成

窗一般由窗框、窗扇、五金零件和其他附件组成，如图 10-11 所示。窗框又称窗樘，是窗与墙体的连接部分，由上框、下框、边框、中横框和中竖框组成。窗扇是窗的主体部分，分为活动扇和固定扇两种，一般由上冒头、下冒头、边梃和窗芯（又称窗棂）组成骨架，中间固定玻璃、窗纱或百叶。窗扇与窗框多用五金零件相连接，常用的五金零件包括铰链、插销、风钩及拉手等。窗框与墙连接处，为了满足不同的要求，窗洞口周围可增设贴脸、筒子板、压条、窗台板及窗帘盒等附件。

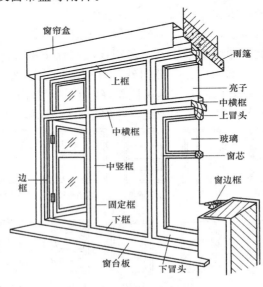

图 10-11　窗的组成

3. 窗的尺度

窗的尺度一般根据采光通风要求、结构构造要求和建筑造型等因素决定，同时应符合模数制要求。

一般平开窗的窗扇宽度为 400～600 mm，高度为 800～1 500 mm，亮子高度为 300～600 mm，固定窗和推拉窗尺寸可大些。

二、平开木窗构造

1. 窗框

(1)窗框的断面形状与尺寸。窗框的断面尺寸主要根据材料的强度和接榫的需要确定，一般多为经验尺寸，如图 10-12 所示。图中虚线为毛料尺寸，粗实线为刨光后的设计尺寸（净尺寸），中横框若加披水，其宽度还需增加 20 mm 左右。

(2)窗框与墙体的构造连接方式。窗框与墙体的构造连接方式有立口和塞口。立口是施工时先将窗框立好，后砌窗间墙，窗框与墙体结合紧密、牢固，若施工组织不当，会影响施工进度；塞口是在砌墙时先留出洞口，预留洞口应比窗框外缘尺寸多出 20～30 mm，窗框与墙之间的缝隙较大，为加强窗框与墙的联系，应用长钉将窗框固定于砌墙时预埋的木砖上，或用铁脚或膨胀螺栓将窗框直接固定到墙上，每边的固定点不少于两个，其间距不应大于 1.2 m。

(3)窗框与墙体的构造缝处理。窗框与墙体间的缝隙应填塞密实，以满足防风、挡雨、保温、隔声等要求。一般情况下，洞口边缘可采用平口，用砂浆或油膏嵌缝。通常为保证嵌缝牢固，在窗框外侧开槽，俗称背槽，并做防腐处理嵌灰口，如图 10-13(a)所示。为提高防风保温性能，可在窗框侧面做贴脸[图 10-13(b)]或做进一步改进，设置筒子板和贴脸，如图 10-13(c)所示。另一种构造措施是在洞口侧边做错口，缝内填弹性密封材料，以增强密闭效果，如图 10-13(d)所示，但此种措施增加了建筑构造的复杂性。

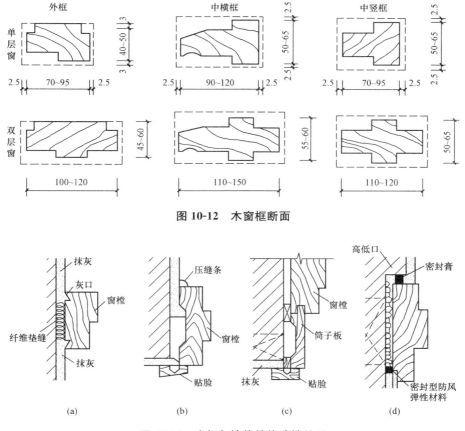

图 10-12　木窗框断面

图 10-13　窗框与墙体的构造缝处理

(a)开槽嵌灰口；(b)贴脸；(c)设筒子板、贴脸；(d)错口、填缝

2. 窗扇

(1)玻璃窗扇的断面形状和尺寸。窗扇的上、下冒头及边梃的截面尺寸为(35～42)mm×(50～60)mm。下冒头若加披水板，应比上冒头加宽 10～25 mm，如图 10-14 所示。为镶嵌玻璃，在窗扇侧要做裁口，其深度为 8～12 mm，但不超过窗扇厚的 1/3。各构件的内侧常做装饰性线脚，既少挡光又美观。在两窗扇之间的接缝处，常做高低缝的盖口，也可以一面或两面加钉盖缝条，既提高防风雨能力又减少冷风渗透。

(2)玻璃的选用和构造连接。窗扇玻璃可选用平板玻璃、压花玻璃、磨砂玻璃、中空玻璃、夹丝玻璃、钢化玻璃等，普通窗扇大多数采用3～5 mm厚无色透明的平板玻璃，根据使用要求选用不同类型，如卫生间可选用压花玻璃、磨砂玻璃遮挡视线。若需要保温、隔声，可选用中空玻璃，若需要增加强度，可选用夹丝玻璃、钢化玻璃等。一般先用小铁钉将玻璃固定在窗扇上，然后用油灰(桐油石灰)或玻璃密封膏嵌固斜面，或采用木线脚嵌钉，如图10-14所示。

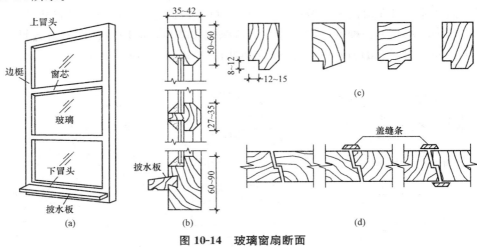

图 10-14　玻璃窗扇断面

（3）双层窗。为了满足保温、隔声等要求，可设置双层窗，双层窗依其窗扇和窗框的构造以及开启方向不同，可分为以下几种：

1）子母扇内开窗。子母扇窗是单框双层窗扇的一种形式，双层窗省料，透光面积大，有一定的密闭保温效果，如图10-15(a)所示。其中，子扇略小于母扇，但玻璃的尺寸相同，窗扇以铰链与窗框相连，子扇与母扇相连，两扇都内开。

2）子母扇内外开窗。子母扇内外开窗是在一个窗框上内外双裁口，一扇外开，另一扇内开，是单框双层窗扇，如图10-15(b)所示。这种窗的内外扇的形式、尺寸完全相同，构造简单，内扇可以改换成纱扇。

3）分框双层窗。分框双层窗的窗扇可以内外开，内外扇通常都内开。寒冷地区的墙体较厚，宜采用这种双层窗，内外窗扇净距一般在100 mm左右，如图10-15(c)所示。

4）双层玻璃窗和中空玻璃窗。双层玻璃窗，即在一个窗扇上安装两层玻璃，增加玻璃的层数，主要是利用玻璃间的空气间层来提高保温和隔声能力。其间层宜控制在10～15 mm，一般不宜封闭，在窗扇的上冒头须做透气孔，如图10-16所示。可将双层玻璃窗改用中空玻璃，它是保温窗的发展方向之一，但成本较高。

3. 窗框与窗扇的关系

窗扇与窗框之间既要开启方便，又要关闭紧密。通常在窗框上做裁口(也称铲口)，深度为10～12 mm，也可以钉小木条形成裁口，以节约木料。为了提高防风挡雨能力，可以在裁口处设回风槽，以减小风压和风渗透量，或在裁口处装密封条。在窗框接触面处将窗扇一侧做斜面，可以保证扇、框外表面接口处的缝隙最小，窗扇与竖框的关系如图10-17所示。外开窗的上口和内开窗的下口是防雨水的薄弱环节，常作披水板和滴水槽，以防雨水渗透，窗扇与横框的关系如图10-18所示。

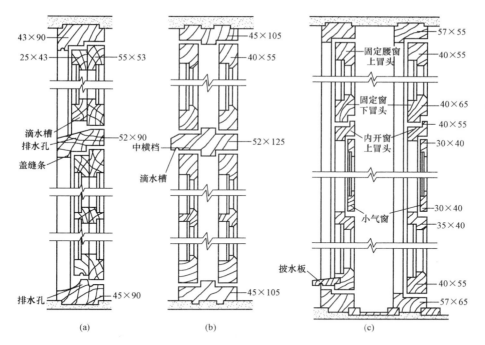

图 10-15　子母扇窗

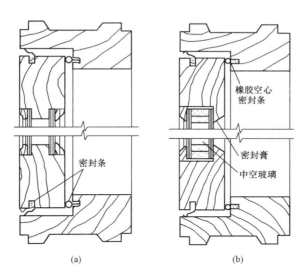

图 10-16　双层玻璃窗

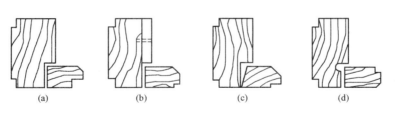

图 10-17　窗扇与竖框的关系

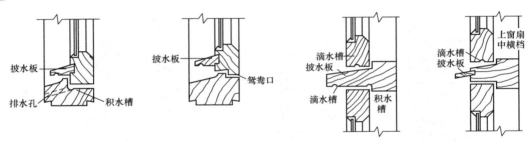

图 10-18　窗扇与横框的关系

三、钢门窗构造

钢门窗具有透光系数大，质地坚固、耐久、防火、防水、风雪不易侵入，外观整洁、美观等特点。但钢门的气密性较差，并且由于钢材的导热系数大，钢门窗的热损耗也较多。因而钢门窗只能用在一般的建筑物，而很少用于较高级的建筑物上。

1. 钢门窗材料

通常钢门窗可分为实腹式和空腹式两类。

(1)实腹式。实腹式钢门窗料是最常用的一种，有各种断面形状和规格。一般门可选用32 及 40 料，窗可选用25 及 32 料(25、32、40 等表示断面高为 25 mm、32 mm、40 mm)。

(2)空腹式。空腹式钢门窗料与实腹式钢门窗料相比，具有更大的刚度，外形美观，自重轻，可节约钢材 40%左右。但由于壁薄，耐腐蚀性差，不宜用于湿度大、腐蚀性强的环境。

2. 钢门窗框的安装

钢门窗框的安装常用塞框法。门窗框与洞口四周的连接方法主要有以下两种：

(1)在砖墙洞口两侧预留孔洞，将钢门窗的燕尾形铁脚埋入洞中，用砂浆窝牢；

(2)在钢筋混凝土过梁或混凝土墙体内先预埋铁件，将钢窗的 Z 形铁脚焊在预埋钢板上。

钢门窗与墙的连接如图 10-19 所示。

3. 组合式钢门窗

当钢门窗的高、宽超过基本钢门窗尺寸时，就要用拼料将门窗进行组合。拼料起横梁与立柱的作用，承受门窗的水平荷载。

拼料与基本门窗之间一般用螺栓或焊接相连。当钢门窗很大时，特别是水平方向很长时，为避免大的伸缩变形引起门窗损坏，必须预留伸缩缝，一般是用两根 56×36×4 的角钢用螺栓组成拼件，角钢上穿螺栓的孔为椭圆形，使螺栓有伸缩余地。

4. 卷帘门

卷帘门主要由帘板、导轨及传动装置组成。工业建筑中的帘板常采用叶板式，叶板可用镀锌钢板或合金铝板轧制而成，叶板之间用铆钉连接。叶板的下部采用钢板和角钢，用以增强卷帘门的刚度，并便于安设门钮。叶板的上部与卷筒连接，开启时，叶板沿着门洞两侧的导轨上升，卷在卷筒上。门洞的上部安设传动装置，传动装置分为手动和电动两种，图 10-20 所示为手动式卷帘门示例。

5. 彩板钢门窗

彩板钢门窗是以彩色镀锌钢板经机械加工而成的门窗。它具有质量轻、硬度高、采光面积大、防尘、隔声、保温密封性好、造型美观、色彩绚丽、耐腐蚀等特点。

彩板平开窗目前有两种类型，即带副框和不带副框两种。当外墙面为花岗石、大理石等贴面材料时，常采用带副框的门窗；当外墙装修为普通粉刷时，常用不带副框的做法。其安装构造如图 10-21 所示。

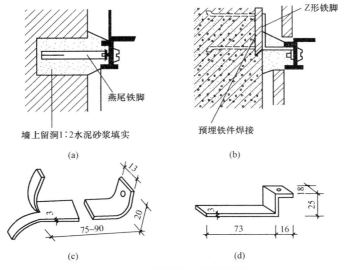

图 10-19 钢门窗与墙的连接

(a)与砖墙连接；(b)与混凝土连接；(c)燕尾形铁脚构造；(d)Z 形铁脚构造

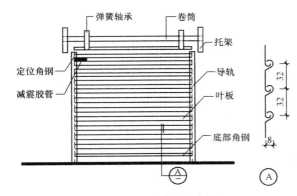

图 10-20 手动式卷帘门

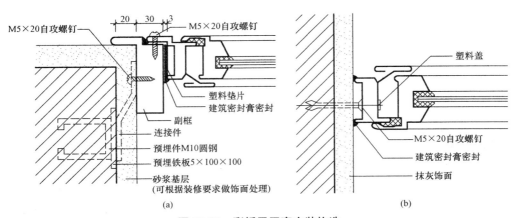

图 10-21 彩板平开窗安装构造

(a)带副框彩板平开窗安装构造；(b)不带副框彩板平开窗安装构造

四、塑钢门窗构造

塑钢门窗是以改性硬质聚氯乙烯（UPVC）为主要原料，加上一定比例的稳定剂、着色剂、填充剂、紫外线吸收剂等辅助剂，经挤出机挤出成型为各种断面的中空异型材，经切割后，在其内腔衬以型钢加强筋，用热熔焊接机焊接成型为门窗框扇，配装上橡胶密封条、压条、五金件等附件而制成的门窗。

1. 塑钢门窗的优点

强度好、耐冲击；保温隔热、节约能源；隔声好；气密性、水密性好；耐腐蚀性强；防火；耐老化、使用寿命长；外观精美、清洗容易。

2. 塑钢门窗的连接

图 10-22 所示为塑钢窗框与墙体的连接方式。

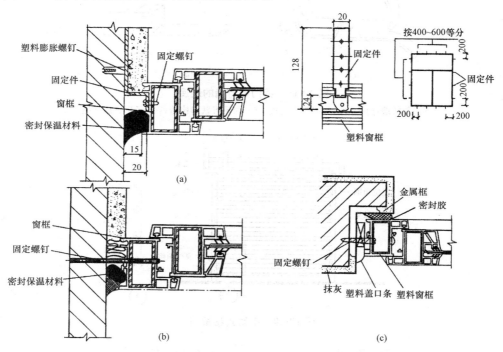

图 10-22　塑钢窗框与墙体的连接节点图

(a)连接件法；(b)直接固定法；(c)假框法

五、节能窗的构造

节能窗是从热力学的观点来考虑如何减少热量的流失，减少能量的浪费，从而达到节能的目的。选择节能窗主要从三个方面着手：第一，从窗的结构设计考虑；第二，从窗体材料考虑，节能玻璃是关键；第三，从窗框材料考虑。

目前，在建筑中常用的节能窗型为平开窗和固定窗。平开窗分为内外平开窗、正规的铝合金平开窗两种类型。其窗扇和窗扇间、窗扇和窗扇框间一般均应用良好的橡胶做密封压条。在窗扇关闭后，密封橡胶压条压得很紧，密封性能很好，很少有空隙，良好的密封条即便有空隙也是微乎其微的，很难形成对流，这种窗型的热量流失主要是玻璃和窗框窗扇型材的热传导和辐射，如果能很好地解决上述玻璃和型材的热传导，平开窗的节能性能会得到有力的保证。从结构上讲，平开窗在节能方面有明显的优势，平开窗可称为真正的节能窗型固定窗，窗框嵌在墙体内，玻璃直接安在窗框上，玻璃和窗框的接缝以前用胶条密封，因胶条受冷热变化极易脱落，现在已改用密封胶，把玻璃和窗框接触的四边密封。如密封胶密封严密，有良好的水密性和气密性，空气很难通过密封胶形成对流，因此对流热损失极小，玻璃和窗框的热传导是损失的源泉。对大面积玻璃和少量窗框型材，在材料形式上采取有效措施，可以大大提高节能效果。从结构上讲，固定窗是节能效果最理想的窗型。固定窗的缺点是无法通风通气，所以又在固定窗上开装小型上翻下翻窗，或在大的固定窗的一侧安装一个小的开平窗，专门用于定时通风通气。

特殊窗

第三节 遮阳板

一、遮阳板的作用

遮阳是为了防止阳光直接射入室内，避免夏季室内温度过高和产生眩光而采取的构造措施。建筑遮阳措施有三种：一是绿化遮阳；二是调整建筑物的构配件；三是在窗洞口周围设置专门的遮阳设施来遮阳。遮阳设施有活动遮阳板(图 10-23)和固定遮阳板两种类型。

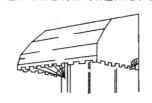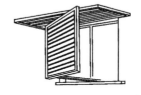

图 10-23　活动遮阳的形式

二、固定遮阳板的形式

固定遮阳板的基本形式有水平式、垂直式、综合式和挡板式(图 10-24)。

(1)水平式遮阳板，主要遮挡太阳高度角较大时从窗口上方照射下来的阳光，主要适用于朝南的窗洞口。

(2)垂直式遮阳板，主要遮挡太阳高度角较小时从窗口侧面射来的阳光，主要适用于南偏东、南偏西及其附近朝向的窗洞口。

(3)综合式遮阳板，是水平式和垂直式遮阳板的综合，能遮挡从窗口两侧及前上方射来的阳光，遮阳效果比较均匀，主要适用于南、东南、西南及其附近朝向的窗洞口。

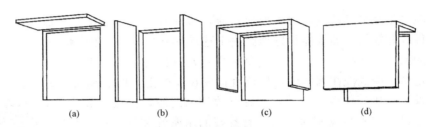

图 10-24　固定遮阳板的基本形式

(a)水平式；(b)垂直式；(c)综合式；(d)挡板式

(4)挡板式遮阳板，主要遮挡太阳高度角较小时从窗口正面射来的阳光，适用于东、西及其附近朝向的窗洞口。

在实际工程中，遮阳可由基本形式演变出造型丰富的其他形式。如为避免单层水平式遮阳板的出挑尺寸过大，可将水平式遮阳板重复设置成双层或多层；当窗间墙较窄时，可将综合式遮阳板连续设置；可将挡板式遮阳板结合建筑立面处理，使之或连续或间断。同时，遮阳的形式要与建筑立面符合。

本章小结

门和窗作为围护构件，应能阻止风、霜、雨、雪等的侵蚀，并具有隔声作用。另外，门和窗是建筑外观的一部分，它们对建筑立面处理和室内装饰都有影响。本章主要介绍门窗的功能构造体系。

思考与练习

一、填空题

1. 门由_____、_____、_____及_____等部分组成。

2. 门的尺度是指_____的高宽尺寸，应满足人流疏散，搬运家具、设备的要求。

3. 木门主要由_____、_____、_____、_____、_____和_____等部分组成。

4. 门框的断面形状与尺寸取决于门扇的_____和_____。

5. 平开窗是指窗扇沿开启的窗。平开窗分_____和_____两种。

6. 悬窗可分为_____、_____、_____三种。通常钢门窗可分为_____和_____两类。

二、选择题

1. 住宅中厨房门的宽度一般取为（　　）mm。

A. 900　　　　　　　B. 800　　　　　　　C. 700　　　　　　　D. 1 000

2. 铝合金门采用平开的开启方式时，门扇边梃的上、下端要用地弹簧连接。

A. 螺钉　　　　　　　B. 折页　　　　　　　C. 五金零件　　　　　　　D. 地弹簧

3. 居住建筑中，使用最广的木门是(　　　)。

　　A. 推拉门　　　　　B. 弹簧门　　　　　C. 转门　　　　　D. 平开门

4. 西向窗口适合采用(　　　)遮阳形式。

　　A. 水平式　　　　　B. 垂直式　　　　　C. 挡板式　　　　　D. 综合式

5. 下列描述，错误的是(　　　)。

　　A. 塑料门窗有良好的隔热和密封性

　　B. 塑料门窗变形大，刚度差，大风地区慎用

　　C. 塑料门窗耐腐蚀，不用涂涂料

　　D. 塑料门窗保温性比钢窗好

6. 平开木门扇的宽度一般不超过(　　　)mm。

　　A. 600　　　　　　B. 900　　　　　　C. 1 100　　　　　D. 1 200

7. 木窗的窗扇是由(　　　)组成。

　　A. 上、下冒头，窗芯，玻璃　　　　　B. 边框，上下框，玻璃

　　C. 边框，五金零件，玻璃　　　　　　D. 亮子，上、下冒头，玻璃

三、简答题

1. 按门扇的开启方式可分为哪几类？

2. 按窗的开启方式可分为哪几类？

3. 窗一般由哪几部分组成？

4. 窗框与墙体的构造缝如何处理？

5. 简述窗扇玻璃的选用和构造连接。

6. 简述窗框与窗扇的关系。

7. 门窗框与洞口四周的连接方法主要有哪两种？

8. 塑钢门窗的优点有哪些？塑钢窗框与墙体的连接方式有哪些？

9. 建筑遮阳措施有哪几种？遮阳设施有哪些？

第十一章 屋 顶

知识目标

1. 了解屋顶的设计要求及类型；熟悉屋顶排水坡度的表式方法、屋顶找坡方法及屋顶排水方式。

2. 熟悉平屋顶的保温及隔热降温做法；掌握平屋顶的构造做法。

3. 了解金属瓦屋面、彩色压型钢板屋面的介绍；熟悉坡屋顶的组成、承重结构、坡屋顶的保温与隔热降温；掌握坡屋顶的防水做法。

能力目标

1. 较好掌握本章所学知识，具备进行中、小型建筑屋顶构造设计的能力。

2. 具备在实际工程中把握屋顶构造质量的能力。

第一节 屋顶概述

屋顶位于建筑物的最顶部，主要有三个作用：一是承重作用，承受作用于屋顶上的风、雨、雪、检修、设备荷载和屋顶的自重等；二是围护作用，防御自然界的风、雨、雪、太阳辐射热和冬季低温等的影响；三是装饰建筑立面的作用，屋顶的形式对建筑立面和整体造型有很大的影响。

一、屋顶的设计要求

(1)要求屋顶起良好的围护作用，具有防水、保温和隔热性能。其中，防止雨水渗漏是屋顶的基本功能要求，也是屋顶设计的核心。

(2)要求屋顶具有足够的强度、刚度和稳定性。屋顶应能承受风、雨、雪、施工、上人等荷载，地震区还应考虑地震荷载对它的影响，满足抗震的要求，并力求做到质量轻、构造层次简单。另外，还宜就地取材、施工方便；造价经济、便于维修。

(3)要求屋顶满足人们对建筑艺术即美观方面的需求。屋顶是建筑造型的重要组成部分，我国古建筑的重要特征之一就是有变化多样的屋顶外形和装修精美的屋顶细部，现代建筑也应注重屋顶形式及其细部设计。

屋顶是建筑物围护结构的一部分，是建筑立面的重要组成部分，除应满足质量轻、构造简单、施工方便等要求外，还必须具备坚固耐久、防水排水、保温隔热、抵御侵蚀等功能。

二、屋顶的类型

屋顶的类型与建筑物的屋面材料、屋顶结构类型以及建筑造型要求等因素有关。按照屋顶的排水坡度和构造形式，屋顶可分为平屋顶、坡屋顶和曲面屋顶三种类型。平屋顶是指屋面排水坡度小于或等于10％的屋顶；坡屋顶是指屋面排水坡度在10％以上的屋顶；曲面屋顶是指由各种薄壳结构、悬索结构和网架结构等作为屋顶承重结构的屋顶。另外，还有单坡顶等形式。屋顶类型如图11-1所示。

图 11-1　屋顶类型

第二节　屋顶排水设计

屋顶排水设计的内容包括：选择屋顶排水坡度，确定排水方式，进行屋顶排水组织设计。排水坡度和排水方式设计合理，能迅速将雨水排出，从而减轻对屋顶的压力，确保房屋的使用功能。

一、屋顶排水坡度的表示方法

屋面坡度的表示方法通常有斜率法、百分比法和角度法，如图 11-2 所示。

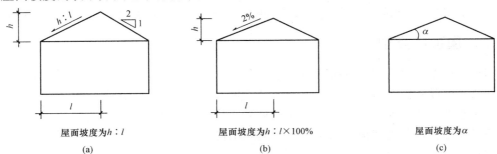

图 11-2 屋面坡度的表示方法

(a)斜率法；(b)百分比法；(c)角度法

(1)斜率法是指屋面倾斜面的垂直投影长度与其水平投影长度之比，如 1∶2、1∶5 等。该法也可用一倒直角三角形在屋面的一侧标注，又称为倒直角三角形法。

(2)百分比法是指屋面倾斜面的垂直投影长度与其水平投影长度之比的百分率，如 2%、3% 等。

(3)角度法是指屋面倾斜面与水平面的夹角，如 30°、45° 等。

平屋面坡度小，多用百分比法；坡屋面坡度大，多用斜率法和角度法。

二、影响屋顶坡度的因素

1. 屋面防水材料与排水坡度的关系

如防水材料尺寸较小，接缝必然就较多，容易产生缝隙渗漏，因而屋面应有较大的排水坡度，以便将屋面积水迅速排除。如果屋面的防水材料覆盖面积大，接缝少而且严密，屋面的排水坡度就可以小一些。

2. 降雨量大小与坡度的关系

降雨量大的地区，屋面渗漏的可能性较大，屋顶的排水坡度应适当加大；反之，屋顶排水坡度则宜小一些。

三、屋顶找坡

1. 材料找坡

材料找坡是指屋顶坡度由垫坡材料形成，一般用于坡向长度较小的屋面。为了减轻屋面荷载，应选用轻质材料找坡，如水泥炉渣、石灰炉渣、沥青珍珠岩砂浆等。找坡层的厚度最薄处不小于 20 mm。材料找坡的屋面板可以水平放置，顶棚面平整，但材料找坡增加屋面荷载，材料和人工消耗较多。平屋顶材料找坡的坡度宜为 2%～3%，如图 11-3(a)所示。

2. 结构找坡

结构找坡是屋顶结构自身带有排水坡度，平屋顶结构找坡的坡度宜为 3%。结构找坡无须在屋面上另加找坡材料，构造简单，不增加荷载，但天棚顶倾斜，室内空间不够规整，如图11-3(b)所示。

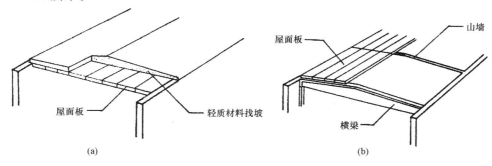

图 11-3　屋顶找坡

(a)材料找坡；(b)结构找坡

四、屋顶排水

(一)排水方式

1. 无组织排水

无组织排水是指屋面雨水直接从檐口滴落至地面的一种排水方式，因为不用天沟、雨水管等导流雨水，故又称自由落水。其主要适用于少雨地区或一般低层建筑，相邻屋面高差小于4 m；不宜用于临街建筑和较高的建筑。

2. 有组织排水

有组织排水是指雨水经由天沟、雨水管等排水装置被引导至地面或地下管沟的一种排水方式，在建筑工程中应用较广。

屋顶排水方式的确定应根据气候条件及建筑物的高度、质量等级、使用性质、屋顶面积大小等因素加以综合考虑。

在工程实践中，由于具体条件千变万化，可能出现各式各样的有组织排水方式。按外排水、内排水、内外排水三种情况可归纳成9种不同的排水方式，如图11-4所示。

下面主要介绍外排水和内排水。

(1)外排水。外排水是指雨水管装设在室外的一种排水方式。其优点是雨水管不妨碍室内空间的使用和美观，构造简单，因而被广泛采用。外排水方式可归纳成挑檐沟外排水、女儿墙外排水、女儿墙挑檐沟外排水、长天沟外排水、暗管外排水几种。

明装的雨水管有损建筑立面，故在一些重要的公共建筑中，雨水管常采取暗装的方式，把雨水管隐藏在假柱或空心墙中。假柱可以处理成建筑立面上的竖线条。

(2)内排水。外排水构造简单，雨水管不占用室内空间，故在南方应优先采用。在有些情况下采用外排水并不恰当，例如，在高层建筑中，因为维修室外雨水管不方便，且不安全；又如在严寒地区也不适宜用外排水，因室外的雨水管有可能结冻，而处于室内的雨水管则不会发生这种情况。

1)中间天沟内排水。当房屋宽度较大时，可在房屋中间设一纵向天沟形成内排水。这种方式特别适用于内廊式多层或高层建筑，雨水管可布置在走廊内，不影响走廊两旁的房间。

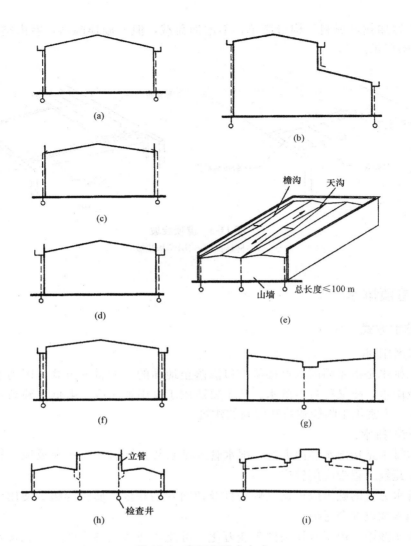

图 11-4 有组织排水方式

2)高低跨内排水。高低跨双坡屋顶在两跨交界处也常常需要设置内天沟来汇集低跨屋面的雨水，高低跨可共用一根雨水管。

(二)屋顶排水组织设计

屋顶排水组织设计的主要任务是将屋面划分成若干排水区，分别将雨水引向雨水管，做到排水线路便捷，雨水口负荷均匀，排水顺畅，避免屋顶积水而引起渗漏。一般按下列步骤进行：

(1)确定排水坡面的数目(分坡)。一般情况下，临街建筑平屋顶屋面宽度小于 12 m 时，可采用单坡排水；其宽度大于 12 m 时，宜采用双坡排水。坡屋顶应结合建筑造型要求选择单坡、双坡或四坡排水。

(2)划分排水区。划分排水区的目的是合理地布置雨水管。排水区的面积是指屋面水平投影的面积，每一根雨水管的屋面最大汇水面积不宜大于 200 ㎡。雨水口的间距为 18～24 m。

（3）确定天沟所用材料和断面形式及尺寸。天沟即屋面上的排水沟，位于檐口部位时又称檐沟。设置天沟的目的是汇集屋面雨水，并将屋面雨水有组织地迅速排除。天沟根据屋顶类型的不同有多种做法，如坡屋顶中可用钢筋混凝土、镀锌薄钢板、石棉水泥等材料做成槽形或三角形天沟。平屋顶的天沟一般用钢筋混凝土制作，当采用女儿墙外排水方案时，可利用倾斜的屋面与垂直的墙面构成三角形天沟，如图 11-5 所示；当采用檐沟外排水方案时，通常用专用的槽形板做成矩形天沟，如图 11-6 所示。

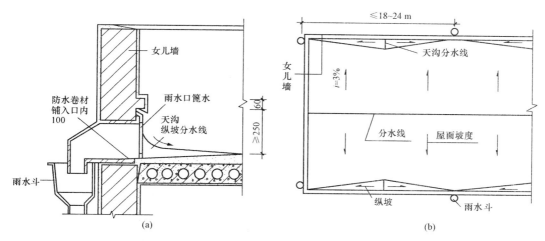

图 11-5　平屋顶女儿墙外排水三角形天沟
（a）女儿墙断面图；（b）屋顶平面图

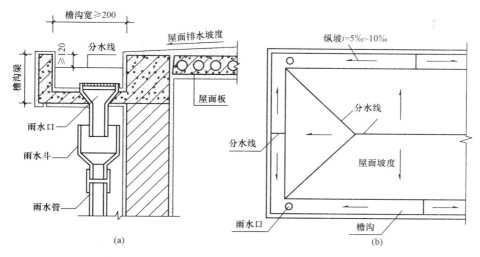

图 11-6　平屋顶檐沟外排水矩形天沟
（a）挑檐沟断面；（b）屋顶平面图

（三）确定雨水管规格及间距

雨水管按材料的不同可分为铸铁管、镀锌薄钢管、塑料管、石棉水泥管和陶土管等，目前多采用铸铁管和塑料管，其直径有 50 mm、75 mm、100 mm、125 mm、150 mm、

200 mm 几种规格，一般民用建筑最常用的雨水管直径为 100 mm，面积较小的露台或阳台可采用 50 mm 或 75 mm 的雨水管。雨水管的位置应在实墙面处，其间距一般在 18 m 以内，最大间距不宜超过 24 m，因为间距过大，则沟底纵坡面越长，会使沟内的垫坡材料增厚，减少了天沟的容水量，造成雨水溢向屋面引起渗漏或从檐沟外侧涌出。

第三节　平屋顶构造

一、平屋顶的构造做法

依据屋面防水层的不同，平屋顶有柔性防水、刚性防水、涂膜防水等多种构造做法。

(一)柔性防水屋面

柔性防水屋面是指以防水卷材和胶粘剂分层粘贴而构成防水层的屋面。柔性防水屋面所用卷材可分为石油沥青油毡、焦油沥青油毡、高聚物改性沥青防水卷材、SBS 改性沥青防水卷材、App 改性沥青防水卷材、合成高分子防水卷材、三元乙丙丁基橡胶防水卷材、三元乙丙橡胶防水卷材、氯磺化聚乙烯防水卷材、再生胶防水卷材、氯丁橡胶防水卷材、氯丁聚乙烯—橡胶共混防水卷材等。聚氯乙烯防水卷材适用于防水等级为Ⅰ～Ⅳ级的屋面防水。

1. 柔性防水屋面构造层次和做法

柔性防水屋面由多层材料叠合而成，其基本构造层次按构造要求由结构层、找坡层、找平层、结合层、防水层和保护层组成，如图 11-7 所示。

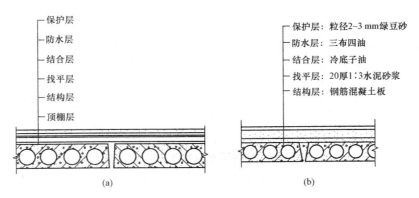

图 11-7　柔性防水屋面的构造层次和做法

(a)柔性防水屋面的构造组成；(b)油毡防水屋面做法

(1)结构层。结构层通常为预制或现浇钢筋混凝土屋面板，要求具有足够的强度和刚度。

（2）找坡层（结构找坡和材料找坡）。材料找坡应选用轻质材料形成所需的排水坡度，通常是在结构层上铺1：（6～8）的水泥焦渣或水泥膨胀蛭石等。

（3）找平层。柔性防水层要求铺贴在坚固而平整的基层上，因此必须在结构层或找坡层上设置找平层。

（4）结合层。结合层的作用是使卷材防水层与基层黏结牢固。结合层所用材料应根据卷材防水层材料的不同来选择，如油毡卷材、聚氯乙烯卷材及自粘型彩色三元乙丙复合卷材，用冷底子油在水泥砂浆找平层上喷涂1或2道；三元乙丙橡胶卷材则采用聚氨酯底胶；氯化聚乙烯橡胶卷材需用氯丁胶乳等。冷底子油用沥青加入汽油或煤油等溶剂稀释而成，喷涂时不用加热，在常温下进行，故称冷底子油。

（5）防水层。防水层由胶结材料与卷材黏合而成，卷材连续搭接，形成屋面防水的主要部分。当屋面坡度较小时，卷材一般平行于屋脊铺设，从檐口到屋脊层层向上粘贴，上下搭接不小于70 mm，左右搭接不小于100 mm。

（6）保护层。不上人屋面保护层的做法：当采用油毡防水层时，保护层用粒径3～6 mm的小石子，称为绿豆砂保护层。绿豆砂要求耐风化、颗粒均匀、色浅；三元乙丙橡胶卷材采用银色着色剂，直接涂刷在防水层上表面；彩色三元乙丙复合卷材防水层直接用CX－404胶粘剂，不需另加保护层。

上人屋面保护层的做法：通常可采用水泥砂浆或沥青砂浆铺贴缸砖、大阶砖、混凝土板等；也可现浇40 mm厚C20细石混凝土。

2. 柔性防水屋面细部构造

屋面细部是指屋面上的泛水、天沟、檐口、雨水口、变形缝等部位。

（1）泛水构造。泛水是指屋顶上沿所有垂直面所设的防水构造，凸出屋面之上的女儿墙、烟囱、楼梯间、变形缝、检修孔、立管等的壁面与屋顶的交接处是最容易漏水的地方。必须将屋面防水层延伸到这些垂直面上，形成立铺的防水层，称为泛水。卷材防水屋面泛水构造如图11-8所示。

（2）檐口构造。柔性防水屋面的檐口构造有无组织排水挑檐和有组织排水挑檐沟及女儿墙檐

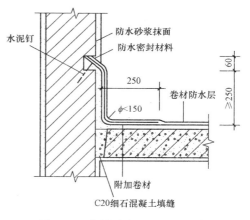

图 11-8　卷材防水屋面泛水构造

口等，挑檐和挑檐沟构造都应注意处理好卷材的收头固定、檐口饰面并做好滴水。女儿墙檐口构造的关键是泛水的构造处理，其顶部通常做钢筋混凝土压顶，并设有坡度坡向屋面。檐口构造如图11-9所示。

（3）雨水口构造。雨水口的类型有用于檐沟排水的直管式雨水口和女儿墙外排水的弯管式雨水口两种。雨水口在构造上要求排水通畅、防止渗漏水堵塞。为防止直管式雨水口周边漏水，应加铺一层卷材并贴入连接管内100 mm，雨水口上用定型铸铁罩或铅丝球盖住，用油膏嵌缝。弯管式雨水口穿过女儿墙预留孔洞内，屋面防水层应铺入雨水口内壁四周不小于100 mm，并安装铸铁箅子以防杂物流入造成堵塞。雨水口构造如图11-10所示。

（4）屋面变形缝构造。屋面变形缝的构造处理原则是既不能影响屋面的变形，又要防止

雨水从变形缝渗入室内。屋面变形缝按建筑设计可设于同层等高屋面上，也可设在高低屋面的交接处。等高屋面变形缝构造如图 11-11 所示。

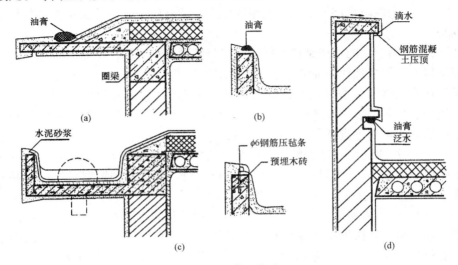

图 11-9　檐口构造

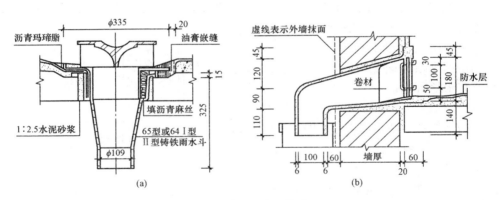

图 11-10　雨水口构造

（a）直管式雨水口；（b）弯管式雨水口

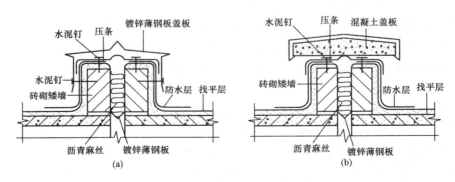

图 11-11　等高屋面变形缝构造

（a）横向变形缝泛水之一；（b）横向变形缝泛水之二

（二）刚性防水屋面

刚性防水屋面是指以刚性材料作为防水层的屋面，如防水砂浆、细石混凝土、配筋细石混凝土防水屋面等。这种屋面具有构造简单、施工方便、造价低廉的优点，但对温度变化和结构变形较敏感，容易产生裂缝而渗水，故多用于我国南方地区的建筑。

1. 刚性防水屋面构造及做法

刚性防水屋面一般由结构层、找平层、隔离层和防水层组成。

（1）结构层。刚性防水屋面的结构层要求具有足够的强度和刚度，一般应采用现浇或预制装配的钢筋混凝土屋面板，并在结构层现浇或铺板时形成屋面的排水坡度。

（2）找平层。为保证防水层厚薄均匀，通常应在结构层上用 20 mm 厚 1：3 水泥砂浆找平。若采用现浇钢筋混凝土屋面板或设有纸筋灰等材料，也可不设找平层。

（3）隔离层。为减少结构层变形及温度变化对防水层的不利影响，宜在防水层下设置隔离层。隔离层可采用纸筋灰、低强度等级砂浆或在薄砂层上干铺一层油毡等。当防水层中加有膨胀剂类材料时，其抗裂性有所改善，也可不设隔离层。

（4）防水层。常用配筋细石混凝土防水屋面的混凝土强度等级应不低于 C20，其厚度宜不小于 40 mm，双向配置 $\phi4 \sim \phi6.5$ 钢筋。间距为 $100 \sim 200$ mm 的双向钢筋网片。为提高防水层的抗渗性能，可在细石混凝土内掺入适量外加剂（如膨胀剂、减水剂、防水剂等）以提高其密实性能。

2. 刚性防水屋面细部构造

刚性防水屋面的细部构造包括屋面防水层的分格缝、泛水、檐口、雨水口等部位的构造处理。

（1）屋面分格缝构造。屋面分格缝实质上是在屋面防水层上设置的变形缝。其目的有两个：一是防止温度变形引起防水层开裂；二是防止结构变形将防水层拉坏。因此，屋面分格缝的位置应设置在温度变形允许的范围以内和结构变形敏感的部位。一般情况下分格缝间距不宜大于 6 m。结构变形敏感的部位主要是指装配式屋面板的支承端、屋面转折处、现浇屋面板与预制屋面板的交接处、泛水与立墙交接处等部位。分格缝的位置如图 11-12 所示。

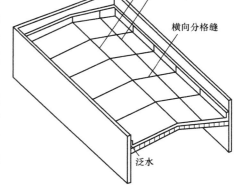

图 11-12　分格缝位置

分格缝的构造要点如下：

1）防水层内的钢筋在分格缝处应断开；

2）屋面板缝用浸过沥青的木板等密封材料嵌填，缝口用油膏等嵌填；

3）缝口表面用防水卷材铺贴盖缝，卷材的宽度为 $200 \sim 300$ mm。分格缝的构造如图 11-13 所示。

（2）泛水构造。刚性防水屋面的泛水构造要点与卷材屋面基本相同。不同的地方是刚性防水层与屋面凸出物（女儿墙、烟囱等）间须留分格缝，另铺贴附加卷材盖缝形成泛水。

（3）檐口构造。刚性防水屋面檐口的形式一般有自由落水挑檐口、挑檐沟外排水檐口和坡檐口等。

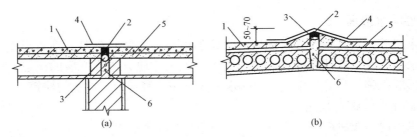

图 11-13 分格缝构造

(a)横向分格缝；(b)屋脊分格缝

1—刚性面层；2—油膏嵌缝；3—油毡卷；4—油毡防水层；

5—钢筋混凝土板；6—C20细石混凝土填缝

1)自由落水挑檐口：根据挑檐挑出的长度，有直接利用混凝土防水层悬挑和在增设的现浇或预制钢筋混凝土挑檐板上做防水层等做法。无论采用哪种做法，都应注意做好滴水。

2)挑檐沟外排水檐口：檐沟构件一般采用现浇或预制的钢筋混凝土槽形天沟板，在沟底用低强度等级的混凝土或水泥炉渣等材料垫置成纵向排水坡度，铺好隔离层后再浇筑防水层，防水层应挑出屋面并做好滴水。

3)坡檐口：建筑设计中出于造型方面的考虑，常采用一种平顶坡檐即"平改坡"的处理形式，使较为呆板的平顶建筑具有某种传统的韵味，以丰富城市景观。平屋顶坡檐口构造如图 11-14 所示。

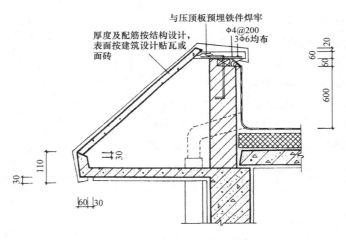

图 11-14 平屋顶坡檐口构造

(4)雨水口构造。刚性防水屋面的雨水口有直管式和弯管式两种做法。直管式一般用于挑檐沟外排水的雨水口；弯管式用于女儿墙外排水的雨水口。

1)直管式雨水口：直管式雨水口为防止雨水从雨水口套管与沟底接缝处渗漏，应在雨水口周边加铺柔性防水层并铺至套管内壁，檐口处浇筑的混凝土防水层应覆盖于附加的柔性防水层之上，并于防水层与雨水之间用油膏嵌实。直管式雨水口构造如图 11-15 所示。

2)弯管式雨水口：弯管式雨水口一般用铸铁做成弯头。雨水口安装时，在雨水口处的屋面应加铺附加卷材与弯头搭接，其搭接长度不小于100 mm，然后浇筑混凝土防水层，防水层与弯头交接处需用油膏嵌缝。弯管式雨水口构造如图11-16所示。

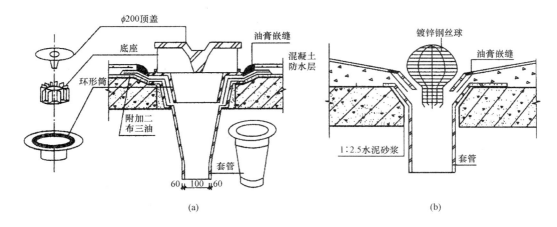

图11-15 直管式雨水口构造

(a)65型雨水口；(b)铁丝罩铸铁雨水口

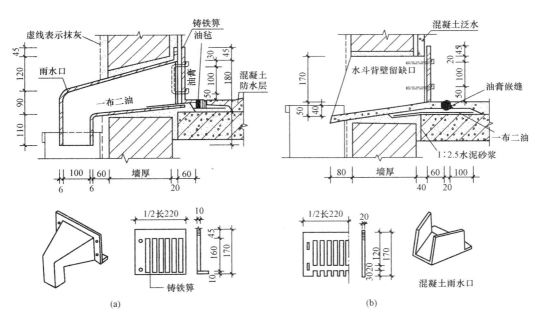

图11-16 弯管式雨水口构造

(a)铸铁雨水口；(b)预制混凝土排水槽

（三）涂膜防水屋面

涂膜防水屋面又称涂料防水屋面，是指用可塑性和粘结力较强的高分子防水涂料直接涂刷在屋面基层上形成一层不透水的薄膜层，以达到防水目的的一种屋面做法。防水涂料有塑料、橡胶和改性沥青三大类。常用的有塑料油膏、氯丁胶乳沥青涂料和焦油聚氨酯防水涂膜等。这些材料多数具有防水性好、粘结力强、延伸性大、耐腐蚀、不易老化、施工方便、容易维修等优点，近年来应用较为广泛。这种屋面通常适用于不设保温层的预制屋面板结构，如单层工业厂房的屋面。在有较大震动的建筑物或寒冷地区则不宜采用。

1. 涂膜防水屋面构造和做法

涂膜防水屋面的构造与柔性防水屋面相同，由结构层、找坡层、找平层、结合层、防水层和保护层组成。

涂膜防水屋面的结构层和找坡层材料做法与柔性防水屋面相同。找平层通常为 25 mm 厚 1∶2.5 水泥砂浆。为保证防水层与基层黏结牢固，结合层应选用与防水涂料相同的材料经稀释后满刷在找平层上。当屋面不上人时，保护层的做法根据防水层材料的不同，可用蛭石或细砂撒面、银粉涂料涂刷等做法；当屋面为上人屋面时，保护层做法与柔性防水上人屋面做法相同。

2. 涂膜防水屋面细部构造

（1）分格缝构造。涂膜防水只能提高表面的防水能力，由于温度变形和结构变形会导致基层开裂而使屋面渗漏，因此对屋面面积较大和结构变形敏感的部位，需设置分格缝。

（2）泛水构造。涂膜防水屋面泛水构造要点与柔性防水屋面基本相同，即泛水高度不小于 250 mm；屋面与立墙交接处应做成弧形；泛水上端应有挡雨措施，以防渗漏。

二、平屋顶的保温与隔热降温

（一）平屋顶的保温

1. 保温材料的类型

平屋顶的保温材料多为轻质多孔材料，一般可分为以下三种类型：

（1）散料类。散料类常用炉渣、矿渣、膨胀蛭石、膨胀珍珠岩等。

（2）整体类。整体类是指以散料作骨料，掺入一定量的胶结材料，现场浇筑而成的材料，如水泥炉渣、水泥膨胀蛭石、水泥膨胀珍珠岩及沥青膨胀蛭石和沥青膨胀珍珠岩等。

（3）板块类。板块类是指利用骨料和胶结材料由工厂制作而成的板块状材料，如加气混凝土、泡沫混凝土、膨胀蛭石、膨胀珍珠岩、泡沫塑料等块材或板材等。

保温材料的选择应根据建筑物的使用性质、构造方案、材料来源、经济指标等因素综合考虑确定。

2. 保温层的设置

平屋顶因屋面坡度平缓，适合将保温层放在屋面结构层上（刚性防水屋面不适宜设保温层）。

保温层通常设在结构层之上、防水层之下。保温卷材防水屋面与非保温卷材防水屋面的区别是增设了保温层，按构造需要相应增加了找平层、结合层和隔汽层。设置隔汽层的目的是防止室内水蒸气渗入保温层，使保温层受潮而降低保温效果。隔汽层的一般做法是在 20 mm 厚 1∶3 水泥砂浆找平层上刷冷底子油两道作为结合层，结合层上做一布二油或两道热沥青隔汽层。平屋顶保温构造如图 11-17 所示。

保温层封闭在内部，故内部应干燥，施工时注意找平层干透再做保温及防水层，否则卷材会起鼓，损害保温层，并会造成屋面渗漏。图 11-18 所示为平屋顶保温层病害示意。

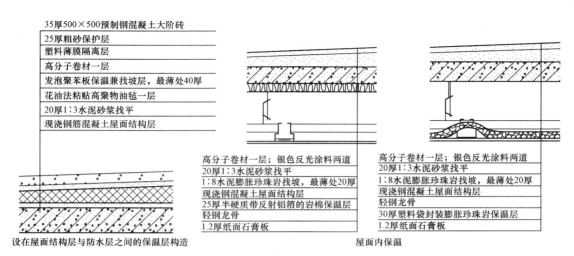

設在屋面結構層與防水層之間的保溫層構造

高分子卷材一層；銀色反光塗料兩道
20厚1:3水泥砂漿找平
1:8水泥膨脹珍珠岩找坡，最薄處20厚
現澆鋼混凝土屋面結構層
25厚半硬質帶反射鋁箔的岩棉保溫層
輕鋼龍骨
1.2厚紙面石膏板

高分子卷材一層；銀色反光塗料兩道
20厚1:3水泥砂漿找平
1:8水泥膨脹珍珠岩找坡，最薄處20厚
現澆鋼混凝土屋面結構層
輕鋼龍骨
30厚塑料袋封裝膨脹珍珠岩保溫層
1.2厚紙面石膏板

屋面內保溫

图 11-17　平屋顶保温构造示意

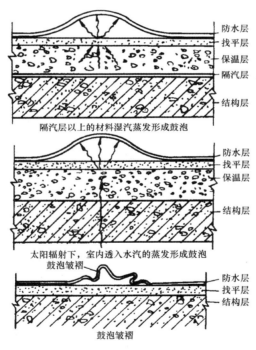

隔汽层以上的材料湿汽蒸发形成鼓泡

太阳辐射下，室内透入水汽的蒸发形成鼓泡

鼓泡皱褶

图 11-18　平屋顶保温层病害

(二)平屋顶的隔热降温

平屋顶隔热降温的构造做法主要有通风隔热、蓄水隔热、种植隔热等。

1. 通风隔热屋面

通风隔热屋面是指在屋顶中设置通风间层，使上层表面起遮挡阳光的作用，利用风压和热压作用把间层中的热空气不断带走，以减少传到室内的热量，从而达到隔热降温的目的。通风隔热屋面一般有架空通风隔热屋面和顶棚通风隔热屋面两种做法。

（1）架空通风隔热屋面。通风层设在防水层之上，其做法很多，图11-19所示为架空通风隔热屋面构造。其中以架空预制板或大阶砖最为常见。架空通风隔热层设计应满足以下要求：架空层应有适当的净高，一般以180～240 mm为宜；距女儿墙500 mm范围内不铺架空板；隔热板的支点可做成砖垄墙或砖墩，间距视隔热板的尺寸而定。

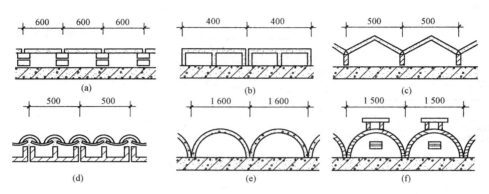

图11-19　架空通风隔热屋面构造

(a)架空预制板(或大阶砖)；(b)架空混凝土山形板；(c)架空钢丝网水泥折板；
(d)倒槽板上铺小青瓦；(e)钢筋混凝土半圆拱；(f)1/4厚砖拱

（2）顶棚通风隔热屋面。这种屋面的做法是利用顶棚与屋顶之间的空间作隔热层，顶棚通风隔热层设计应满足以下要求：顶棚通风层应有足够的净空高度，一般为500 mm左右；需设置一定数量的通风孔，以利空气对流；通风孔应考虑防飘雨措施。

2. 蓄水隔热屋面

蓄水隔热屋面是指在屋顶蓄积一层水，利用水蒸发时需要大量的汽化热，从而大量消耗屋面的太阳辐射热，以减少屋顶吸收的热能，从而达到降温隔热的目的。蓄水屋面构造与刚性防水屋面基本相同，主要区别是增加了一壁三孔，即蓄水分仓壁、溢水孔、泄水孔和过水孔。蓄水隔热屋面构造应注意：合适的蓄水深度，一般为150～200 mm；根据屋面面积划分成若干蓄水区，每区的边长一般不大于10 m；足够的泛水高度，至少高出水面100 mm；合理设置溢水孔和泄水孔，并应与排水檐沟或水落管连通，以保证多雨季节不超过蓄水深度和检修屋面时能将蓄水排除；注意做好管道的防水处理。

3. 种植隔热屋面

种植隔热屋面是在屋顶上种植植物，利用植被的蒸腾和光合作用，吸收太阳辐射热，从而达到降温隔热的目的。种植隔热屋面构造如图11-20所示。

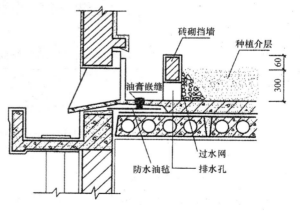

图11-20　种植隔热屋面构造示意

第四节 坡屋顶构造

一、坡屋顶的组成

坡屋顶是由承重结构、屋面和顶棚等部分组成的，由一个倾斜面或几个倾斜面相互交接形成的屋顶，又称斜屋顶，根据斜面数量可分为单坡屋顶、双坡屋顶、四坡屋顶及其他形式，一般屋面坡度大于10%。必要时，坡屋顶还需增设保温层或隔热层等。

（1）结构层：承受屋顶荷载并将荷载传递给墙或柱。

（2）屋面层：直接承受风雨、冰冻和太阳辐射等大自然气候的作用。

（3）顶棚层：屋顶下面的遮盖部分，使室内上部平整，有一定光线反射，起保温隔热和装饰作用。

（4）附加层：根据不同情况而设置的保温层、隔热层、隔汽层、找平层、结合层等。

二、坡屋顶的承重结构

坡屋顶中常用的承重结构有横墙承重、屋架承重和梁架承重，如图 11-21 所示。

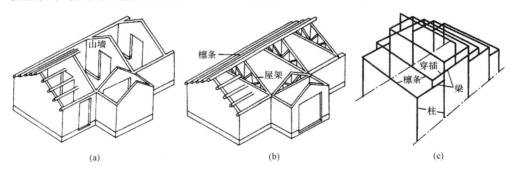

图 11-21　坡屋顶的承重结构类型
(a)横墙承重；(b)屋架承重；(c)梁架承重

1. 承重结构构件

（1）屋架。屋架形式常为三角形，由上弦、下弦及腹杆组成，所用材料有木材、钢材及钢筋混凝土等。木屋架一般用于跨度不超过 12 m 的建筑；将木屋架中受拉力的下弦及直腹杆件用钢筋或型钢代替的屋架称为钢木组合屋架。钢木组合屋架一般用于跨度不超过 18 m 的建筑；当跨度更大时需采用预应力钢筋混凝土屋架或钢屋架。

（2）檩条。檩条所用材料可为木材、钢材及钢筋混凝土，檩条材料的选用一般与屋架所用材料相同，使两者的耐久性接近。

2. 承重结构布置

坡屋顶承重结构布置主要是指屋架和檩条的布置，其布置方式视屋顶形式而定。常见的形式如图 11-22 所示。

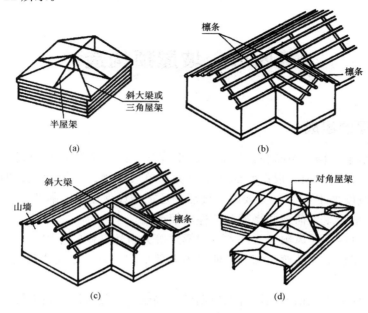

图 11-22　屋架和檩条布置

(a)四坡顶的屋架；(b)丁字形交接处屋顶之一；(c)丁字形交接处屋顶之二；(d)转角屋顶

三、平瓦屋面

坡屋顶屋面一般利用各种瓦材(如平瓦、波形瓦、小青瓦等)作为屋面防水材料。近些年来，还有很多采用金属瓦屋面、彩色压型钢板屋面等。

(一)平瓦屋面类型

根据基层的不同，平瓦屋面有冷摊瓦屋面、木望板瓦屋面和钢筋混凝土板瓦屋面三种。

1. 冷摊瓦屋面

冷摊瓦屋面是在檩条上钉固椽条，然后在椽条上钉挂瓦条并直接挂瓦，如图 11-23(a)所示。这种做法构造简单，但雨雪易从瓦缝中飘入室内，通常用于南方地区质量要求不高的建筑。

2. 木望板瓦屋面

木望板瓦屋面是在檩条上铺钉 15～20 mm 厚的木望板(也称屋面板)，望板可采取密铺法(不留缝)或稀铺法(望板间留 20 mm 左右宽的缝)，在望板上平行于屋脊方向干铺一层油毡，在油毡上顺着屋面水流方向钉 10 mm×30 mm、中距 500 mm 的顺水条，然后在顺水条上面平行于屋脊方向钉挂瓦条并挂瓦，挂瓦条的断面和间距与冷摊瓦屋面相同。这种做法比冷摊瓦屋面的防水、保温隔热效果要好，但耗用木材多、造价高，多用于质量要求较高的建筑物中。木望板瓦屋面构造如图 11-23(b)所示。

3. 钢筋混凝土板瓦屋面

瓦屋面由于保温、防火或造型等的需要，可将钢筋混凝土板作为瓦屋面的基层盖瓦。盖瓦的方式有两种：一种是在找平层上铺油毡一层，用压毡条钉嵌在板缝内的木楔上，再钉挂瓦条挂瓦;另一种是在屋面板上直接粉刷防水水泥砂浆并贴瓦、陶瓷面砖或平瓦。在仿古建筑中也常常采用钢筋混凝土板瓦屋面。钢筋混凝土板瓦屋面构造如图 11-24 所示。

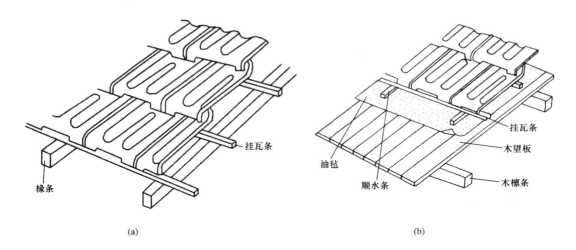

图 11-23　平瓦屋面

(a)冷摊瓦屋面;(b)木望板瓦屋面

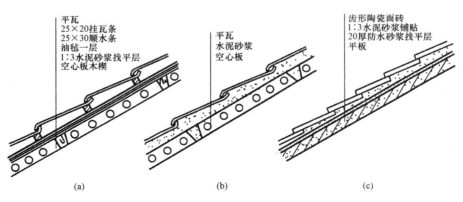

图 11-24　钢筋混凝土板瓦屋面构造

(a)木条挂瓦;(b)砂浆贴瓦;(c)砂浆贴面砖

(二)平瓦屋面细部构造

平瓦屋面应做好檐口、天沟、屋脊等部位的细部处理。

1. **檐口构造**

檐口可分为纵墙檐口和山墙檐口。

(1)纵墙檐口。纵墙檐口根据造型要求做成挑檐或封檐。纵墙檐口的构造如图 11-25 所示。

(2)山墙檐口。山墙檐口按屋顶形式可分为硬山与悬山两种。硬山檐口构造,将山墙升起包住檐口,女儿墙与屋面交接处应进行泛水处理。女儿墙顶应作压顶板,以保护泛水。

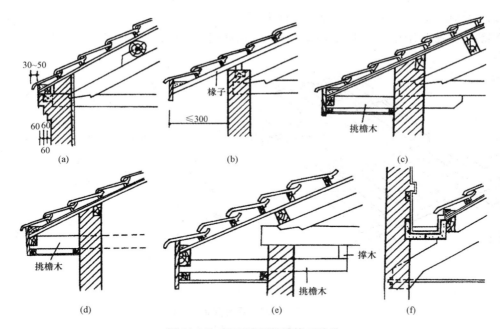

图 11-25 平瓦屋面纵墙檐口构造

(a)砖砌挑檐；(b)椽条外挑；(c)挑檐木置于屋架下；
(d)挑檐木置于承重横墙中；(e)挑檐木下移；(f)女儿墙包檐口

悬山屋顶的山墙檐口构造，先将檩条外挑形成悬山，檩条端部钉木封檐板，沿山墙挑檐的一行瓦应用1：2.5的水泥砂浆做出披水线，将瓦封固。

2. 天沟、斜沟构造

在等高跨或高低跨相交处，常常出现天沟，而两个相互垂直的屋面相交处则形成斜沟。沟应有足够的断面面积，上口宽度不宜小于300～500 mm，一般用镀锌薄钢板铺于木基层上，镀锌薄钢板伸入瓦片下面至少150 mm。高低跨和包檐天沟若采用镀锌薄钢板防水层，应从天沟内延伸至立墙(女儿墙)上形成泛水。天沟、斜沟构造如图11-26所示。

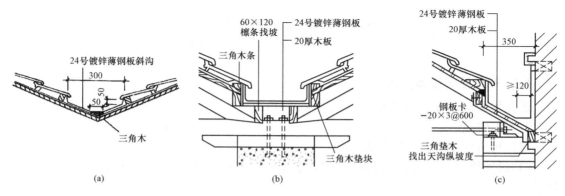

图 11-26 天沟、斜沟构造

(a)三角形天沟(双跨屋面)；(b)矩形天沟(双跨屋面)；(c)高低跨屋面天沟

四、坡屋顶的保温与隔热

1. 坡屋顶保温构造

坡屋顶的保温层一般布置在瓦材与檩条之间或吊顶棚上面。保温材料可根据工程具体要求选用松散材料、块体材料或板状材料。

2. 坡屋顶隔热构造

炎热地区在坡屋顶中设进气口和排气口，利用屋顶内外的热压差和迎风面的压力差，组织空气对流，形成屋顶内的自然通风，以减少由屋顶传入室内的辐射热，从而达到隔热降温的目的。进气口一般设在檐墙上、屋檐部位或室内顶棚上；出气口最好设在屋脊处，以增大高差，有利于加速空气流通。

第五节　其他屋面介绍

一、金属瓦屋面

金属瓦屋面是用镀锌薄钢板或铝合金瓦做防水层的一种屋面，金属瓦屋面质量轻，防水性能好，使用年限长，主要用于大跨度建筑的屋面。

金属瓦的厚度很薄（厚度在 1 mm 以内），铺设这样薄的瓦材必须用钉子固定在木望板上，木望板则支撑在檩条上，为防止雨水渗漏，瓦材下应干铺一层油毡。所有的金属瓦必须相互连通导电，并与避雷针或避雷带连接。

二、彩色压型钢板屋面

彩色压型钢板屋面简称彩板屋面，是十多年来在大跨度建筑中广泛采用的高效能屋面，它不仅质量轻、强度高，而且施工安装方便。彩板主要采用螺栓连接，不受季节气候影响。彩板色彩绚丽，质感好，大大增强了建筑的艺术效果。彩板除用于平直坡面的屋顶外，还可根据造型与结构的形式需要，在曲面屋顶上使用。

本章小结

屋顶是建筑最上层覆盖的外围护结构，其主要功能是抵御自然界的风霜雨雪、太阳辐射、气温变化等外界的不利因素，以使屋顶覆盖下的空间，有一个良好的使用环境。本章主要介绍屋顶的排水设计、平屋顶的构造做法、坡屋顶的构造做法。

一、填空题

1. 平屋顶是指屋面排水坡度小于或等于_____的屋顶。

2. 坡屋顶是指屋面排水坡度在_____的屋顶。

3. 结构找坡是屋顶结构自身带有排水坡度，平屋顶结构找坡的坡度宜为_____。

4. _____是指雨水管装设在室外的一种排水方式，其优点是雨水管不妨碍室内空间的使用和美观，构造简单，因而被广泛采用。

5. 一般情况下，临街建筑平屋顶屋面宽度小于 12 m 时，可采用_____；其宽度大于 12 m 时，宜采用_____。

6. 雨水管的位置应在实墙面处，其间距一般在_____以内，最大间距不宜超过_____。

7. _____指屋顶上沿所有垂直面所设的防水构造，突出于屋面之上的女儿墙、烟囱、楼梯间、变形缝、检修孔、立管等的壁面与屋顶的交接处是最容易漏水的地方。

8. 刚性防水屋面一般由_____、_____、_____和_____组成。

9. 刚性防水屋面檐口的形式一般有_____、_____和_____等。

10. 刚性防水屋面的雨水口有_____和_____两种做法。

11. 坡屋顶中常用的承重结构有_____、_____和_____。

12. 根据基层的不同，平瓦屋面有_____、_____和_____三种。

二、选择题

1. 屋顶位于建筑物的最顶部，其主要作用不包括(　　)。
   A. 承重作用 　　　　　　　　　　B. 围护作用
   C. 装饰建筑立面的作用 　　　　　D. 分隔作用

2. 屋面坡度较大时，多采用的表示方法有(　　)。
   A. 斜率法和角度法 　　　　　　　B. 斜率法、百分比法
   C. 百分比法、斜率法 　　　　　　D. 角度法、百分比法

3. 平屋顶材料找坡的坡度宜为(　　)。
   A. 2%～3% 　　　　　　　　　　　B. 3%～4%
   C. 0.1%～0.3% 　　　　　　　　　D. 0.5%～1%

4. 下列建筑(　　)应采用有组织排水方式。
   A. 高度较低的简单建筑的屋面 　　B. 积灰多的屋面
   C. 有腐蚀介质的屋面 　　　　　　D. 降雨量较大地区的屋面

5. 平屋顶采用材料找坡的形式时，垫坡材料不宜用(　　)。
   A. 隔汽层 　　　　　　　　　　　B. 隔离层
   C. 隔热层 　　　　　　　　　　　D. 隔声层

三、简答题

1. 屋顶的设计应满足哪些要求？

2. 按照屋顶的排水坡度和构造形式，屋顶可分为哪几类？

3. 屋顶排水设计的内容包括哪些？

4. 影响屋顶坡度的因素有哪些？

5. 屋顶的排水方式有哪些？

6. 什么是天沟？设置天沟的目的是什么？

7. 简述柔性防水屋面的构造层次和做法。

8. 简述涂膜防水屋面的构造和做法。

9. 平屋顶隔热降温的构造做法主要有哪些？

第十二章 变形缝

1. 熟悉伸缩缝的设置；掌握伸缩缝的构造做法。
2. 熟悉沉降缝的设置；掌握沉降缝的构造做法。
3. 熟悉防震缝的设置；掌握防震缝的构造做法。

较好掌握本章所学知识，具备进行中、小型建筑变形缝构造设计的能力。

将建筑物垂直分开的预留缝称为变形缝。变形缝按其功能可分为伸缩缝、沉降缝、防震缝。

第一节 伸缩缝

一、伸缩缝的设置

伸缩缝也称为温度缝，是指为了避免由温度变化引起的破坏，沿建筑物长度方向每隔一定距离预留一定宽度的缝隙。伸缩缝的宽度一般为 20~30 mm，伸缩缝的间距与结构材料、类型、施工方式、环境因素有关。砌体房屋和钢筋混凝土结构房屋伸缩缝的最大间距分别如表 12-1 和表 12-2 所示。

表 12-1 砌体房屋伸缩缝的最大间距

屋盖或楼盖类别		间 距/m
整体式或装配整体式 钢筋混凝土结构	有保温层或隔热层的屋盖、楼盖	50
	无保温层或隔热层的屋盖	40

屋盖或楼盖类别		间　距/m
装配式无檩体系 钢筋混凝土结构	有保温层或隔热层的屋盖、楼盖	60
	无保温层或隔热层的屋盖	50
装配式有檩体系 钢筋混凝土结构	有保温层或隔热层的屋盖	75
	无保温层或隔热层的屋盖	60
瓦材屋盖、木屋盖或楼盖、轻钢屋盖		100

注：1. 对烧结普通砖、多孔砖、配筋砌块砌体房屋取表中数值；对石砌体、蒸压灰砂砖、蒸压粉煤灰砖和混凝土砌块房屋取表中数值乘以 0.8 的系数。当有实践经验并采取有效措施时，可不遵守本表规定。
2. 在钢筋混凝土屋面上挂瓦的屋盖应按钢筋混凝土屋盖采用。
3. 按本表设置的墙体伸缩缝，一般不能同时防止由钢筋混凝土屋盖的温度变形和砌体干缩变形引起的墙体局部裂缝。
4. 层高大于 5 m 的烧结普通砖、多孔砖、配筋砌块砌体结构单层房屋，其伸缩缝间距可按表中数值乘以 1.3。
5. 温差较大且变化频繁的地区和严寒地区不采暖的房屋及构筑物墙体的伸缩缝的最大间距，应按表中数值予以适当减小。
6. 墙体的伸缩缝应与结构的其他变形缝重合，在进行立面处理时，必须保证缝隙的伸缩作用

表 12-2　钢筋混凝土结构房屋伸缩缝的最大间距

结　构　类　型		室内或土中/m	露天栏/m
排架结构	装配式	100	70
框架结构	装配式	75	50
	现浇式	55	35
剪力墙结构	装配式	65	40
	现浇式	45	30
挡土墙、地下室墙壁等类结构	装配式	40	30
	现浇式	30	20

注：1. 装配整体式结构的伸缩缝间距，可根据结构的具体情况取表中装配式结构与现浇式结构之间的数值。
2. 框架-剪力墙结构或框架-核心筒结构房屋的伸缩缝间距，可根据结构的具体布置情况取表中框架结构与剪力墙结构之间的数值。
3. 当屋面无保温或隔热措施时，框架结构、剪力墙结构的伸缩缝间距宜按表中露天栏的数值取用。
4. 现浇挑檐、雨罩等外露结构的伸缩缝间距不宜大于 12 m

二、伸缩缝的构造

伸缩缝要求将建筑物的墙体、楼层、屋面等地面以上的构件在结构和构造上全部断开，

由于基础埋置在地下，受温度变化影响较小，故不必断开。

1. 墙体伸缩缝的构造

根据墙体的厚度和所用材料不同，伸缩缝可做成平缝、高低缝和企口缝等形式，如图 12-1 所示。伸缩缝的宽度一般为 20～30 mm。为减小外界环境对室内环境的影响以及考虑建筑立面处理的要求，需对伸缩缝进行嵌缝和盖缝处理，缝内一般填沥青麻丝、油膏、泡沫塑料等材料，当缝口较宽时，还应用镀锌薄钢板、彩色钢板、铝皮等金属调节片覆盖，一般外侧缝口用镀锌薄钢板或铝合金片盖缝，内侧缝口用木盖缝条盖缝。

2. 楼地板层伸缩缝的构造

楼地板层伸缩缝的位置和缝宽应与墙体、屋面变形缝一致。伸缩缝的处理应满足地面平整、光洁、防滑、防水和防尘等要求，可用油膏、沥青麻丝、橡胶、金属等弹性材料进行封缝，然后在上面铺钉活动盖板或橡胶、塑料板等地面材料。顶棚盖缝条只固定一侧，以保证两侧构件能自由伸缩变形。楼地板层伸缩缝的构造如图 12-2 所示。

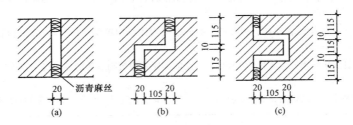

图 12-1　墙体伸缩缝的构造

(a)平缝；(b)高低缝；(c)企口缝

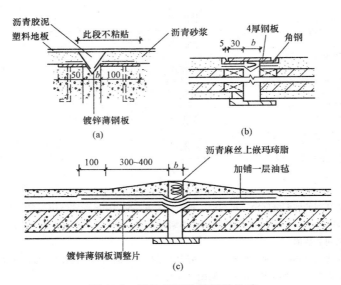

图 12-2　楼地板层伸缩缝的构造

(a)、(b)为一般做法构造；(c)为防水层楼面做法构造

3. 屋面伸缩缝的构造

屋面伸缩缝的处理应考虑屋面的防水构造和使用功能要求。一般不上人屋面，如卷材

防水屋面，可在伸缩缝两侧加砌矮墙，并作泛水处理，但在盖缝处应保证自由伸缩而不漏水，如图 12-3 所示。上人屋面，如刚性防水屋面，可采用油膏嵌缝并做泛水。

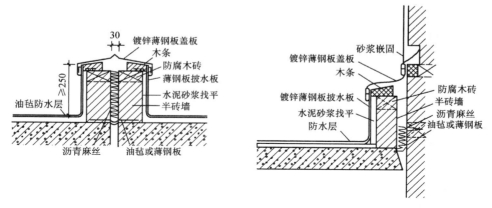

图 12-3　不上人屋面伸缩缝的构造

第二节　沉降缝

一、沉降缝的设置

沉降缝是为了预防建筑物各部分出现由不均匀沉降引起的房屋破坏，在建筑物某些部位设置的从基础到屋面全部断开的变形缝。当建筑物有下列情况时，应考虑设置沉降缝：

（1）同一建筑物相邻两部分高差在两层以上或超过 10 m 时。

（2）建筑物建造在地基承载力相差较大的土壤上时。

（3）建筑物的基础承受的荷载相差较大时。

（4）原有建筑物和新建、扩建的建筑物之间。

（5）相邻基础的宽度和埋深相差悬殊时。

（6）建筑物体型比较复杂，连接部位又比较薄弱时。

设置沉降缝时，应从基础到所有构件均设缝断开，地基越软弱，建筑高度越大，沉降缝的宽度越大。沉降缝的宽度与地基情况和建筑物的高度有关，如表 12-3 所示。

表 12-3　沉降缝的宽度

地基情况	建筑物的高度	沉降缝的宽度/mm
一般地基	$H<5$ m	30
	$H=5\sim10$ m	50
	$H=10\sim15$ m	70

地基情况	建筑物的高度	沉降缝的宽度/mm
软弱地基	2～3 层	50～80
	4～5 层	80～120
	5 层以上	＞120
湿陷性黄土地基		≥30，＜70

二、沉降缝的构造

1. 基础沉降缝

为了保证沉降缝两侧的建筑能够各自成独立的单元，应自基础开始在结构及构造上将其完全断开，在构造上需要进行特殊的处理。常见的基础沉降缝的构造如图 12-4 所示。

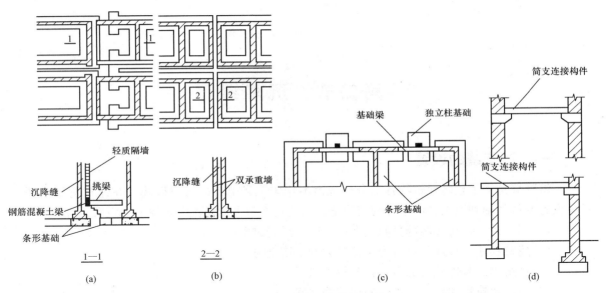

图 12-4　基础沉降缝的构造

（a)悬挑式；（b)双墙承重式；（c)跨越式；（d)简支连接式

2. 墙体沉降缝

墙体沉降缝的构造与伸缩缝的构造基本相同，只是调节片或盖缝板在构造上需要保证两侧结构在竖向相对变位不受约束，如图 12-5 所示。

3. 屋面沉降缝

屋面沉降缝处泛水金属薄板或其他构件应满足沉降变形的要求，并有维修余地，如图 12-6 所示。

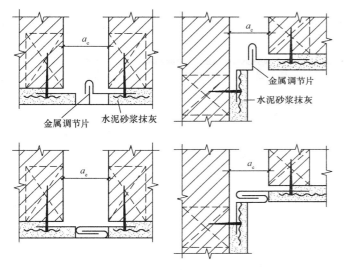

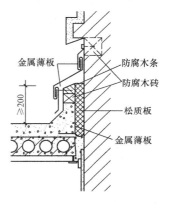

图 12-5　墙体沉降缝的构造
a_e—沉降缝的宽度

图 12-6　屋面沉降缝的构造

第三节　防震缝

一、防震缝的设置

防震缝的作用是将建筑物分成若干体型简单、结构刚度均匀的独立单元，以防止建筑物的各部分在地震时相互拉伸、挤压或扭转，造成变形和破坏。当建筑物有下列情况时，应考虑设置防震缝：

(1)当建筑平面形体复杂且有较长的凸出部分时，设缝将它们分开，使各部分平面形成简单规整的独立单元。

(2)建筑物立面高差在 6 m 以上，或建筑有错层且错层楼板高差较大时。

(3)建筑物相邻部分的结构刚度和质量相差较大时。

(4)地基沉降不均匀，各部分沉降差较大等。

防震缝的宽度与结构形式、设防烈度等有关，一般为 50～70 mm。

防震缝应沿建筑的全高设置，缝的两侧应布置墙或柱，形成双墙、双柱或一墙一柱，使各部分封闭，增加刚度，如图 12-7 所示。由于建筑物的底部受地震影响较小，一般情况下，基础不设防震缝。当防震缝与沉降缝合并设置时，基础也应设缝断开。

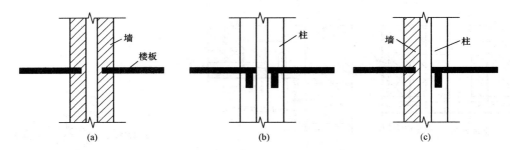

图 12-7　防震缝两侧结构的布置

（a）双墙方案；（b）双柱方案；（c）一墙一柱方案

二、防震缝的构造

1. 墙体防震缝的构造

建筑物墙体防震缝处应用双墙使缝两侧的结构封闭，其构造要求与伸缩缝相同，但不应做错口缝和企口缝，缝内不填任何材料。由于防震缝的宽度较大，因此在构造上应充分考虑盖缝条的牢固性和适应变形的能力，做好防水、防风措施，如图 12-8 所示。

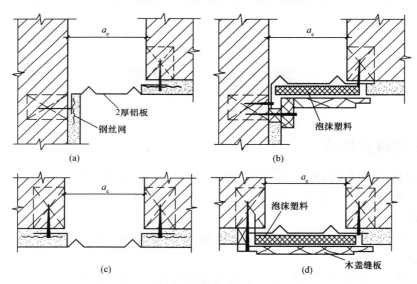

图 12-8　墙体防震缝的构造

（a）外墙转角；（b）内墙转角；（c）外墙平缝；（d）内墙平缝

a_e—防震缝的宽度

2. 屋面防震缝的构造

屋面防震缝应沿房屋全高设置，在防震缝处应加强上部结构和基础的连接，与伸缩缝、沉降缝统一布置，满足防震缝设计要求。

　　当建筑物面积很大、长度很大或各部高差较大时，因温度变化、地基沉陷及地震影响，结构内将产生附加变形和应力，使建筑物变形、开裂，甚至破坏。故在设计时，应先设置变形缝将建筑物分为几个独立部分，使各部分能够自由变形。本章主要介绍三种变形缝——伸缩缝、沉降缝、防震缝的设置原则及主要位置的变形缝构造做法。

思考与练习

一、填空题

　　1. 根据墙体的厚度和所用材料不同，伸缩缝可做成_____、_____和_____等形式。

　　2. 楼地板层伸缩缝的位置和缝宽应与_____、_____变形缝一致。

　　3. 设置沉降缝时，应从基础到所有构件均设缝断开，地基越软弱，建筑高度越大，沉降缝的宽度_____。

　　4. 当防震缝与沉降缝合并设置时，基础也应设_____。

二、选择题

　　1. (　　)是为了保证沉降缝两侧的建筑能够各自成独立的单元，应自基础开始在结构及构造上将其完全断开，在构造上需要进行特殊的处理。

　　　A. 基础沉降缝　　　　　　　　　　B. 墙体沉降缝

　　　C. 屋面沉降缝　　　　　　　　　　D. 门窗沉降缝

　　2. 温度缝又称升降缝，是将建筑物(　　)分开。

　　　1 地基与基础　　　　2 墙体　　　　3 楼板　　　　4 楼梯　　　　5 屋顶

　　　A. 1、2、3　　　　　　　　　　　　B. 1、3、5

　　　C. 2、3、4　　　　　　　　　　　　D. 2、3、5

　　3. 伸缩缝是为了预防(　　)对建筑物的不利影响而设置的。

　　　A. 温度变化　　　　　　　　　　　B. 地基不均匀沉降

　　　C. 地震　　　　　　　　　　　　　D. 建筑平面过于复杂

三、简答题

　　1. 何时设置伸缩缝？其宽度一般为多少？

　　2. 简述屋面伸缩缝的构造做法。

　　3. 建筑在什么情况下设置沉降缝？

　　4. 防震缝的作用是什么？建筑在什么情况下设置防震缝？

第十三章　工业建筑设计

知识目标

1. 了解工业建筑的特点、分类；熟悉工业建筑的设计要求、厂房内部起重运输设备。
2. 熟悉单层工业厂房的结构组成与结构构件、单层工业建筑的柱网选择、单层工业建筑剖面与屋面排水方式。
3. 熟悉多层厂房结构形式、多层厂房平面布置、多层厂房层数及层高的确定。

能力目标

1. 能运用本章知识进行单层工业厂房的设计。
2. 能运用本章知识进行多层工业厂房的设计。

第一节　工业建筑概述

一、工业建筑的特点

工业建筑（一般称厂房）是指为从事各类工业生产及直接为工业生产需要服务而建造的各类工业房屋，包括主要工业生产用房及为生产提供动力和服务的其他附属用房。这些厂房和所需的辅助建筑及设施有机组织在一起，构成完整厂房。工业建筑在设计原则、建筑技术、建筑材料方面与民用建筑相比，具有以下特点：

（1）满足生产工艺要求。厂房的设计以生产工艺设计为基础，必须满足不同工业生产的要求；满足适用、安全、经济、美观的建筑要求，并为工人创造良好的生产环境。

（2）内部有较大的通敞空间和面积。由于厂房内各生产工部联系紧密，需要大量或大型的生产设备和起重运输设备，因此需要较大的通敞空间和面积。

（3）采用大型的承重骨架结构。厂房屋盖和楼板荷载较大，多数厂房（有重型起重机的厂房、高温厂房或地震烈度较高的厂房）都采用由大型的承重构件组成的钢筋混凝土骨架结构或钢结构，以适应较大荷载的特殊要求。

（4）构造复杂，技术要求高。由于厂房的面积、体积较大，有时采用多跨组合，工艺联系密切，不同的生产类型对厂房提出不同的功能要求。因此，在空间、采光通风和防水排水等建筑处理以及结构、构造上都比较复杂，技术要求高。

二、工业建筑的分类

工业建筑的类型很多，为了把握工业建筑的特点和标准，便于设计研究，在建筑设计中常按厂房的用途、生产状况、层数和跨度尺寸等进行分类。

1. 按厂房的用途分类

(1)主要生产厂房。主要生产厂房是指各类工厂的主要产品从备料、加工到装配等主要工艺流程的厂房，如机械制造厂的机械加工与机械制造车间，钢铁厂的炼钢、轧钢车间等。在主要生产厂房中，常常布置有较大的生产设备和起重设备。

(2)辅助生产厂房。辅助生产厂房是指不直接加工产品，而是为生产车间服务的厂房，如机修、工具、模型车间等。

(3)动力用厂房。动力用厂房是指为工厂提供能源和动力的厂房，如发电站、锅炉房、氧气站等。

(4)储藏类建筑。储藏类建筑是指储存原材料、半成品、成品的房屋(一般称仓库)，如机械厂的金属料库、油料库、燃料库等。由于储存物质不同，在防火、防爆、防潮、防腐蚀等方面，有着不同的设计要求。

(5)运输用建筑。运输用建筑是指储存和检修运输设备及起重消防设备等的房屋，如汽车库、机车库、起重机库、消防车库等。

(6)其他建筑。如水泵房、污水处理设施等。

2. 按厂房的生产状况分类

(1)冷加工厂房。在正常温湿度状况下进行生产的车间，如机械加工、装配车间。

(2)热加工厂房。在高温或熔化状态下进行生产的车间，如冶炼、铸造等车间。

(3)恒温恒湿厂房。在稳定的温湿度状态下进行生产的车间，如纺织车间。

(4)洁净厂房。为保证产品质量，在无尘、无菌、无污染的洁净状况下进行生产的车间，如医药、食品车间。

3. 按厂房的层数分类

(1)单层工业厂房。单层工业厂房多用于冶金、机械等重工业。单层工业厂房适用于大型设备及加工件，有较大动荷载和大型起重运输设备、需要水平方向组织工业流程和运输的生产项目，其特点是设备体积大、质量大。厂房内的生产工艺路线和运输路线较容易组织，但单层厂房占地面积大、围护结构多、单路管线长、立面较单调。单层厂房又分单跨、高低跨和多跨厂房，如图 13-1 所示。

(2)多层工业厂房。多层工业厂房常用于轻工业，如纺织、仪表、电子、食品、印刷、皮革、服装等工业，常见的层数为 2~6 层。此类厂房的设备质量、体积小，适用于设备、产品较轻、竖向布置工艺流程的生产项目。车间运输分为垂直运输和水平运输两大部分。垂直运输靠电梯；水平运输则通过小型运输工具(如电瓶车等)，如图 13-2 所示。

(3)混合层数厂房。混合层数厂房是指同一厂房内既有多层也有单层，单层内设置大型生产设备，多用于化工和电力工业，如图 13-3 所示。

(4)科研、生产、储存综合建筑。在同一建筑里既有行政办公、科研开发，又有工业生产、产品储存的综合性建筑，是现代高新产业界出现的新型建筑。

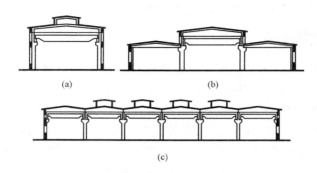

(a)   (b)

(c)

图 13-1　单层工业厂房

(a)单跨厂房；(b)高低跨厂房；(c)多跨厂房

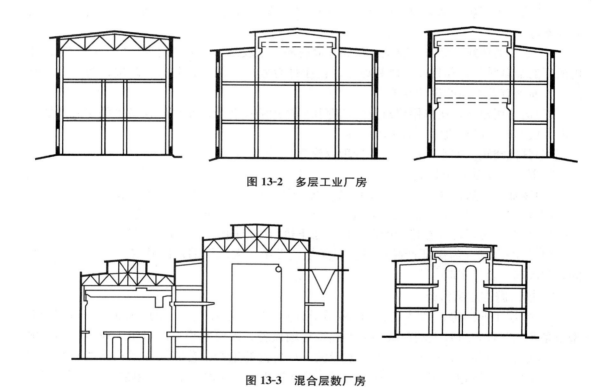

图 13-2　多层工业厂房

图 13-3　混合层数厂房

4. 按厂房的跨度尺寸分类

(1)小跨度工业厂房。小跨度工业厂房是指小于或等于 15 m 的单层工业厂房，这类厂房多以砖混结构为主，多用于中小型企业或大型企业的非主要生产厂房。

(2)大跨度工业厂房。大跨度工业厂房是指跨度为 15～36 m 及 36 m 以上的单层工业厂房。其中，15～36 m 的厂房以钢筋混凝土结构为主；跨度在 36 m 及 36 m 以上时，一般以钢结构为主。

三、工业建筑的设计要求

1. 符合生产工艺要求

生产工艺要求是工业建筑设计的主要依据，在建筑面积、平面形状、柱距、跨度、剖面形式、厂房高度、结构方案和构造措施等方面，必须满足生产工艺的要求，确定合理载重、围护结构与细部构造。

2. 满足建筑技术要求

(1)工业建筑的耐久性应符合建筑的使用年限。由于厂房荷载较大，建筑设计应为结构设计的合理性创造条件，能经受自然条件、外力、温度、湿度、化学侵蚀变化等因素，使结构设计更利于满足坚固和耐久的要求。

(2)生产工艺不断更新，生产规模逐渐扩大，因此，建筑设计应使厂房具有较大的通用性和改建扩建的可能性。

(3)应严格遵守《厂房建筑模数协调标准》(GB/T 50006—2010)及《建筑模数协调标准》(GB/T 50002—2013)的规定，合理选择厂房建筑参数(柱距、跨度、柱顶标高)，以便采用标准通用的结构构件，从而提高厂房建筑工业化水平。

3. 满足建筑经济要求

(1)在满足生产使用、保证质量的前提下，应考虑建筑层数，适当控制面积、体积，合理利用并节约材料和费用，降低建筑造价。

(2)在不影响厂房的坚固、耐久、生产操作、施工进度的前提下，应做到减小消耗、减轻自重、降低造价。

4. 满足卫生及安全要求

(1)应有良好的自然通风。对散发有害气体、废气、辐射和噪声的厂房，应设法排除、净化、隔离、消声，尽量减少或消除伤害。

(2)有可靠的防火安全措施，美化室内环境。良好的工作环境有利于工人的身体健康。

四、厂房内部起重运输设备

为满足工业生产中运送原材料、成品和半成品的需要，厂房内部一般设置有必要的起重运输设备。常见的形式有单轨悬挂式起重机、梁式起重机和桥式起重机。

1. 单轨悬挂式起重机

单轨悬挂式起重机按操作方法，可分为手动和电动两种。在厂房的屋架下弦悬挂单轨，起重机安装在单轨上，按单轨线路运行或起吊物。轨道转弯半径不小于 2.5 m，起重量不大于 5 t。它操作方便、布置灵活、起重幅度不大，如图 13-4 所示。

2. 梁式起重机

梁式起重机包括悬挂式和支承式两种类型。悬挂式起重机在屋顶承重结构下悬挂钢轨，钢轨布置为两

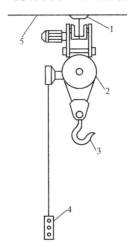

图 13-4 单轨悬挂式起重机

1—钢轨；2—电动葫芦；3—吊钩；

4—操纵开关；5—屋架或屋面大梁下表面

行直线，在两行轨梁上设有可滑行的单梁，如图 13-5(a)所示。支撑式起重机在排架柱上设牛腿，牛腿上设吊车梁，吊车梁上安装轨道，钢轨上设有可滑行的单梁，在滑行的单梁上装有可滑行的滑轮组，在单梁与滑轮组行走范围内均可起重吊重物，如图 13-5(b)所示。梁式起重机起重量一般不超过 5 t，有电动和手动两种类型。

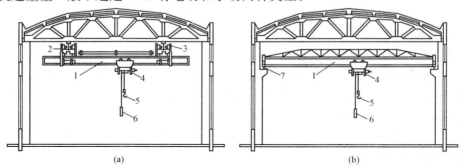

图 13-5　梁式起重机

(a)悬挂梁式起重机；(b)支承在梁上的梁式起重机

1—钢梁；2—运行装置；3—轨道；4—提升装置；5—吊钩；6—操纵开关；7—起重机梁

3. 桥式起重机

桥式起重机由起重行车及桥架组成。桥架上铺有起重行车运行的轨道(沿厂房横向布置)，桥架两端借助行走轮在起重机轨道(沿厂房纵向)上运行，起重机轨道铺设在由柱子支承的起重机梁上。起重量为 5～400 t，桥式起重机的司机室多设在起重机桥架端部，起重量及起重幅度较大，如图 13-6 所示。

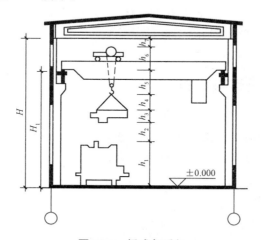

图 13-6　桥式起重机

根据每班内平均工作时间的多少，桥式起重机工作制可分为重级工作制(工作时间为40%)、中级工作制(工作时间为 25%)、轻级工作制(工作时间为 15%)三种。桥式起重机还应注意厂房跨度与起重机跨度的关系，使厂房宽度和高度满足起重机运行需要，并应在适当位置设钢梯和平台。工艺设计人员根据工艺流程和设备布置状况，对跨度和柱距提出初始要求，依据建筑及结构设计标准，确定工业建筑跨度和柱距。

第二节 单层工业建筑设计

一、单层工业厂房的结构组成与结构构件

(一)单层厂房的结构组成

单层厂房的结构形式通常有混合结构、钢结构和钢筋混凝土结构。

对于厂房内部无起重机或起重机起重量不超过 50 kN、跨度在 15 m 以内、柱顶标高在 8 m 以下的小型厂房,可采用混合结构。对于起重机起重量在 2 500 kN(中级荷载)以上、跨度大于 36 m 的大型工厂或有特殊工艺要求的厂房,常用钢屋架、钢筋混凝土柱或全钢结构。其他大部分单层厂房常采用钢筋混凝土结构。

单层钢筋混凝土厂房常用的结构形式有排架和刚架两种。

(1)排架结构。单层厂房中应用最普遍的结构形式,主要由屋面梁或屋架、柱和基础组成横向骨架。其优点是具有一定的刚度和抗震性能,其结构构件可预制装配,对建筑设计工业化有利。此结构形式施工安装方便,适用范围较广,除适用于一般中小型单层厂房外,还可用于跨度较大、高度达 20～30 m 及以上、设有起重量不小于 1 500 kN 起重机的大型厂房。

(2)装配式钢筋混凝土门式刚架结构。一般由柱和横梁刚接而成为同一构件,柱及基础可铰接。目前,一般用于屋盖较轻的无桥式起重机或起重机起重量不超过 100 kN、跨度为 16～24 m 及以下和高度为 6～10 m 的中小型金工、机修、装配等车间和仓库。

(二)单层厂房的结构构件

单层工业厂房的结构支承方式基本上可分为承重墙结构与骨架结构两类。仅当厂房的跨度、高度、起重机荷载较小及地震烈度较低时,才使用承重墙结构;当厂房的跨度、高度、起重机荷载较大及地震烈度较高时,广泛采用骨架承重结构。我国单层工业厂房广泛采用钢筋混凝土排架结构,即柱与基础刚接,柱与屋架或屋面梁铰接的面骨架结构。

钢筋混凝土排架结构主要由承重结构和围护结构两部分组成。承重结构主要由基础、基础梁、柱、起重机梁、连系梁、圈梁、屋面梁和屋架、屋面板等构件组成;围护结构包括外墙、屋面、地面、门窗、天窗等。其构件组成如图 13-7 所示。

1. 基础

单层工业厂房的基础一般做成独立柱基础,其形式有杯形基础、板肋基础、薄壳基础等。当结构荷载比较大而地基承载力又较小时,可采用杯形基础或桩基础。基础所用混凝土强度等级一般不低于 C15,为了方便施工放线和保护钢筋,基础底部通常要铺设 C7.5 的素混凝土垫层,厚度一般为 100 mm。单层厂房一般采用预制装配式钢筋混凝土排架结构,厂房的柱距与跨度较大。厂房基础多采用独立钢筋混凝土基础,有现浇柱下基础(图 13-8)和预制柱下杯形基础两种形式。

2. 基础梁

一般厂房常将外墙或内墙砌筑在基础梁上,基础梁两端搁置在柱基础的杯口顶面,这

样可使内墙、外墙和柱沉降一致，墙面不易开裂。

基础梁的截面形状常用梯形，有预应力与非预应力混凝土两种。其外形与尺寸如图 13-9(a)所示，基础梁长度标志尺寸一般为 600 mm。梯形基础梁预制较为方便，它可利用已制成的梁做模板，如图 13-9(b)所示。

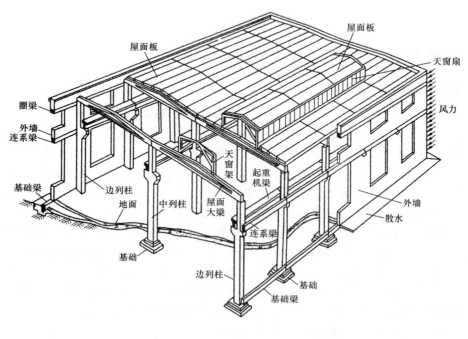

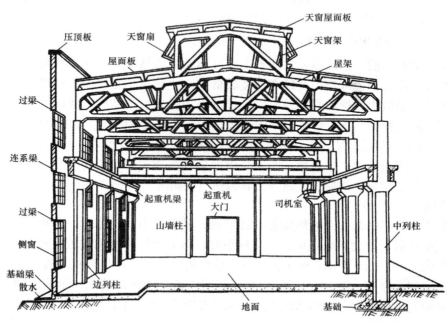

图 13-7 单层工业厂房装配式钢筋混凝土排架结构及主要构件

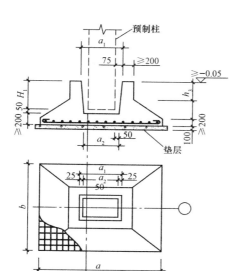

图 13-8　现浇柱下基础

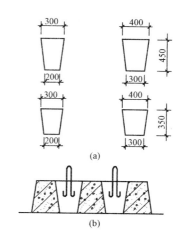

图 13-9　基础梁的外形与尺寸

基础梁顶面标高至少应低于室内地坪标高 50 mm，至少应比室外地坪标高高 100 mm，以利于墙身防潮并作散水。基础梁底回填土时一般不需要夯实，并留有 100 mm 的空隙，以利于基础梁随柱基础一起沉降。

在保温、隔热厂房中，为防止热量沿基础梁流失，可铺设松散的保温、隔热材料，如炉渣、干砂等；同时，在外墙周围做散水坡，如图 13-10 所示。松散材料的厚度宜大于 300 mm。

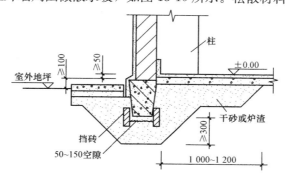

图 13-10　基础梁搁置构造及防冻胀措施

3. 柱

柱是厂房的竖向承重构件，主要承受屋盖和起重机梁等竖向荷载、风荷载及起重机产生的纵向和横向水平荷载，有时还承受墙体、管道设备等荷载，并且将这些荷载连同自重全部传递至基础。柱子按其位置，可分为边列柱、中列柱、高低跨柱等；按材料，可分为钢柱、钢筋混凝土柱，钢柱的截面一般采用格构形。目前，钢筋混凝土柱应用较广泛，类型如图 13-11 所示。在此仅介绍以下几种：

（1）矩形柱。外形简单，施工方便，容易保证质量要求，两个方向受弯性能好。矩形柱适用于中小型厂房，以及弯矩不大的以中心受压为主的柱。矩形柱的截面尺寸一般为

400 mm×600 mm。

(2)工字形柱。截面呈"工"字形，工字形造型比矩形柱合理，与同尺寸截面矩形柱承载力几乎相同，但可节约混凝土30%~50%。利用工字形柱制作构件模板复杂，其广泛应用于大、中型厂房。

(3)双肢管柱。由两肢矩形截面或圆形截面用腹杆连接而成。平腹杆制作方便、节省材料，便于安装各种不同管线；斜腹杆比平腹杆施工简单，受力性能更为合理。斜腹栏是桁架形式，各杆件基本承受轴向力、弯矩很小、节省材料。双肢管柱是在离心制管机上加工成型的，与墙体连接不如工字形柱方便，也可在钢管内注入混凝土做成管柱。双肢管柱一般应用于大吨位起重机的厂房中。

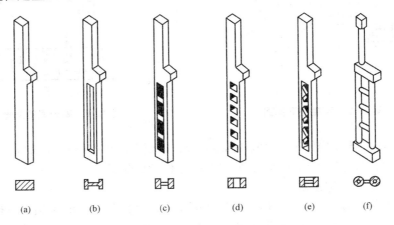

图 13-11　钢筋混凝土柱的类型
(a)矩形；(b)工字形；(c)工字形带孔；(d)平腹杆；(e)斜腹杆；(f)双肢管柱

单层工业厂房的山墙面积较大，所受到的风荷载也较大，应使墙上的风荷载一部分由抗风柱传至基础；另一部分则由抗风柱上端通过屋盖系统传到厂房的纵向排架上，所以须在山墙上设抗风柱。厂房高度及跨度不大时，抗风柱可采用砖柱，一般情况下采用钢筋混凝土柱。

4. **起重机梁**

当厂房设有桥式起重机(或支承式梁式起重机)时，需在柱牛腿上设置起重机梁，并在起重机梁上敷设轨道，供起重机运行。因此，起重机梁直接承受起重机的自重和起吊物件的质量，以及刹车时产生的水平荷载。

起重机梁一般用钢筋混凝土制成，有非预应力和预应力混凝土两种。常见的起重机梁截面形式有等截面和变截面两种，等截面如T形、工字形等；变截面有折线形、鱼腹形、格架式等。T形起重机梁的上部翼缘较宽，如图13-12所示。

起重机轨道可分为轻轨、重轨、方钢三种形式。根据各种起重机的技术规格推荐用型号选定。

起重机梁两端上、下边缘各埋有钢件，供与柱子连接用，如图13-13所示。在预制和安装起重机梁时，应注意预埋件位置。由于端柱外伸缩缝处的柱距不同，在起重机梁的上翼缘处应留有固定轨道用的预留孔，腹部预留滑触线安装孔。有车挡的起重机梁应预留与车挡连接用的钢管或预埋件。

起重机梁与柱的连接多采用焊接。为承受起重机横向水平刹车力，起重机梁上翼缘与柱之间须用钢板或角钢与柱焊接。为承受起重机梁竖向压力，起重机梁底部安装前应焊接上一块垫板（或称支承钢板），与柱牛腿顶面预埋钢板焊牢，如图 13-14 所示。起重机梁的对头空隙、起重机梁与柱之间的空隙，均须用 C20 混凝土填实。

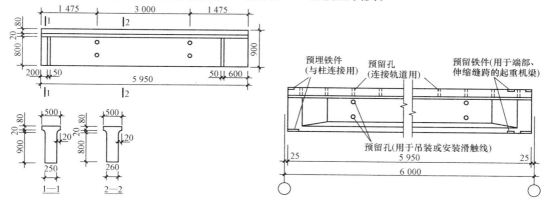

图 13-12　T 形起重机梁　　　　　图 13-13　起重机梁的预埋件

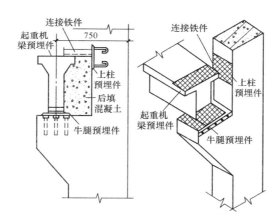

图 13-14　起重机梁与柱的连接

5. 连系梁与圈梁

连系梁是柱与柱之间在纵向上的水平连系构件，可分为设在墙内和不在墙内两种。当墙体高度超过 15 m 时，应设置连系梁，以承受上部墙体质量并将荷载传递给柱子。连系梁的截面形式有矩形和 L 形两种，分别适用于 0.24 m 和 0.37 m 的砖墙中。为了保证可靠的传力性能，连系梁与柱子应牢固地连接。通常，在柱外侧设置钢牛腿或钢筋混凝土牛腿，连系梁放置在牛腿上；预制连系梁与柱的牛腿可通过螺栓进行连接，也可通过梁、柱设预埋件进行焊接；现浇连系梁可通过与柱中预留的锚拉钢筋进行连接。

圈梁的作用是将墙体同厂房排架、抗风柱等箍一起，埋置在墙体内，同柱子的连接只起连接作用，不承受墙体质量。圈梁可以加强厂房结构的整体性和墙身的刚度与稳定性，减少地基不均匀开裂，提高抗震能力。一般沿高度 6 m 左右设置一道，每道圈梁必须连续封闭，位置通常设在柱顶、起重机梁和窗过梁等处，尽可能与连系梁结合。

6. 屋面梁与屋架

屋面梁与屋架是屋盖结构的主要承重构件，直接承受屋面荷载，有的还要承受悬挂式梁式起重机、天窗架、管道或生产设备等荷载，对厂房的安全、刚度、耐久性、经济性等起着至关重要的作用。其制作材料有钢筋混凝土、型钢、木材等。

屋面梁有单坡和双坡两种形式，可用于单坡或双坡屋面。用于单坡屋面的跨度有 6 m、9 m 和 12 m 三种；用于双坡屋面的跨度有 9 m、12 m、15 m 和 18 m 四种，如图 13-15 所示。屋面坡度较平缓，一般为 10%，适用于卷材防水屋面和非卷材防水屋面。

屋架种类很多，常用的有三角形屋架、拱形屋架和梯形屋架等。

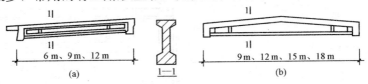

图 13-15　屋面梁

(a)单坡屋面梁；(b)双坡屋面梁

7. 屋面板

屋面板一般有预应力钢筋混凝土屋面板和 F 形屋面板。

(1)预应力钢筋混凝土屋面板。外形尺寸常用 1.5 m×6.0 m 规格。当柱距为 9 m、12 m 时，也可采用 1.5 m×9.0 m、3.0 m×12.0 m 规格的屋面板。其适用于中大型和振动较大，对于屋面刚度要求较高的厂房。如图 13-16 所示，为预应力钢筋混凝土槽形屋面板。

(2)F 形屋面板。F 形屋面板是一种结构自防水覆盖构件，屋面板三个周边设有挡水反口(挡水条)，纵向板缝间采用挑檐搭接方法，横向板缝采用盖瓦盖缝，屋脊处采用脊瓦盖缝，如图 13-17 所示。这种屋面板一般用于无保温要求而对屋面刚度及防水要求较高的厂房和辅助建筑，北方地区较少采用。

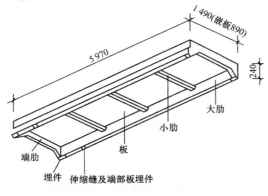

图 13-16　预应力钢筋混凝土槽形屋面板

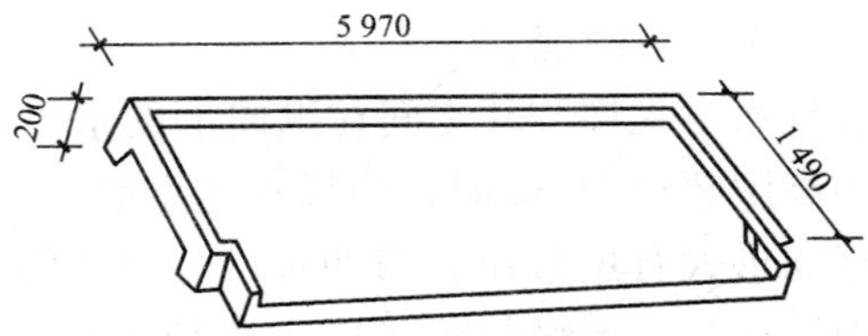

图 13-17　F 形屋面板

二、单层工业建筑的柱网选择

1. 柱网的形成

在单层厂房中，为了支撑屋盖和起重机，需设置柱子。为了确定柱位，在平面图上要布置纵向、横向定位轴线，一般在纵向、横向定位轴线相关处设柱子，如图 13-18 所示。

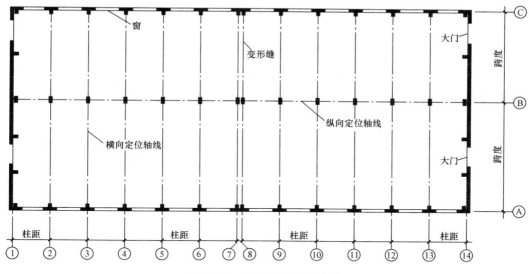

图 13-18　跨度和柱距示意图

厂房柱子纵向、横向定位轴线在平面上形成有规律的网格，称为柱网。柱子的纵向定位轴线间的距离称为跨度；横向定位轴线间的距离称为柱距。柱网尺寸的确定，实际上就是确定厂房的跨度和柱距。

2. 柱网尺寸的确定要求

(1)满足生产工艺的要求，尤其是工艺设备的布置。

(2)根据建筑材料、结构形式、施工技术水平、经济效果，以及提高建筑工业化程度和建筑处理、扩大生产、技术改造等方面的因素来确定。

(3)尽量扩大柱网，提高厂房通用性。

3. 跨度确定

单层厂房的跨度在 18 m 以下时，应采用扩大模数 30M 数列，即 9 m、12 m、15 m、18 m；跨度在 18 m 以上时，应采用扩大模数 60M 数列，即 24 m、30 m、36 m 等。

4. 柱距确定

柱距是两柱间纵向间距，单层厂房的柱距应采用扩大模数 60M 数列，根据我国实际，采用钢筋混凝土或钢结构时，常采用 6 m 柱距，有时也可采用 12 m 柱距。单层厂房山墙处的抗风柱柱距，宜采用扩大模数 15M 数列，即 4.5 m、6 m、7.5 m。

5. 柱网确定原则

工艺设计人员根据工艺流程和设备布置状况，对跨度和柱距提出初始要求，依据建筑及结构设计相关标准，确定工业建筑跨度和柱距柱网的原则是：满足生产工艺、结构方案、经济合理并符合《厂房建筑模数协调标准》(GB/T 50006—2010)的要求。

6. 扩大柱网及其优越性

现代工业生产的生产工艺、生产设备和运输设备在不断更新变化，而且周期也越来越短。为适应这种变化，工业建筑应具有相应的灵活性与通用性，还应考虑可持续性使用，可以考虑扩大柱网，将柱距由 6 m 扩大至 12 m、18 m、24 m。

扩大柱网能有效提高厂房面积利用率；提高厂房通用性；加快建设速度；减少构件数量；有利于大型设备布置与运输；有利于提高起重机服务范围。

三、单层工业建筑剖面

单层工业建筑的剖面设计是在平面设计的基础上进行的，着重解决在垂直空间方面如何满足生产的各项要求，具体涉及厂房高度的确定，以及采光、自然通风和屋面排水方式的选择。

(一)单层厂房高度的确定

单层工业建筑的高度是指由室内地坪到屋顶承重结构最低点的距离，通常以柱顶标高来代表工业建筑的高度。但当特殊情况下屋顶承重结构为下沉式时，工业建筑的高度必须是由地坪面至屋顶承重结构的最低点。

(1)柱顶标高的确定。

1)无起重机工业建筑。在无起重机工业建筑中，柱顶标高是按最大生产设备高度及安装检修所需的净空高度来确定的，且应符合《工业企业设计卫生标准》(GBZ 1—2010)的要求，同时柱顶标高还必须符合扩大模数 3M(300 mm)数列规定。无吊车工业建筑柱顶标高一般不得低于 3.9 m。

2)有起重机工业建筑。如图 13-19 所示，其柱顶标高可按下式计算：

$$H = H_1 + h_6 + h_7$$

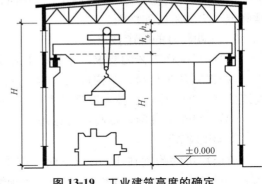

图 13-19　工业建筑高度的确定

式中　H——柱顶标高(m)，必须符合 3M 的模数。

　　　H_1——起重机轨道顶面标高(m)，一般由工艺设计人员提出。

　　　h_6——起重机轨顶至小车顶面的高度(m)，根据吊车资料查出。

　　　h_7——小车顶面到屋架下弦底面之间的安全净空尺寸(mm)。此间隙尺寸，按国家标准及根据起重机起重量可取 300 mm、400 mm 及 500 mm。

关于起重机轨道顶面标高 H_1，应为柱牛腿标高(应符合扩大模数 3M 数列，如牛腿标高大于 7.2 m 时，应符合扩大模数 6M 数列)与起重机梁高、起重机轨高及垫层厚度之和。

由于起重机梁的高度、起重机轨道及其固定方案的不同，计算得出的轨顶标高(H_1)可能与工艺设计人员所提出的轨顶标高有差异。最后轨顶标高应等于或大于工艺设计人员提出的轨顶标高。H_1 值重新确定后，再进行 H 值的计算。

工业建筑高度对造价有直接影响，因此在确定工业建筑高度时，注意有效地利用和节约空间，对降低建筑造价具有重要的意义。如图 13-20 和图 13-21 所示的处理方法，避免了提高整个工业建筑高度，减少空间浪费。

为了简化结构、构造和施工，当相邻两跨间的高差不大时，可采用等高跨，虽然增加了用料，但总体还是经济的。基于这种考虑，《工业建筑统一化基本规则》规定：在多跨工业建筑中，当高差值等于或小于 1.2 m 时不设高差；在不采暖的多跨工业建筑中，高跨一侧仅有一个低跨，且高差值等于或小于 1.8 m 时，也不设置高差。另外，有关建筑抗震的技术文件还建议，当有地震设防要求时，上述高差小于 2.4 m，宜做等高跨处理。

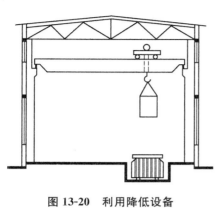

图 13-20　利用降低设备
地坪降低工业建筑高度

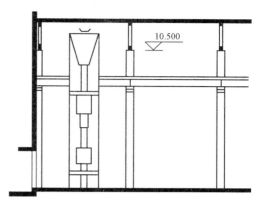

图 13-21　利用屋顶空间布置
设备降低工业建筑高度

（2）室内地坪标高的确定。确定室内地坪标高（±0.000）就是确定室内地坪相对于室外地面的高差。设此高差的目的是防止雨水浸入室内，同时考虑到单层工业建筑运输工具进出频繁，若室内外高差值过大则出入不便，故一般取 150 mm。

（二）天然采光

天然采光方式主要有侧面采光、混合采光（侧窗＋天窗）、顶部采光（天窗）。工业建筑大多采用侧面采光或混合采光，很少单独采用顶部采光方式。

1. 侧面采光

侧面采光分单侧采光和双侧采光。单侧采光的有效进深为侧窗口上沿至地面高度的 1.5～2.0 倍，即单侧采光房间的进深一般以不超过窗高的 1.5～2.0 倍为宜，单侧窗光线衰减情况如图 13-22 所示。如果厂房的宽高比很大，超过单侧采光所能解决的范围时，就要用双侧采光或辅以人工照明。

在有起重机的厂房中，常将侧窗分上下两层布置，上层称为高侧窗，下层称为低侧窗（图 13-23）。

为不使起重机梁遮挡光线，高侧窗下沿距起重机梁顶面应有适当距离，一般取 600 mm 左右为宜（图 13-23）。低侧窗下沿即窗台高一般应略高于工作面的高度，工作面高度一般取 800 mm 左右。沿侧墙纵向工作面上的光线分布情况和窗及窗间墙分布有关，窗间墙以等于或小于窗宽为宜。如沿墙工作面上要求光线均匀，可减少窗间墙的宽度或取消间墙做成带形窗。

2. 顶部采光

顶部采光形式包括矩形天窗、锯齿形天窗、平天窗等。

（1）矩形天窗。矩形天窗一般为南北朝向，室内光线均匀，直射光较少。由于玻璃面是垂直的，可以减少污染，宜于防水，有一定的通风作用，矩形天窗厂房剖面如图 13-24 所示。为了获得良好的采光效果，合适的天窗宽度为厂房跨度的 1/2～1/3。两天窗的边缘距离 L 应大于相邻天窗高度和的 1.5 倍，矩形天窗宽度与跨度的关系如图 13-25 所示。

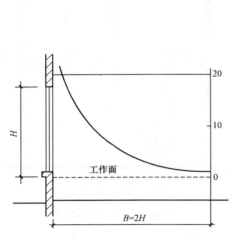

图 13-22　单侧窗光线衰减示意图

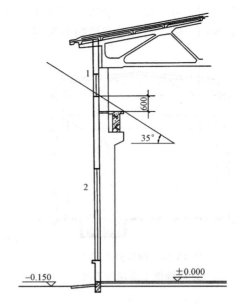

图 13-23　高低侧窗示意图
1—高窗；2—低窗

图 13-24　矩形天窗厂房剖面

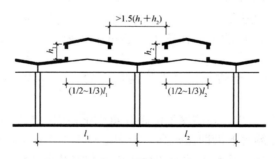

图 13-25　矩形天窗宽度与跨度的关系

（2）锯齿形天窗。由于生产工艺的特殊要求，在某些厂房如纺织厂等，为了使纱线不易断头，厂房内要保持一定的温湿度，厂房要有空调设备。同时要求室内光线稳定、均匀，无直射光进入室内，避免产生眩光，不增加空调设备的负荷。因此，这种厂房常采用窗口向北的锯齿形天窗，锯齿形天窗的厂房剖面如图 13-26 所示。

　　锯齿形天窗厂房的工作面不仅能得到从天窗透入的光线，而且还由于屋顶表面的反射增加了反射光。因此，锯齿形天窗采光效率高，在满足同样采光标准的前提下，锯齿形天窗可比矩形天窗节约窗户面积 30％左右。由于玻璃面积少又朝北，因而在炎热地区对防止室内过热也有好处。

（3）横向天窗。当厂房受建设地段的限制不得不将厂房纵轴南北向布置时，为避免西晒，可采用横向天窗。这种天窗具有采光面大、效率高、光线均匀等优点。横向天窗有两种：一种是凸出屋面；另一种是下沉于屋面，即所谓横向下沉式天窗。它造价较低，在实际中也常被采用。其缺点是窗扇形状不标准、构造复杂、厂房纵向刚度较差。

（4）平天窗。平天窗是在屋面板上直接设置水平或接近水平的采光口，平天窗厂房剖面如图 13-27 所示。

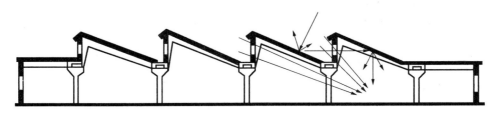

图 13-26　锯齿形天窗厂房剖面（窗口向北）

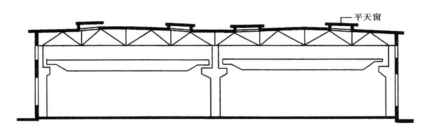

图 13-27　平天窗厂房剖面

平天窗可分为采光板、采光罩和采光带。带形或板式天窗多数是在屋面板上开洞，覆以透光材料构成的。采光口面积较大时，则设三角形或锥形框架，窗玻璃斜置在框架上；采光带可以横向或纵向布置；采光罩是一种用有机玻璃、聚丙烯塑料或玻璃钢整体压铸的采光构件，其形状有圆穹形、扁平穹形、方锥形等各种形状。采光罩一般可分为固定式采光罩和开启式采光罩。开启式采光罩可以自然通风。采光罩的特点是质量轻，构造简单，布置灵活，防水可靠。

平天窗的优点是采光效率高；其缺点有：在采暖地区，玻璃上容易结露；在炎热地区，通过平天窗透进大量的太阳辐射热；在直射阳光作用下，工作面上眩光严重。另外，平天窗在尘多雨少地区容易积尘，使用几年后采光效果会大大降低。

（三）自然通风

自然通风是利用热压和风压作为动力来实现的。

1. **热压作用**

当空气温度升高时，体积膨胀，密度减小。由于室内外空气温度不同，空气密度也不一样。于是室内外空气形成了重力差。如果在厂房下部开设门窗洞口（如侧窗），则室外的冷空气就会经由下部窗洞进入室内，室内的热空气由厂房上部开的窗口（高侧窗或天窗）排至室外。如此循环，就在厂房内部形成了空气对流，达到了通风换气的目的，如图 13-28 所示。这种由于厂房内外温度差所形成的空气压力差，叫作热压。热压越大，自然通风效果越好。

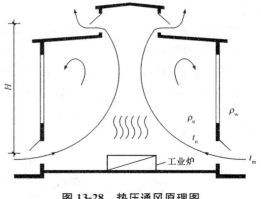

图 13-28　热压通风原理图

2. 风压作用

根据流体力学原理，当风吹向房屋时，迎风面墙壁空气流动受阻，风速降低，使风的部分动能变为静压，作用在建筑物的迎风面上，因而使迎风面上所受到的压力大于大气压，从而在迎风面上形成正压区。风受到迎风面的阻挡后，从建筑物的犀顶及两侧快速绕流过去。绕流作用增加的风速使建筑物的屋顶、两侧及背风面受到的压力小于大气压，形成负压区，如图 13-29 所示。

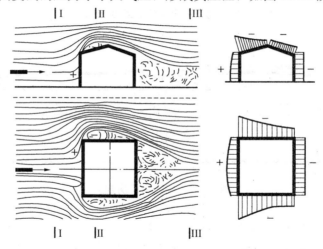

图 13-29　风绕房屋流动状况及风压分布

如果在建筑物的迎风面和背风面上开口，气流就会从正压区流入室内，再从室内流向负压区，把室内的热空气或有害气体从排风口排至室外，这就形成了风压通风。

四、单层工业建筑的定位轴线的划分

定位轴线的划分是确定厂房主要承重构件的平面位置及其标志尺寸的基准线，是在柱网布置的基础上进行的，并与柱网布置一致。厂房定位轴线的划分，应满足生产工艺的要求并注意减少厂房构件类型和规格，同时使不同厂房结构形式所采用的构件能最大限度地互换和通用，以提高厂房工业化水平。厂房的定位轴线可分为横向、纵向、横纵相交三种。与横向排架平面平行的称为横向定位轴线；与横向排架平面垂直的称为纵向定位轴线。

1. 横向定位轴线

与横向定位轴线有关的承重构件，主要有屋面板、起重机梁、连系梁、基础梁、墙板、支撑等纵向构件。因此，横向定位轴线应与上述构件长度的标志尺寸相一致，并尽可能与屋架柱的中心线相重合。确定横向定位轴线时，应主要考虑工艺可行性、结构合理性、构造简单性。

（1）横向定位轴线与中间柱之间的关系。除靠山墙的端部柱和横向变形缝两侧柱外，厂房纵向列柱（包括中列柱和边列柱）中的中间柱的中心线应与横向定位轴线相重合，且横向定位轴线通过屋架中心线和屋面板起重机梁等构件的横向接缝；连系梁的标志长度以横向定位轴线为界，如图 13-30 所示。

（2）横向定位轴线与山墙之间的关系。当山墙为非承重墙时，墙体内缘应与横向定位轴线相重合，且端部柱及端部屋架的中心线应自横向定位轴线向内移 600 mm，如图 13-31 所示。由于山墙内侧的抗风柱需通至屋架上弦或屋面梁上翼并与之连接，有利于构件协调统一。当山墙为承重墙时，承重山墙内缘与横向定位轴线的距离应按墙体块材的一半、一半的倍数，或取墙体厚度的一半，以保证构件在墙体上有足够结构支承长度。

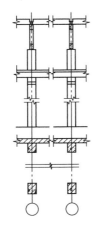
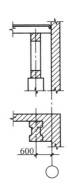

图 13-30　横向定位轴线与中间柱的关系　　　图 13-31　横向定位轴线与山墙

2. 纵向定位轴线

与纵向定位轴线有关的构件，主要是屋架或屋面梁。由于屋架或屋面梁的标志跨度是以 3 m 或 6 m 为倍数的扩大模数，并与大型屋面板（一般宽为 1.5 m）相配合，因此，无论是钢筋混凝土排架结构或砌体结构，还是多跨或单跨、等高或高低跨厂房，其纵向定位轴线都是按照屋架跨度的标志尺寸从其两端垂直引下来的。纵向定位轴线的确定，须考虑结构合理、构造简单，有起重机的情况下，应保证起重机运行及检修的安全需要。

（1）厂房跨度与起重机跨度之间的关系。在有梁式或桥式起重机的厂房中，为了使厂房结构和起重机规格相协调，保证起重机和厂房尺寸的标准化，并保证起重机的安全运行，厂房跨度与起重机跨度两者之间的关系为

$$S = L - 2e$$

式中　S——厂房跨度，即纵向定位轴线间的距离。

　　　L——起重机跨度，即起重机轨道中心线间的距离。

　　　e——起重机轨道中心线至厂房纵向定位轴线的距离。一般取 750 mm；当起重机起重量大于 50 t 或为重级工作制需设安全走道板时，取 1 000 mm。图 13-32 所示为起重机跨度与厂房跨度的关系。

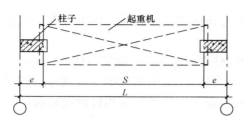

图 13-32 起重机跨度与厂房跨度的关系

起重机轨道中心线至厂房纵向定位轴线间的距离 e 是根据厂房上柱的截面高度 h、起重机侧方宽度尺寸 B（起重机端部至轨道中心线的距离）、起重机侧方间隙（起重机运行时，起重机端部与上柱内缘间的安全间隙尺寸）C_b 等因素决定的。

(2)外墙、边柱与纵向定位轴线的关系。由于起重机形式、起重量、厂房跨度、高度和柱距不同，以及是否设置安全走道板等条件不同，外墙、边柱与纵向定位轴线的关系有以下两种：

1)封闭式结合。封闭式结合适用于无起重机或只有悬挂式起重机及柱距为 6 m，起重机起重量不大且不需增设连系尺寸的厂房。当结构所需的上柱截面高度 h、起重机侧方宽度 B 及安全运行所需的侧方间隙 C_b 三者之和小于 e 时，可采用纵向定位轴线、边柱外缘和外墙内缘三者相重合的定位方式，使上部屋面板与外墙之间形成"封闭结合"的构造，如图 13-33(a)所示。

2)非封闭式结合。当柱距大于 6 m，起重机起重量及厂房跨度较大时，需将边柱的外线从纵向定位轴线处向内移出一定尺寸 a_c，使（$e+a_c$）大于（$h+B+a_c$），从而保证结构的安全，如图 13-33(b)所示。其中，a_c 称为"连系尺寸"。为了与墙板模数协调，a_c 应为 300 mm 或其整数倍，但围护结构为砌体时，a_c 可取 M/2（即 50 mm）或其整数倍数。

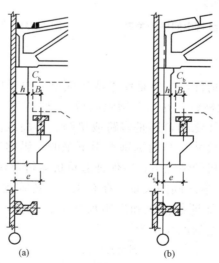

图 13-33 边柱与纵向定位轴线的关系

(a)封闭结合；(b)非封闭结合

h—上柱截面高度；a_c—连系尺寸；B—起重机侧方宽度；C_b—起重机侧方间隙

(3)承重墙结构与纵向定位轴线的关系。无起重机或有小吨位起重机的厂房，采用承重墙结构时，若为带壁柱的承重墙，其内缘宜与纵向定位轴线相重合，或与纵向定位轴线间相距半块砌体或半块砌体的倍数；若为无壁柱的承重墙，其内线与纵向定位轴线的距离值为半块砌体的倍数或墙厚的一半。

（4）高低跨中柱与纵向定位轴线的关系。当厂房出现高低跨时，中柱与定位轴线的连系有以下两种情况：

1）当高低跨处采用单柱高跨为"封闭组合"时，宜采用一条纵向定位轴线，即纵向定位轴线与高跨上柱外缘、封墙内缘及低跨屋架标志尺寸端部相重合。此时，封墙底面应高于低跨屋面，如图 13-34（a）所示。若封墙底面低于低跨屋面时，则采用两条纵向定位轴线。

此时，插入距 a_i 等于封墙厚度，即 $a_i = t$，如图 13-34（b）所示。

2）当低跨处设有纵向伸缩缝时，应采用两条纵向定位轴线。此时，低跨的屋架（或屋面梁）搁置在活动支座上，两条纵向定位轴线之间的插入距 a_i 应根据变形缝宽度、封墙位置高低、高跨是否"封闭组合"来确定，如图 13-35 所示，分别定为：$a_i = a_e$、$a_i = a_e + t$、$a_i = a_e + t + a_c$、$a_i = a_e + a_c$。

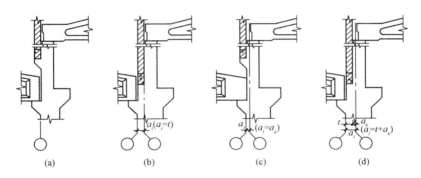

图 13-34　高低跨单柱中柱（无纵向伸缩缝）与纵向定位轴线的关系

a_i—插入距；t—封墙厚度；a_c—连系尺寸

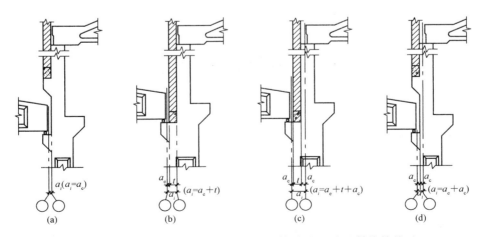

图 13-35　高低跨单柱中柱（有纵向伸缩缝）与纵向定位轴线的关系

a_i—插入距；t—封墙厚度；a_c—连系尺寸；a_e—伸缩缝宽度

3. 纵横相交的定位轴线

有纵横跨的厂房，由于纵横跨的不同，设计时常在相交处设纵横跨变形缝，使纵横跨结构分开。纵横跨应有各自的柱列和定位轴线，对于纵跨，相交处的处理相当于山墙处；对于横跨，相交处的处理相当于边柱和外墙处的定位轴线定位。纵横跨相交处采用双柱单墙处理，相交处外墙不落地，做成悬墙，且属于横跨。纵横跨相交处柱与定位轴线的关系如图 13-36 所示。当封墙为砌体时，a_e 值为变形缝宽度；封墙为墙板时，a_e 值取变形缝的宽度或吊装墙板所需净空尺寸的较大者。

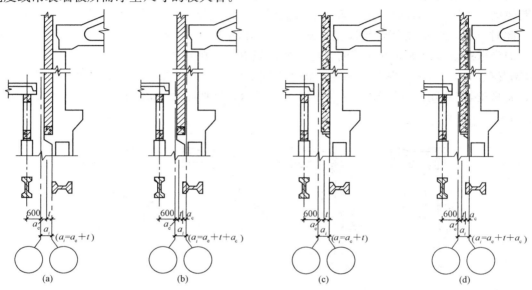

图 13-36　纵横跨相交处柱与定位轴线的关系

a_i—插入距；t—封墙厚度；a_c—连系尺寸；a_e—变形缝宽度或墙板吊装所需宽度

第三节　多层厂房建筑设计

一、多层厂房结构形式

厂房结构形式的选择首先应该结合生产工艺及层数的要求进行，其次还应该考虑建筑材料的供应、当地的施工安装条件、构配件的生产能力以及基地的自然条件等。目前，我国多层厂房承重结构按其所用材料的不同一般可分为混合结构、钢筋混凝土结构、钢结构三种。

（一）混合结构

混合结构为钢筋混凝土楼（屋）盖和砖墙承重的结构，分为墙承重和内框架承重两种形式。混合结构适用于楼面荷载不大，又无振动设备，层数在 5 层以下的中小型厂房。在地震区不宜选用。

(二)钢筋混凝土结构

钢筋混凝土结构是我国目前采用最广泛的结构形式。它的构件截面较小,强度较大,能适应层数较多、荷重较大、空间较大的需要。此种结构大致分为框架结构、框架-剪力墙结构、无梁楼板结构三种形式。

(1)框架结构。框架结构以梁板柱构成的建筑物骨架,传递和支承建筑物全部荷载,其墙体仅起分隔室内空间和围护的作用。框架结构可分为横向承重框架、纵向承重框架及纵横向承重框架三种。横向承重框架刚度较好,是目前经常采用的一种形式,适用于室内要求空间比较固定的厂房。纵向承重框架的横向刚度较差,一般适用于需要灵活分隔的厂房,需在横向设置抗风墙、剪力墙,但由于横向连系梁的高度较小,楼层净空较高,有利于管道的布置。纵横向承重框架采用纵横向均匀刚接的框架,厂房整体刚度好,适用于地震区及各种类型的厂房。

(2)框架-剪力墙结构。框架-剪力墙结构具有结构布置灵活、承受水平推力大的特点,是目前高层建筑常用的结构形式,一般适用于25层以下的建筑。

(3)无梁楼板结构。无梁楼板结构由板、柱帽、柱和基础组成。楼面平整、室内净空可有效利用。它可布置大统间,也可灵活分间布置,一般应用于荷载较大(10 kN/m^2 以上)及无较大振动的厂房。柱网尺寸以近似或等于正方形为宜。

(三)钢结构

钢结构具有质量轻、强度高、施工方便、材料可焊性好、简化制造工艺等优点,是目前国内外采用较多的一种结构形式,但耐火性、耐腐蚀性较差。

二、多层厂房平面布置

多层厂房的平面设计首先应满足生产工艺的要求,另外,运输设备和生活辅助用房的布置、场地的形状、厂房方位等都对平面设计有很大影响,必须全面、综合考虑。

(一)生产工艺流程

生产工艺的流程布置是厂房平面设计的主要依据。各种不同的生产工艺在很大程度上决定着多层厂房的平面形式和各层相互关系,多层工业厂房生产工艺流程布置分自上而下式、自下而上式、上下往复式三种类型,如图13-37所示。

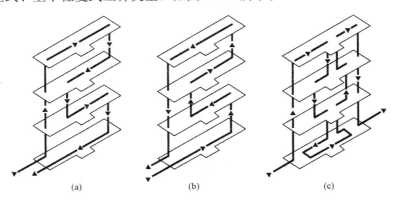

图13-37 三种类型的生产工艺流程

(a)自上而下式;(b)自下而上式;(c)上下往复式

（1）自上而下式。自上而下式的特点是把原料送至最高层后，按照生产工艺流程的程序自上而下逐步进行加工，最后的成品由底层运出。这时常可利用原料的自重，以减少垂直运输设备的设置。粒状或粉状材料加工的工厂常采用这种布置方式。面粉加工厂和电池干法密闭调粉楼的生产流程就属于这种类型。

（2）自下而上式。原料自底层按生产流程逐层向上加工，最后在顶层加工成成品。这种流程方式有两种情况：一种是产品加工流程要求自下而上，如平板玻璃生产，底层布置熔化工段，靠垂直辊道由下而上运行，在运行中自然冷却形成平板玻璃；另一种是有些企业所用的原材料及一些设备较重，或需要用起重机运输等；同时，生产流程又允许或需要将这些工段布置在底层，其他工段依次布置在以上各层，这就形成了较为合理的自下而上的工艺流程。如轻工业类的手表厂、照相机厂或一些精密仪表厂的生产流程都属于这种形式。

（3）上下往复式。上下往复式是既有上也有下的一种混合布置方式。由于生产流程是往复的，不可避免地会引起运输上的复杂化，但它的适应性较强，是一种应用范围较广、经常采用的布置方式。

(二)平面布置形式

平面布置形式一般有内廊式、统间式、大宽间式和混合式。

（1）内廊式。内廊式中间为走廊，两侧布置生产房间的办公、服务房间，如图13-38所示。这种布置形式适宜于各工段面积不大，生产上既需要相互紧密联系，但又不希望互相干扰的工段，如恒温恒湿、防尘、防振的工段可分别集中布置，以减少空调设施并降低建筑造价。

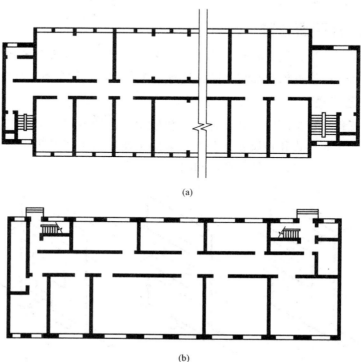

(a)

(b)

图 13-38　内廊式平面布置

(a)两侧房间同进深；(b)两侧房间不同进深

（2）统间式。统间式中间只有承重柱，不设隔墙，如图 13-39 所示。生产工艺紧密联系，不宜分隔成小间时可采用统间式的平面布置。在生产过程中如有少数特殊的工段需要单独布置，可将它们加以集中，分别布置在车间的一端或一角。

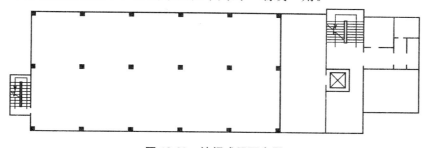

图 13-39　统间式平面布置

（3）大宽间式。为使厂房平面布置更为经济合理，也可加大厂房宽度，形成大宽间式平面形式。这时，可把交通运输枢纽及生活辅助用房布置在厂房中部采光条件差的地区，以保证生产工段所需的采光与通风要求。另外，对恒温恒湿、防尘净化等技术要求特别高的工段，也可采用逐层套间的布置方法满足各种不同精度的要求。

（4）混合式。混合式由内廊式与统间式混合布置而成。依生产工艺需要及使用面积不同，可采取多种平面形式的组合布置，组成有机整体。其优点是能满足不同生产工艺流程的要求，灵活性较大；其缺点是施工较烦琐，结构类型较难统一，常易造成平面及剖面形式的复杂化，对防震也不利。

三、多层厂房层数及层高的确定

1. 多层厂房层数的确定

影响多层厂房层数的主要因素是生产工艺、城市规划、经济状况等。

（1）生产工艺的影响。生产工艺在多层厂房中起主导作用。生产工艺流程、机具设备及生产工段所需的面积等方面都会影响厂房的层数。根据竖向生产流程布置，确定各工段相对位置，从而确定施工层数。

（2）城市规划的影响。层数的确定应尽量符合城市规划、城市建筑面貌、周围环境及工厂群体组合要求。

（3）经济状况的影响。经济层数的确定和厂房展开面积有关，若厂房展开面积增大，则层数增高，造价提高。

2. 多层厂房层高的确定

（1）多层厂房层高与生产、运输设备的关系。一般在生产工艺许可的情况下，质量大、体积大、运输量繁重的设备布置在底层，须相应加大底层层高。

（2）采光通风的关系。多层厂房多采用双面侧窗采光，厂房宽度过大时，必须提高侧窗高度，增加相应的层高以满足采光要求。

（3）层高与管道布置的关系。管道高度、管道数量、种类都会影响层高。

（4）厂房层高还要兼顾到建筑空间比例的协调。

（5）经济关系。层高和单位面积造价成正比关系，层高越高，造价也越高，不能忽视层高对造价的影响。

按《厂房建筑模数协调标准》(GB/T 50006—2010)规定，一般均采用 3M 数列，当层高大于或等于 4.8 m 时可采用 6M 数列，一般底层层高高于其他层。空调管道层高在 4.5 m 以上，有运输设备的层高达 6 m 以上，仓库层高由堆货高度来决定。在同一幢厂房内层高的尺寸以不多于两种为宜(地下层层高除外)。

多层厂房的特点
及使用范围

本章小结

工业建筑是人们进行生产活动所需的各种房屋，工业建筑设计要求按照坚固适用、技术先进、经济合理的原则，根据生产工艺的要求，来保证功能良好的工作环境。本章主要介绍单层工业建筑设计、多层厂房建筑设计。

思考与练习

一、填空题

1. 工业建筑按厂房的层数分类为_____、_____、_____、_____。

2. 小跨度工业厂房是指_____的单层工业厂房，这类厂房多以砖混结构为主，多用于中小型企业或大型企业的非主要生产厂房。

3. 大跨度工业厂房是指跨度为_____的单层工业厂房。

4. 单层厂房的结构形式通常有_____、_____和_____。

5. 单层钢筋混凝土厂房常用的结构形式有_____和_____两种。

6. _____是柱与柱之间在纵向上的水平连系构件，分为设在墙内和不在墙内两种。

7. _____的作用是将墙体同厂房排架、抗风柱等箍一起，埋置在墙体内，同柱子的连接只起连接作用，不承受墙体质量。

8. 顶部采光形式包括_____、_____、_____等。

9. 自然通风是利用_____和_____作为动力来实现的。

10. 多层厂房平面布置形式一般有_____、_____、_____和_____。

二、选择题

1. 按厂房的生产状况分类不包括(   )。

    A. 冷加工厂房　　　　　　　　B. 热加工厂房

    C. 恒温恒湿厂房　　　　　　　D. 科研、生产、储存综合建筑

2. (   )适用于中小型厂房，以及弯矩不大的以中心受压为主的柱。

    A. 矩形柱　　　　　　　　　　B. 圆形柱

    C. 工字形柱　　　　　　　　　D. 双肢管柱

3. 柱距是两柱之间的纵向间距，单层厂房的柱距应采用扩大模数（　　）数列。

    A. 20M   B. 30M   C. 40M   D. 60M

4. 单层厂房跨度小于 18 m 时，应采用的模数数列是（　　）。

    A. 30M   B. 60M   C. 15M   D. 12M

5. 柱网的选择，实际上是（　　）。

    A. 确定跨度   B. 确定柱距

    C. 确定跨度和柱距   D. 确定定位轴线

6. 单层厂房的山墙为非承重墙时，横向定位轴线与（　　）。

    A. 山墙中线重合   B. 山墙外皮重合

    C. 山墙内皮重合   D. 距山墙内皮半块砌块的整倍数

7. 单层厂房的柱顶标高应采用的模数数列为（　　）。

    A. 3M   B. 6M   C. 12M   D. 15M

8. 关于多层厂房层高的确定说法错误的是（　　）。

    A. 一般在生产工艺许可的情况下，质量大、体积大、运输量繁重的设备布置在底层，须相应加大底层层高

    B. 多层厂房多采用双面侧窗采光，厂房宽度过大时，必须减少侧窗高度以满足采光要求

    C. 管道高度、管道数量、种类都会影响层高，厂房层高还要兼顾到建筑空间比例的协调

    D. 层高和单位面积造价成正比关系，层高越高，造价也越高，不能忽视层高对造价的影响

三、简答题

1. 什么是工业建筑？其特点有哪些？

2. 什么是单层工业厂房？其特点有哪些？

3. 工业建筑的设计应满足哪些要求？

4. 厂房内部起重运输设备有哪些？

5. 多层厂房结构形式有哪些？

6. 多层工业厂房生产工艺流程布置类型有哪些？

7. 单层厂房的结构构件有哪些组成？

第十四章　单层工业厂房构造

 知识目标

1. 了解厂房外墙分类；掌握厂房外墙的构造做法、工业厂房隔断的构造做法。
2. 了解屋面基层类型及组成；熟悉单层厂房屋顶的排水方式；掌握厂房屋面细部构造做法、厂房屋面保温与隔热的做法。
3. 熟悉单层工业厂房大门的类型；掌握单层工业厂房的构造做法、工业厂房的天窗与侧窗。
4. 熟悉工业厂房地面、钢梯、起重机梁走道板的构造做法。

 能力目标

1. 能运用本章知识进行单层厂房墙板连接构造及基础构造、屋顶防水构造设计。
2. 具备实际工程中把握单层厂房构造质量的能力。

第一节　单层工业厂房外墙构造

一、厂房外墙分类

(1)根据材料的不同可分为砖砌外墙、块材墙、板材墙、波形瓦墙、开敞式外墙。
(2)根据承重方式的不同可分为承重墙与非承重墙。

二、厂房外墙构造

1. 承重砖墙

承重砖墙由墙体承受屋顶及起重机起重荷载。其形式可做成带壁柱的承重墙，墙下设条形基础，并在适当位置设置圈梁。承重砖墙适用于跨度小于 15 m、起重机吨位不超过 5 t、柱高不大于 9 m 以及柱距不大于 6 m 的厂房。

2. 非承重砖墙

(1)墙体支承。支承在基础梁上，采用基础梁支承墙体质量；当墙体高度(240 mm 厚)

超过 15 m 时，上部墙体由连系梁支承，经柱牛腿将墙重传递给柱子再传递至基础，下部墙体质量则通过基础梁传递至柱子基础，如图 14-1 所示。

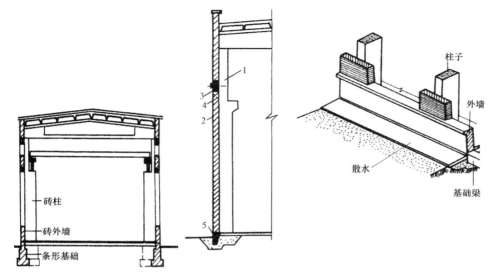

图 14-1　墙体支承

1—柱；2—墙；3—钢筋混凝土连系梁；4—连接件；5—基础梁

（2）基础梁位置。根据基础埋深不同，基础梁的搁置方式有：基础梁设置在杯口上；基础梁设置在垫块上；基础梁设置在小牛腿上。通常基础梁顶面的标高低于室内地面 50 mm，并高于室外地面 100 mm，以保护基础梁，如图 14-2 所示。

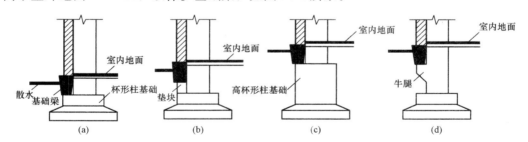

图 14-2　基础梁位置

（3）基础梁防冻措施。基础梁防冻措施如图 14-3 所示。

坑内填干松散材料，或基础梁下面立砖，留出空隙，并在坑内填干松散材料。

3. 板材墙

在工业厂房中，墙体围护结构采用墙板，能减轻墙体自重，改善墙体的抗震性能，有利于墙体的改革，促进建筑工业化，可成倍地提高工程效率，加快建设进度。因此，大型板材墙是我国工业建筑应优先采用的外墙类型之一。

墙板的类型很多，按其受力状况分，有承重墙板和非承重墙板；按其保温性能分，有保温墙板和非保温墙板；按所用材料分，有单一材料墙板和复合材料墙板；按其规格分，有基本板、异形板和各种辅助构件。

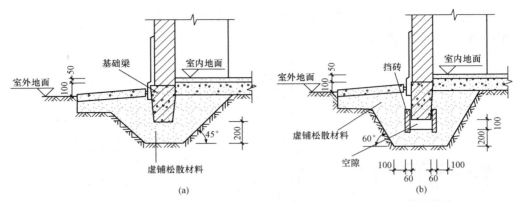

图 14-3　厂房外墙基础梁防冻措施

(1)墙板布置。墙板在墙面上的布置方式,广泛采用横向布置,其次是混合布置,竖向布置采用较少。横向布置时板型少,以柱距为板长,板柱相连,板缝处理较方便。山墙墙板布置与侧墙相同,如图 14-4 所示。

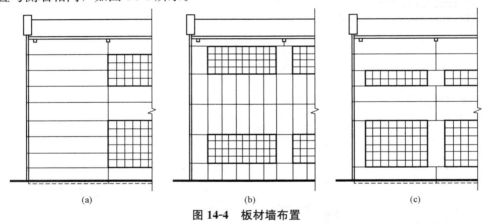

图 14-4　板材墙布置
(a)横向布置;(b)竖向布置;(c)混合布置

(2)墙板规格。墙板的规格尺寸,应符合相关的模数,板材的长度为 6 000 mm、9 000 mm、12 000 mm;高度为 300 mm 的倍数,常用 900 mm、1 200 mm、1 500 mm、1 800 mm,应视厂房柱距、高度及洞口条件确定,并使类型尽量减少,以便于成批生产及容易施工。基本板高度应符合 3M 模数,规定为 1 800 mm、1 500 mm、1 200 mm 和 900 mm四种。基本板厚度应符合 1/5M 模数,并按结构计算确定。

(3)板材种类。

1)轻质板材墙。在工业厂房外墙中,石棉水泥波瓦、塑料外墙板、金属外墙板等轻质板材的使用日益广泛。它们的连接构造基本相同,现以石棉水泥波瓦墙为例简要介绍如下。

石棉水泥波瓦墙具有质量轻、造价低、施工简便的优点;但易受到破坏。其多用于南方中小型热加工车间、防爆车间和仓库。

波瓦通常通过连接件悬挂在厂房骨架水平连系梁上,连系梁采用钢筋混凝土和钢材制作。其垂直距离应与瓦长相适应,瓦缝上下搭接不小于 100 mm,左右搭接为一个瓦垄,搭缝应与主导风向相一致。

2)压型钢板外墙。压型钢板一般均由施工单位在建房现场将成卷的薄钢板通过成型冷轧机压制而成，并可切成任一所需长度，从而大大减少了接缝处理难度。压型钢板墙可根据设计要求采用不同的彩色涂层压型钢板，既可增强防腐性能，又利于建筑艺术处理效果的表现。

3)钢筋混凝土板材。板材结构层为钢筋混凝土槽形板、F形板材、空心板材等。图14-5所示为板材种类。

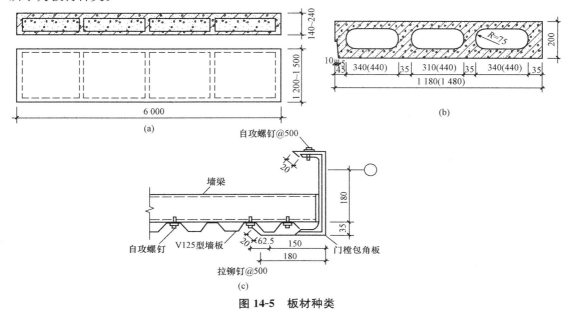

图 14-5　板材种类

(a)复合板；(b)空心板；(c)波形板

(4)墙板连接。

1)柔性连接。柔性连接是指螺栓连接，是在大型墙板上预留安装孔，同时在板两侧的相同位置预埋铁件，吊装前焊接连接角钢，并安上螺栓钩，吊装后用螺栓钩将上下两块大型板连接起来，也可以在墙板外侧加压条，再用螺栓与柱子压紧、压牢。柔性连接的特点是墙板与厂房骨架，以及板与板之间在一定范围内可发生相对独立位移，能较好地适应振动引起的变形。抗震设防烈度高于7度的地震区，宜用此法连接墙板，如图14-6所示。

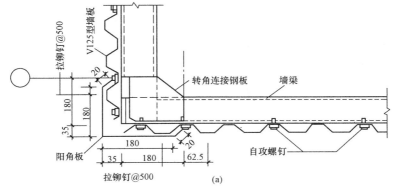

图 14-6　墙板柔性连接

(a)波形板弹性连接

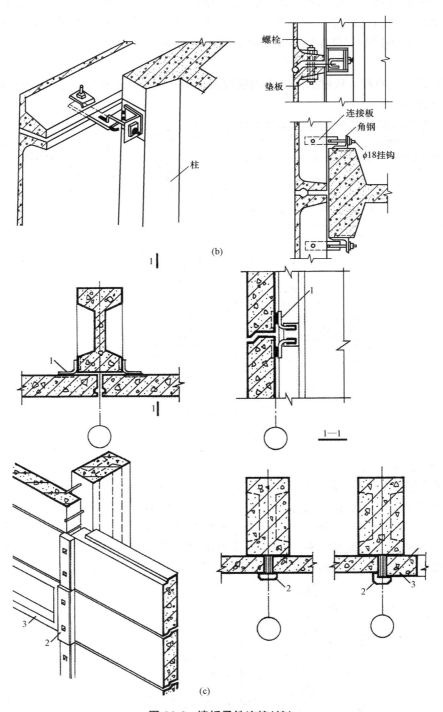

螺栓

垫板

连接板
角钢
ϕ18挂钩

柱

(b)

1—1

(c)

图 14-6 墙板柔性连接(续)

(b)螺栓连接；(c)钢筋、压条连接

2)刚性连接。刚性连接是指将每块板材与柱子用型钢焊接在一起,无须另设钢支托。其突出的优点是连接件钢材少,但由于失去了能相对位移的条件,对不均匀沉降和振动较敏感,主要用在地基条件较好、振动影响小和地震烈度小于 7 度的地区,如图 14-7 所示。

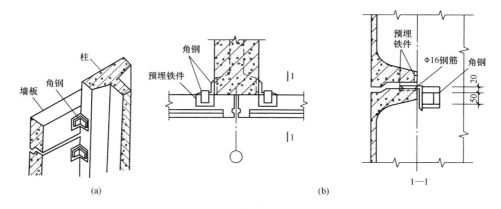

图 14-7　墙板刚性连接

(a)刚性连接示意;(b)角钢柔性连接示意

(5)板缝处理。对板缝的处理首先要求防水,并应考虑制作及安装方便,对保温墙板还应注意满足保温要求。图 14-8 所示为墙板水平缝构造;图 14-9 所示为墙板垂直缝构造;图 14-10 所示为外墙板变形缝构造。

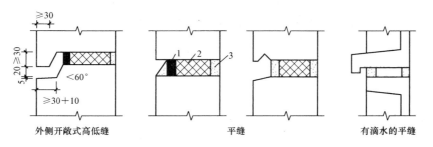

图 14-8　墙板水平缝构造

1—油膏;2—保温材料;3—水泥砂浆

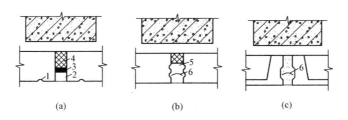

图 14-9　墙板垂直缝构造

(a)外开敞式高低缝;(b)平缝;(c)有滴水的平缝

1—截水沟;2—水泥砂浆或塑料砂浆;3—油膏;

4—保温材料;5—垂直空腔;6—塑料挡雨片

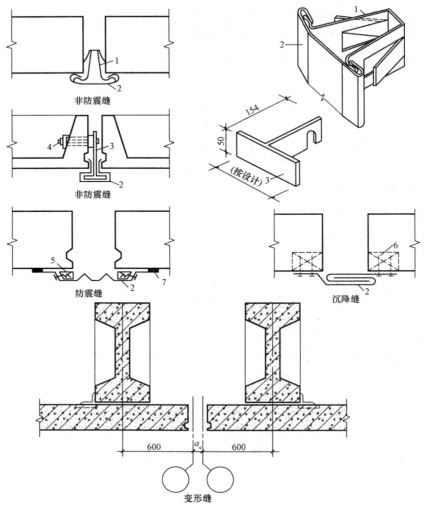

图 14-10 外墙板变形缝构造

1—弹簧片；2—挡雨板；3—连接件；4—连接螺栓；5—竖向木条；6—防腐木砖；7—油膏嵌缝

三、工业厂房隔断构造

在工业厂房中，根据生产状况的不同或生产和使用的要求，常需要对厂房空间进行分隔。隔断常采用木隔断、砖隔断、钢筋混凝土隔断、混合隔断等形式。

(1)木隔断。木隔断多用于车间内的办公室。由于构造的不同，可分为一般木隔断和组合木隔断。木隔板、隔扇也可安装玻璃，但造价较高，不防火。

(2)砖隔断。砖隔断常采用 240 mm 厚砖墙，或带有壁柱的 120 mm 厚砖墙。其造价较低，防火性能好。

(3)钢筋混凝土隔断。钢筋混凝土隔断多为预制装配式，施工方便，适用于火灾危险性大和湿度大的车间。

(4)混合隔断。混合隔断的下部用 1 m 左右 120 mm 厚砖墙，上部由玻璃木隔扇或金属网隔扇组成。隔断的稳定性靠砖柱来保证。

第二节　单层厂房屋面构造

单层厂房屋面的作用、要求和构造与民用建筑基本相同，只在某些方面有些差异。

单层厂房屋面面积较大，构造复杂。为解决室内采光和通风，屋面上常设各种形式的天窗；为排除屋面上的雨雪水，需设置天沟、檐沟、水斗及水落管等；在有起重机的厂房中要承受起重机传来的冲击荷载和生产有振动时传来的振动荷载，屋面必须有一定的强度和足够的整体刚度。

一、屋面基层类型及组成

屋面基层可分为有檩体系和无檩体系，如图 14-11 所示。

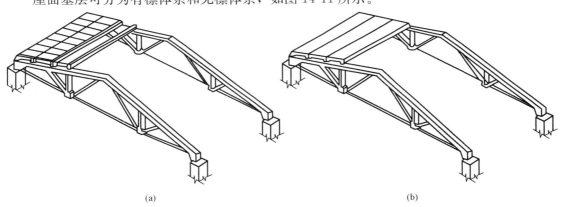

(a)　　　　　　　　　　　　　　　　　　　　(b)

图 14-11　屋面基层结构类型

(a)有檩体系；(b)无檩体系

有檩体系是在屋架上弦(或屋面梁上翼缘)搁置檩条，在檩条上铺小型屋面板(或瓦材)。这种体系采用的构件小、质量轻、吊装容易，但构件数量多、施工烦琐，多用在施工机械起吊能力较小的施工现场。无檩体系是在屋架上弦(或屋面梁上翼缘)直接铺设大型屋面板。无檩体系所用构件大、类型少、便于工业化施工，但要求施工吊装能力强。无檩体系在工程实践中广为应用。

二、单层厂房屋顶的排水

单层厂房屋顶的排水类同于民用建筑，是根据地区气候状况、工艺流程、厂房的剖面形式以及技术经济条件等来确定排水方式。单层厂房屋顶的排水方式可分为无组织排水和有组织排水两种。

无组织排水常用于降雨量小的地区，适合屋顶坡长较小、高度较低的厂房。

有组织排水又可分为内排水和外排水。内排水主要用于大型厂房及严寒地区的厂房，

图 14-12 所示为女儿墙内排水；有组织外排水常用于降雨量大的地区，图 14-13 所示为**挑檐沟外排水**，图 14-14 所示为长天沟外排水。

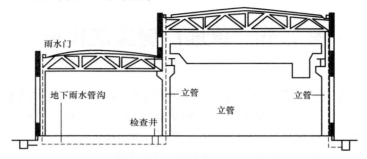

图 14-12　女儿墙内排水

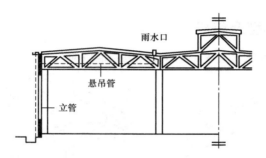

图 14-13　挑檐沟外排水

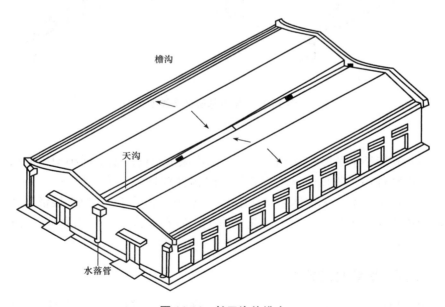

图 14-14　长天沟外排水

三、厂房屋面细部构造

厂房屋顶细部构造包括檐口、天沟和泛水等。

1. 檐口

当檐口采用无组织排水时，檐口需外挑一定长度。其构造做法同民用建筑。挑出长度小于 600 mm 时，可由屋面板直接挑出，如图 14-15 所示。为防止檐口处卷材起翘和开裂，卷材端头用钉与檐口板内预埋木砖上的木条钉牢。钉头用油膏或沥青胶保护。

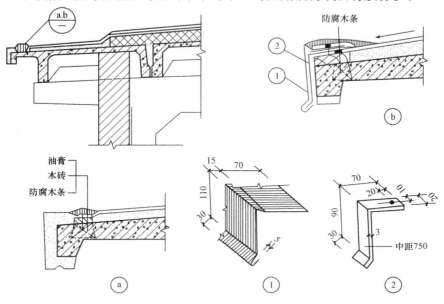

图 14-15　檐口板挑檐细部构造图

为避免无组织外排水檐口被污染，影响外观，有的地方采用了水舌排水，如图 14-16 所示。

当采用有组织外排水时，檐口应设檐沟板，如图 14-17 所示。为保证檐沟排水通畅，沟底应做坡度，坡度一般为 1‰，为防止檐沟渗漏，沟内卷材应较屋面多铺一层，卷材端头应封固于檐沟外壁上。

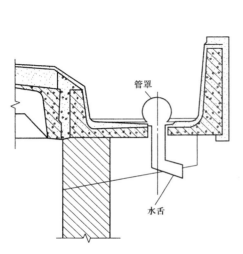

图 14-16　水舌排水示意

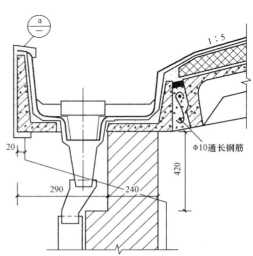

图 14-17　檐沟板排水细部构造

2. 天沟

按所处的位置，天沟可分边天沟（内檐沟）和内天沟两种。如边天沟做女儿墙而采用有组织外排水时，女儿墙根部要设出水口，其构造处理同民用建筑。

内天沟的天沟板是搁置在相邻两榀屋架的端头上，如图 14-18(a)、(b)所示。

天沟除采用槽形天沟板形成外，还可在大型屋面板上直接做天沟。此处防水构造处理较屋面需增加一层卷材，以提高防水能力，如图 14-18(c)所示。

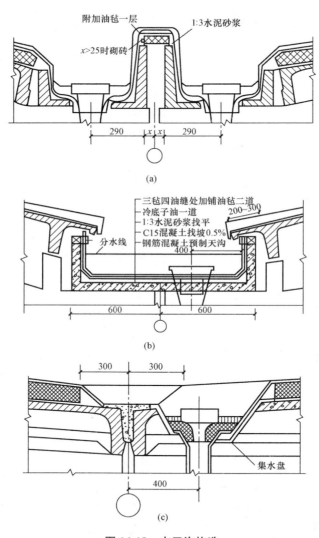

图 14-18　内天沟构造
(a)一般双檐天沟；(b)单檐天沟；(c)在大型屋面板上做内天沟

3. 屋面泛水

厂方屋面的泛水构造与民用建筑屋面基本相同。图 14-19 所示为高低跨处的泛水。

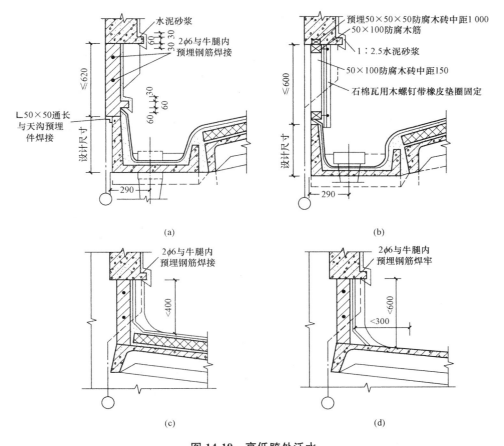

图 14-19　高低跨处泛水

（a）、（b）低跨有天沟；（c）低跨未设天沟（保温屋面）；（d）低跨未设天沟（未设保温屋面）

四、厂房屋面保温与隔热

1. 屋面保温

在冬季需采暖的厂房中，屋面应采取保温措施。其做法是在屋面基层上按热工计算增设一定厚度的保温层。保温层可铺在屋面板上、设在屋面板下和夹在屋面板中。

屋面板上铺设保温层的构造做法与民用建筑平屋顶相同，在厂房屋面中也广为采用。屋面板下设保温层主要用于构件自防水屋面，其做法可分直接喷涂和吊挂两种。

夹芯保温屋面板具有承重、保温、防水三种功能。如图 14-20 所示是几种夹芯保温屋面板。

为减少屋面工程的施工程序，可将屋面板连同保温层、隔汽层、找平层及防水层等均在工厂预制好，运至现场组装成屋面，接缝处再贴以油毡防水条，则可减少现场作业，加快施工进度，保证质量，并可少受气候影响。

2. 屋面隔热

厂房的屋面隔热措施同民用建筑。当厂房高度低于 8 m，且采用钢筋

厂房屋面防水

混凝土结构屋盖时，需考虑屋面辐射热对工作区的影响，屋面应采取隔热措施，可采用通风屋面或种植屋面。

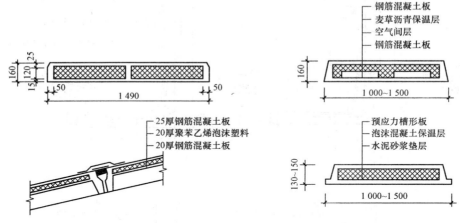

图 14-20 加芯保温屋面层

第三节 单层工业厂房门窗构造

一、单层工业厂房大门的类型

工业厂房的大门主要是供日常车辆和人通行，以及紧急情况疏散之用。因此，它的尺寸应根据所需运输工具类型、规格、运输货物的外形并考虑通行方便等因素来确定。一般门的宽度应比满载货物时的车辆宽 600～1 000 mm，高度应高出 400～600 mm。工业厂房大门可分为以下类型。

1. 按大门用途分类

按工业厂房大门的用途，可以分为一般门和特殊门两种。特殊大门是根据特殊要求设计的，有保温门、防火门、冷藏门、射线防护门、防风沙门、隔声门及烘干室门等。

2. 按大门开启方式分类

按工业厂房大门的开启方式，可以分为平开门、推拉门、平开折叠门、推拉折叠门、升降门、上翻门、卷帘门、偏心门及光电控制门等，如图 14-21 所示。

（1）平开门。平开门是工业厂房常用的一种大门，其构造简单，开启方便。通常，平开门向外开启，并设置雨篷，以保护门扇和方便出入。厂房中的平开门均为两扇，大门扇上可开设一扇供人通行的小门，以便在大门关闭时使用。对于较宽的平开门，为了减小门扇用料和占地面积，可将门扇做成四扇或六扇，每边两扇或三扇。门扇之间用铰链固定，可自由水平折叠开启，使用灵活方便。关闭时分别用插销固定，以防门扇变形和保证大门刚度。

由于工业厂房大门尺寸较大，平开门受力状态较差，易产生下垂或扭曲变形，须用斜撑等进行加固，尺寸过大时不宜采用平开门。

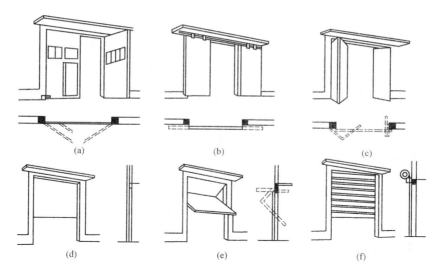

图 14-21　按厂房大门的开启方式分类

(a)平开门；(b)推拉门；(c)平开折叠门；(d)升降门；(e)上翻门；(f)卷帘门

（2）推拉门。推拉门是工业厂房中采用较广泛的大门形式之一。推拉门的开关是在门洞的上下部设置轨道，使门扇通过滑轮沿导轨左右推拉开启。推拉门门扇受力状态好，构造简单，不易变形。推拉门一般为两扇门扇，当门洞宽度较大时可设多扇门扇，分别在各自的轨道上推行。因受室内柱子的影响，门扇一般只能设在室外一侧，因此，应设置足够宽度的雨篷加以保护。推拉门的密闭性较差，不宜用于密闭要求较高的车间。

（3）折叠门。折叠门是由几个较窄的门扇互相间以铰链连接而成的。门洞的上下设有导轨，开启时门扇沿导轨左右推开，使门扇折叠在一起。这种门开启轻便，占用的空间较少，适用于较大的门洞。折叠门按门扇转轴位置的不同又可分为中轴旋转和边轴旋转两种形式，分别称为中悬式折叠门和侧悬式折叠门。

（4）升降门。升降门开启时门扇沿导轨向上升，门洞高时，可沿水平方向将门扇分为几扇。这种门贴在墙面上，不占使用空间，只需在门洞上部留有足够的上升高度。升降门适用于较高大的大型厂房。

（5）卷帘门。卷帘门的帘板(页板)由薄钢板或铝合金冲压成型，开启时由门上部的转轴将帘板卷起，这种门的高度不受限制。卷帘门有手动和电动两种。当采用电动时必须设置停电时手动开启的备用设施。卷帘门制作复杂，造价较高，适用于非频繁开启的高大门洞。

3. **按门扇制作材料分类**

按门扇制作材料，厂房大门可以分为木门、钢板门、钢木门、空腹薄壁钢板门和铝合金门等。

二、单层工业厂房大门的构造

工业厂房大门的规格、类型不同，其构造也不相同，因其种类繁多，这里只介绍工业厂房中较多采用的平开钢木大门和推拉门的构造。

1. **平开钢市大门**

（1）平开门由门扇、门框与五金配件组成。平开门的洞口尺寸一般不宜大于 3 600 mm×

3 600 mm。门扇有木制、钢板、钢木混合等几种，当门扇面积大于 5 m² 时，宜采用钢木或钢板制作。常用的五金配件除铰链（门轴）外，还有上插销、下插销、门扇定位钩、门闩和拉手等，如图 14-22 所示。

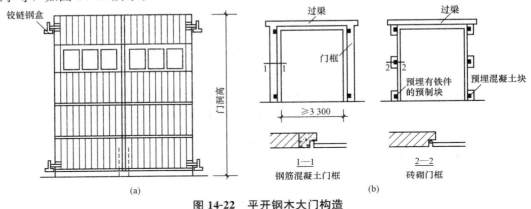

图 14-22　平开钢木大门构造

(a)大门外形；(b)大门门框

（2）门扇由骨架和面板构成。除木门外，骨架通常是用角钢或槽钢制成，木门芯板用 φ6 螺栓固定。为防止门扇变形，钢骨架应加设角钢的横撑和交叉支撑，木骨架应加设三角铁，以增强门扇的刚度。钢木门及木门的门扇一般均用 15 mm 厚的木板做门芯板，用螺栓固定在骨架上。钢板门则用厚度为 1～1.5 mm 的薄钢板做门芯板。

（3）平开门的门框由上框和边框构成。过梁上一般均带有雨篷，雨篷应比门洞每边宽出 370～500 mm，雨篷挑出长度一般为 900 mm。边框有钢筋混凝土和砖砌两种。当门洞宽度大于 2.4 m 时，应采用钢筋混凝土边框，用以固定门铰链。边框与墙砌体应有拉结筋连接，并在铰链位置上预埋铁件，如图 14-23 所示。当门洞宽度小于 2.4 m 且两边为砌块墙时，可不设钢筋混凝土边框，但应在铰链位置上镶砌混凝土预制块，其上带有与砌体的拉结筋和与铰链焊接的预埋铁件，如图 14-24 所示。

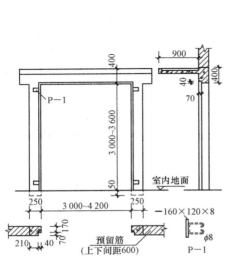

图 14-23　钢筋混凝土门框与过梁构造

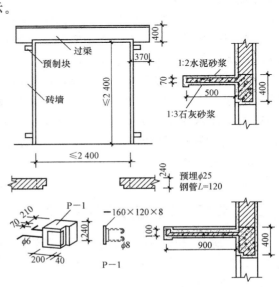

图 14-24　砖砌门框与过梁构造

2. 推拉门

（1）推拉门由门扇、门框、滑轮、导轨等部分组成。门扇有单扇、双扇或多扇，可采用钢木门扇、钢板门扇和空腹薄壁钢板门等。门框一般均由钢筋混凝土制作，开启后藏在夹槽内或贴在墙面上。推拉门的支承方式可分为上挂式和下滑式两种。当门扇高度小于 4 m 时，采用上挂式，即将门扇通过滑轮吊挂在导轨上推拉开启；当门扇高度大于 4 m 时，多采用下滑式，下部的导轨用来支承门扇的质量，上部导轨用于导向。

（2）上挂式推拉门的上轨道和滑轮是使门扇向两侧推拉的重要部件，构造上应做到坚固耐久，滚动灵活，并需经常维修，以免生锈。滑轮装置有单轮、双轮或四轮三种。

三、单层工业厂房的天窗与侧窗

大跨度或多跨度的工业厂房，为了满足天然采光与自然通风的需要，常在侧墙上设置侧窗，同时，往往还需在屋面上设置各种形式的天窗。这些天窗和侧窗，大部分都同时兼有采光和通风双重作用。

（一）天窗

1. 天窗的类型

工业厂房采用的天窗类型较多，目前我国常见的天窗形式中，主要用于采光的有矩形天窗、锯齿形天窗、平天窗、三角形天窗、横向下沉式天窗等；主要用于通风的有矩形避风天窗、纵向或横向下沉式天窗、井式天窗、M 形天窗。常见的天窗类型如图 14-25 所示。

（1）矩形天窗。矩形天窗一般沿厂房纵向布置，断面呈矩形，两侧的采光面垂直，如图 14-25（a）所示，因此，采光通风效果好，在工业厂房中应用最广，其缺点是构造复杂、自重大、造价较高。

（2）M 形天窗。与矩形天窗的区别是天窗屋顶从两边向中间倾斜，倾斜的屋顶有利于通风，且能增强光线反射，如图 14-25（b）所示，所以 M 形天窗的采光、通风效果比矩形天窗好，其缺点是天窗屋顶排水构造复杂。

（3）锯齿形天窗。将厂房屋顶做成锯齿形，在其垂直（或稍倾斜）面设置采光、通风口，如图 14-25（c）所示。当窗口朝北或接近北向时，可避免因光线直射而产生的眩光现象，同时可获得均匀、稳定的光线，有利于保证厂房内恒定的温、湿度，适用于纺织厂、印染厂和某些机械厂。

（4）纵向下沉式天窗。将厂房的屋面板沿纵向连续下沉搁置在屋架下弦上，利用屋面板的高度差在纵向垂直面设置天窗口，如图 14-25（d）所示。这种天窗适用于纵轴为东西向的厂房，且多用于热加工车间。

（5）横向下沉式天窗。将左右相邻的整跨屋面板上下交替布置在屋架上下弦上，利用屋面板的高度差在横向垂直面设天窗口，如图 14-25（e）所示。这种天窗适用于纵轴为南北向的厂房，天窗采光效果较好，但均匀性差，且窗扇形式受屋架形式限制，规格多，构造复杂，屋面的清扫、排水不便。

（6）井式天窗。将局部屋面板下沉铺在屋架下弦上，利用屋面板的高度差在纵横向垂直面设窗口，形成一个个凹嵌在屋面之下的井状天窗，如图 14-25（f）所示。其特点是布置灵活，排风路径短，通风好，采光均匀，因此广泛用于热加工车间，但屋面清扫不方便，构造较复杂，且使室内空间高度有所降低。

（7）平天窗。平天窗的形式有采光板、采光带和采光罩，如图 14-25（g）～图 14-55（i）所示。采光板是在屋面上留孔，装设平板透光材料形成；采光带是将屋面板在纵向或横向连续空出来，铺上采光材料形成；采光罩是在屋面上留孔，装设弧形玻璃形成。其特点是采光均匀，采光效率高，布置灵活，构造简单，在冷加工车间中应用较多，但平天窗不易通风，易积灰，透光材料易受外界影响而损坏。

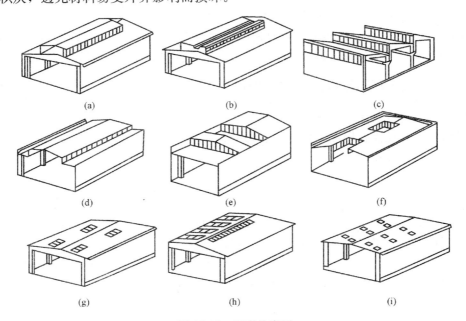

图 14-25　天窗的类型

（a）矩形天窗；（b）M 形天窗；（c）锯齿形天窗；（d）纵向下沉式天窗；
（e）横向下沉式天窗；（f）井式天窗；（g）采光板平天窗；（h）采光带平天窗；（i）采光罩平天窗

2. 常见天窗简介

（1）矩形天窗。矩形天窗采光、防雨和防太阳辐射性能均较好，在工业厂房中被广泛应用。矩形天窗的天窗支承在屋架上弦，增加了房屋的荷载，增大了建筑物的体积和高度。矩形天窗主要由天窗架、天窗扇、天窗屋面板、天窗侧板及天窗端壁板等组成，如图 14-26 所示。矩形天窗沿厂房纵向布置，但在厂房屋面两端和变形缝两侧的第一柱之间常不设天窗，如此，一方面可以简化构造；另一方面还可作为屋面检修和消防的通道。

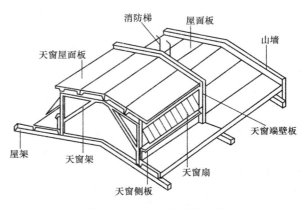

图 14-26　矩形天窗的组成

1）天窗架。天窗架是天窗的承重结构，它直接支承在屋架上。天窗架的材料一般与屋架一致，常用的有钢筋混凝土天窗架和钢天窗架。钢筋混凝土天窗架有 Ⅱ 形、W 形和双 Y 形等，如图 14-27 所示。钢天窗架的形式有多压杆式和桁架式，如图 14-28 所示。天窗架的宽度根据采光、通风要求一般为厂房距度的 1/3～1/2。

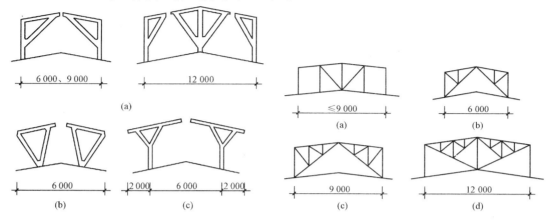

图 14-27　钢筋混凝土天窗架
(a)Ⅱ形天窗架；(b)W 形天窗架；(c)双 Y 形天窗架

图 14-28　钢天窗架
(a)多压杆式；(b)、(c)、(d)桁架式

2）天窗端壁。矩形天窗两端的承重围护结构构件称为天窗端壁。通常采用预制钢筋混凝土端壁板，如图 14-29 所示。钢筋混凝土端壁板常做成肋形板，并可代替钢筋混凝土天窗架。当天窗跨度为 6 m 时，端壁板由两块预制板拼接而成；当天窗跨度为 9 m 时，端壁板由三块预制板拼接而成。端壁板及天窗架与屋架的连接均通过预埋铁件焊接。寒冷地区的车间需要保温时，应在钢筋混凝土端壁板内表面加设保温层。

3）天窗侧板。天窗侧板是天窗下部的围护构件。其主要作用是防止屋面的雨水溅入车间以及不被积雪挡住而影响天窗扇开启。屋面至侧板顶面的高度一般应大于 300 mm，多风雨或多雪地区应增高至 400～600 mm，如图 14-30 所示。天窗侧板的形式应与屋面板相适应。采用钢筋混凝土Ⅱ形天窗架和钢筋混凝土大型屋面板时，侧板采用长度与天窗架间距相同的钢筋混凝土槽板。

4）天窗扇。天窗扇由钢材、木材、塑料等材料制作。钢天窗扇具有耐久、耐高温、质量轻、挡光少、使用过程中不易变形、关闭严密

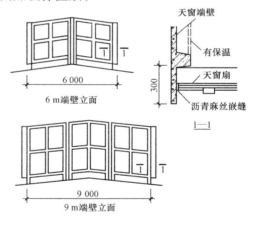

图 14-29　钢筋混凝土天窗端壁

等优点。因此，钢天窗扇被广泛采用。钢天窗扇的开启方式有上悬式和中悬式两种。上悬式钢天窗扇最大开启角度为 45°，所以通风效果差，但防雨性能较好；中悬式钢天窗扇开启角度可达 60°～80°，所以通风效果好，但防雨性能较差。

①上悬式钢天窗扇。上悬式钢天窗扇由上下冒头、边框及窗芯组成。窗扇上冒头为槽钢，它悬挂在通长的弯铁上，弯铁用螺栓固定在纵向角钢上框上，上框则焊接或用螺栓固定于角钢牛腿上。窗扇的下冒头关闭时搭在天窗侧板的外沿。上悬钢天窗扇主要由开启扇和固定扇等若干单元组成，可以布置成通长窗扇和分段窗扇。

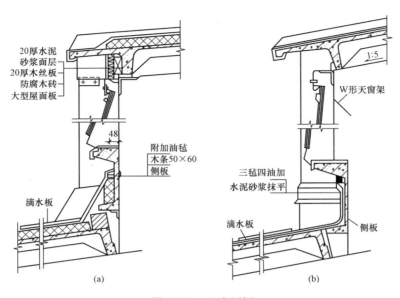

图 14-30　天窗侧板

(a)对拼天窗架(屋面保温)；(b)W 形天窗架(不保温)

通长窗扇是由两个端部窗扇和若干个中间窗扇利用垫板和螺栓连接而成的，其长度应根据厂房长度、采光通风的需要以及天窗开关器的启动能力等因素确定。分段窗扇是每个柱距设一个窗扇，各窗扇可单独开启，一般不用开关器。

②中悬式钢天窗扇。中悬式钢天窗扇的上下冒头及边梃均为角钢，窗芯为 T 形钢。每个窗扇之间设槽钢做竖框，窗扇转轴固定在竖框上。中悬式钢天窗在变形缝处应设置固定小扇。

5)天窗檐。天窗檐构造有以下两种：

①带挑檐的屋面板无组织排水的挑檐出挑长度一般为 500 mm，若采用上悬式天窗扇，因防水较好，故出挑长度可小于 500 mm；若采用中悬式天窗，因防雨较差，其出挑长度可大于 500 mm。

②设檐沟板的有组织排水可采用带檐沟屋面板或在钢筋混凝土天窗架端部预埋铁件焊接钢腿，支承天沟。

(2)平天窗。

1)平天窗结构。平天窗是利用屋顶水平面进行采光的，它有采光板、采光罩和采光带三种类型。采光板型是在屋面板上开孔，然后装设平板透光材料；采光罩型也是在屋面上开孔，然后在开孔处装上弧形或锥形透光材料构成采光罩；采光带是将部分屋面板的位置空出来，铺上由透光材料做成的较长的横向或纵向采光带。另外，还有一种三角形平天窗，它是在屋脊处纵向孔洞上设置三角形的平板透光材料。图 14-31～图 14-33 所示为平天窗采光。

平天窗类型虽然很多，但构造要点是基本相同的，即井壁、横档、透光材料的选择和搭接，防眩光，安全防护、通风措施等。

①井壁构造。平天窗采光口的边框称为井壁。它主要采用钢筋混凝土制作，可整体浇筑，也可预制装配。井壁高度一般为 150～250 mm，且应大于积雪深度。

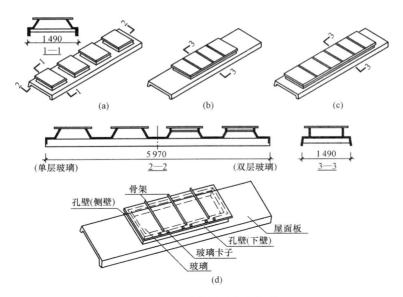

图 14-31　采光板形式和组成

(a)小孔采光板；(b)中孔采光板；(c)大孔采光板；(d)采光板的组成

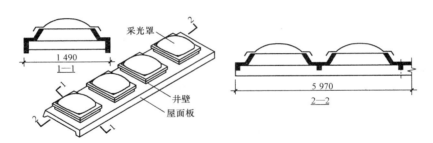

图 14-32　采光罩

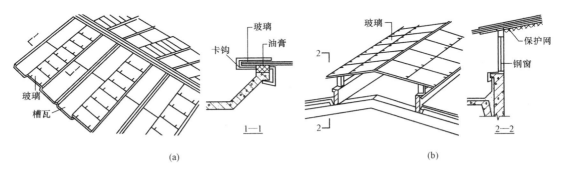

图 14-33　采光带

(a)横向采光带；(b)纵向采光带

②透光材料构造。平天窗的透光材料主要采用玻璃。当采用两块以上玻璃时，玻璃搭接需要满足防水要求。

③安全防护。透光材料可采用安全玻璃、有机玻璃和玻璃钢等。从安全性能看，也可考虑选择钢化玻璃、夹层玻璃等。

④通风措施。平天窗的作用主要是采光，兼作自然通风时，可采用的方式有：采光板或采光罩的窗扇做成能开启和关闭的形式；带通风百叶的采光罩；组合式通风采光罩，它是在两个采光罩之间设挡风板，两个采光罩之间的垂直口是开敞的，并设有挡雨板，既可通风，又可防雨。

2)平天窗防水构造。平天窗应加强对孔壁和玻璃固定处的防水处理。孔壁的形式有垂直和倾斜两种。为了防水和消除积雪对窗的影响，孔壁一般高出屋面150 mm左右，有暴风雨的地区则可提高至250 mm以上。孔壁常做成预制装配形式的。

(3)下沉式天窗。下沉式天窗是在拟设置天窗的部位，把屋面板下移铺在屋架的下弦上，从而利用屋架上下弦之间的空间构成天窗。下沉式天窗降低了高度、减轻了荷载，但增加了构造和施工的复杂程度。

根据其下沉部位的不同，可分为纵向下沉、横向下沉和井式下沉三种类型。其中，井式天窗的构造最为复杂，它是将屋面拟设天窗位置的屋面板下沉铺在屋架下弦上，形成一个个凹嵌在屋架空间内的井状天窗。

井式天窗主要由井底板、空格板、挡风侧墙及挡雨设施四部分组成，如图14-34所示。

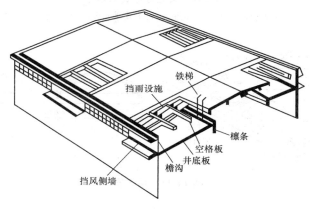

图14-34　井式天窗

(二)侧窗

工业厂房侧窗的布置形式有两种：一种是被窗间墙隔开的独立窗；另一种是厂房整个墙面或墙面大部分做成大片玻璃墙面或带状玻璃窗。

由于厂房采光和通风的需要，侧窗面积较大，多为拼框组合窗。窗口尺寸应符合建筑模数协调标准的规定。洞口宽度为900～2 400 mm时，应以3M为扩大模数进级，在2 400～6 000 mm时，应以6M为扩大模数进级。

根据车间通风需要，一般厂房常将平开、中悬窗和固定窗组合在一起使用。为了便于安装开关器，侧窗组合时，在同一横向高度内，宜采用相同的开启方式。

(1)木侧窗。木侧窗是由两个基本木窗拼框组成的，可以左右拼接，也可以上下拼接，常采用窗框直接拼接固定，即用ϕ10螺栓或ϕ6木螺栓(中距小于1 000 mm)将两个窗框连接在一起。采用螺栓连接时，应在两框之间加入垫木，窗框间的缝隙，应用沥青麻丝嵌缝，缝隙的内外两侧还应用木压条盖缝。

木侧窗施工方便，造价较低，但耗木量大，且容易变形，防火性能较差，目前已较少使用，主要用于对金属有腐蚀作用的车间，但不宜用于高温、高湿或木材易腐蚀的车间。

(2)钢侧窗。钢侧窗拼接时，需采用拼框构件来连系相邻的基本窗，以加强窗的刚度和调整窗的尺寸。左右拼接时应设竖梃，上下拼接时应设横档，用螺栓连接，并在缝隙处填塞油灰，如图14-35所示。竖梃与横档的两端或与混凝土墙洞上的预埋件焊接牢固，或插入砖墙洞的预留孔洞中，用细石混凝土嵌固，如图14-36所示。钢侧窗具有坚固、耐火、耐久、挡光少、关闭严密和易于工厂化生产的特点，在工业厂房中应用较广。

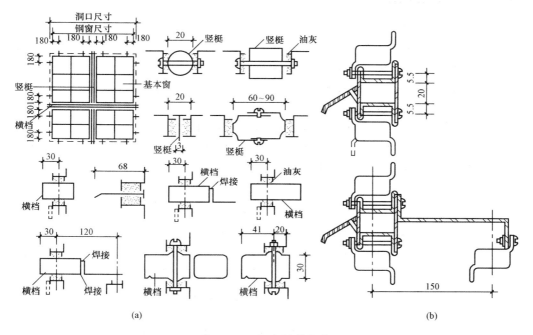

图14-35　钢窗拼装构造

(a)实腹钢窗；(b)空腹钢窗(沪68型)

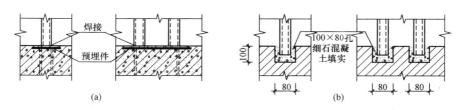

图14-36　竖梃、横档安装节点

(a)竖梃安装；(b)横档安装

(3)垂直旋转通风板窗。垂直旋转通风板窗主要用于散发大量热量、烟灰和无密闭要求的高温车间，其制作材料有钢丝网水泥、钢筋混凝土和金属板等。钢丝网水泥通风板窗扇是用M10水泥砂浆内配0.9钢丝网及φ3冷拔钢丝骨架，采用点焊连接并用定型模板捣制成型的。

第四节　工业厂房地面及其他设施

一、工业厂房地面

工业厂房地面应能满足生产使用要求，与民用建筑地面相比，其特点是面积较大，承受荷载多，并应满足不同生产工艺的不同要求，如防尘、防爆、耐磨、耐冲击、耐腐蚀等。因厂房内工段多，各工段生产要求不同，地面类型也应不同，这就增加了地面构造的复杂性，所以正确而合理地选择地面材料和构造，直接影响到建筑造价和生产能否正常进行。

1. 工业厂房地面的组成与构造

（1）厂房地面的组成。厂房地面一般是由面层、垫层和基层（地基）组成。当上述构造层不能充分满足使用要求或构造要求时，可增设其他构造层，如结合层、找平层、隔离层等，如图 14-37 所示。某些特殊情况下，还需增设保温层、隔热层、隔声层等。

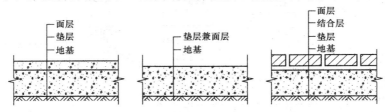

图 14-37　工业厂房地面的组成

（2）地面面层的类型及选择。工业厂房地面按照面层材料的不同可分为素土夯实、石灰三合土、水泥砂浆、细石混凝土、木板、陶土板等各种地面；根据使用性质，地面可分为一般地面及特殊地面（如防腐、防爆等）两类；按构造不同可分为整体面层和板、块料面层。由于面层是直接承受各种物理、化学作用的表面层，因此，应根据生产特征、使用要求和技术经济条件来选择面层。

（3）地面垫层。垫层是承受并传递地面荷载至土壤层的构造层。按材料性质不同，垫层可分为刚性垫层、半刚性垫层和柔性垫层三种。垫层的选择应与面层材料相适应，同时，应考虑生产特征和使用要求等因素。如现浇整体式面层、卷材或塑料面层，以及用砂浆或胶泥做结合层的板块状面层，其下部的垫层采用混凝土垫层；用砂、炉渣做结合层的块材面层，宜采用柔性垫层或半刚性垫层。垫层的厚度主要根据作用在地面上的荷载情况来确定，在确定垫层厚度时，应以生产过程中经常作用于地面的最不利荷载作为计算的主要依据。

（4）地面基层。基层是承受上部荷载的土壤层，是经过处理的基土层，最常见的是素土夯实。地基土不应使用过湿土、淤泥、腐殖土、冻土，以及有机物含量大于 8% 的土作填料。若地基土松软，可加入碎石、碎砖或铺设灰土夯实，以提高强度。

（5）结合层、隔离层、找平层、找坡层。

1）结合层。结合层是连结块、板材或卷材面层与垫层的中间层。结合层的材料应根据面层和垫层的条件来选择，水泥砂浆或沥青砂浆结合层适用于有防水、防潮要求或要求稳定而无变形的地面。当地面有防酸、防碱要求时，结合层应采用耐酸砂浆或树脂胶泥等。对于有冲击荷载或高温作用的地面，常用砂做结合层。

2）隔离层。隔离层的作用是防止地面腐蚀性液体由上向下或地下水由下向上渗透扩散。如果厂房地面有侵蚀性液体影响垫层，隔离层应设在垫层之上，可采用再生油毡（一毡二油）或石油沥青油毡（二毡三油）来防止渗透。地面处于地下水水位毛细管作用上升范围内，而生产上又需要有较高的防潮要求时，地面须设置防水的隔离层，且隔离层应设在垫层下，可采用一层沥青混凝土或灌沥青碎石的隔离层，如图 14-38 所示。

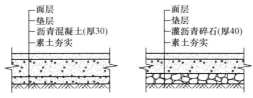

图 14-38 防止地下水影响的隔离层

3）找平层、找坡层。当地面需要排水或需要清洗时，需设置找坡层。当面层较薄，要求面层平整或有坡度时，垫层上或找坡层上需设找平层。在刚性垫层上，找平层一般为 20 mm 厚 1：3 水泥砂浆；在柔性垫层上，找平层宜采用细石混凝土制作（一般为 30 mm 厚）。找坡层常用 1：1：8 水泥石灰炉渣做成（最薄处不大于 30 mm 厚）。

2. 厂房地面变形缝构造

当地面采用刚性垫层时，应在厂房结构处设置变形缝，其构造如图 14-39 所示。另外，当相邻地段荷载相差悬殊时，或在一般地面与振动大的设备（如锻锤、破碎机等）基础之间，也应设置变形缝。防腐蚀地面处应尽量避免设变形缝，必须设时，需在变形缝两侧设挡水，并做好挡水和缝间的防腐处理。

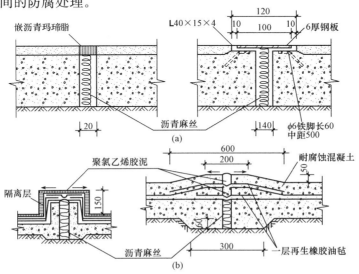

图 14-39 地面变形缝的构造

（a）一般地面变形缝；（b）防腐蚀地面变形缝

厂房若出现两种不同类型地面时，在两种地面交界处容易因强度不同而遭到破坏，应采取加固措施。当接缝两边均为刚性垫层时，交界处不做处理，如图 14-40（a）所示；当接缝两侧均为柔性垫层时，其一侧应用强度等级为 C10 的混凝土作堵头，如图 14-40（b）所示；当厂房内车辆频繁穿过接缝时，应在地面交界处设置与垫层固定的角钢或扁钢嵌边加固，如图 14-40（c）所示。

防腐地面与非防腐地面交界处，以及两种不同的防腐地面交界处，均应设置挡水条，防止腐蚀性液体或水漫流，如图 14-41 所示。

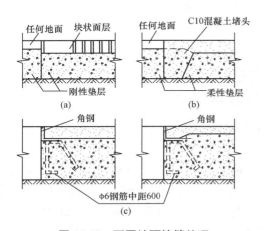

图 14-40　不同地面接缝处理
（a）两侧均为刚性垫层；（b）两侧均为柔性垫层；
（c）有车辆频繁穿过时

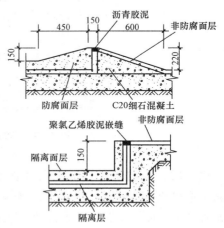

图 14-41　防腐地面接缝处理

3. 厂房地面坡道构造

厂房的室内外高差一般为 150 mm。为了便于各种车辆通行，在门口外侧须设置坡道。坡道宽度应比门洞长出 1 200 mm，坡度一般为 10%～15%，最大不超过 30%。坡度较大（大于 10%）时，应在坡道表面做防滑齿槽。当车间有铁轨通入时，坡道设在铁轨两侧。

4. 厂房地沟构造

由于生产工艺的需要，厂房内有各种生产管道需要设在地沟内。地沟一般是由底板、沟壁、盖板三部分组成的。常用的地沟有砖砌地沟和混凝土地沟两种，如图 14-42 所示。砖砌地沟适用于沟内无防酸、防碱要求，沟外部也不受地下水影响的厂房。沟壁一般为 120～490 mm，上端应设混凝土垫梁，以支承盖板。砖砌地沟一般须作防潮处理，做法是在沟壁外刷冷底子油一道，热沥青两道，沟壁内抹 20 mm 厚 1：2 水泥砂浆，内掺 3% 防水剂。

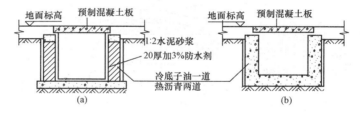

图 14-42　地沟构造
（a）砖砌地沟；（b）混凝土地沟

二、钢梯

工业厂房的其他设施有很多，这里仅介绍钢梯。在工业厂房中，为满足生产、消防和检修等要求，常需设置各种钢梯，如作业台钢梯、起重机钢梯及消防检修钢梯等。

（1）作业台钢梯是用于工人上、下生产操作平台或跨越生产设备联动线的通道。作业钢梯多选用定型构件，钢梯的坡度一般较陡，有45°、59°、73°、90°四种。作业台钢梯由斜梁、踏步和扶手组成，斜梁采用角钢或钢板，踏步一般采用网纹钢板，两者焊接连接。扶手用 ϕ22 的圆钢制作，其铅垂高度为 900 mm。钢梯斜梁的下端和预埋在地面混凝土基础中的预埋钢板焊接，上端与作业台钢梁或钢筋混凝土梁的预埋件焊接固定，如图 14-43 所示。

（2）起重机钢梯是为起重机司机上、下司机室而设置的。为了避免起重机停靠时撞击端部

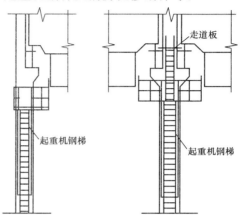

图 14-43　起重机钢梯

的车挡，起重机钢梯宜布置于厂房端部的第二个柱距内，且位于靠司机室一侧。起重机钢梯由梯段和平台两部分组成。当梯段高度小于 4 200 mm 时，可做成直梯；当梯段高度大于4 200 mm 时，需设中间平台。起重机钢梯梯段的倾角为 63°，宽度为 600 mm，其构造同作业台钢梯。平台支承在柱上，采用花纹钢板制作，标高应低于起重机梁底 1 800 mm 以上，以免司机上下时碰头。梯段和平台的栏杆扶手一般为 ϕ22 钢筋制作而成。

（3）消防检修钢梯是在发生火灾时供消防人员从室外上屋顶使用的，平时兼作检修和清理屋面时使用。消防检修钢梯一般设于厂房的山墙或纵墙端部的外墙面上，不得面对窗口。当有天窗时，应设在天窗墙壁上。消防检修钢梯一般为直立式，宽度为 600 mm，当厂房很高时，应采用设有休息平台的斜梯。为防止儿童和闲人随意上屋顶，消防梯应距下端 1 500 mm 以上。梯身与外墙应有可靠的连接，一般是将梯身上部伸出短角钢埋入墙内，或与墙内的预埋件焊牢。

三、起重机梁走道板

起重机梁走道板是为维修起重机轨道及起重机而设置的。当起重机为中级工作制、轨顶高度小于 8 m 时，只需在起重机操作室一侧的起重机梁处设通长走道板。若轨顶高度大于 8 m，无操作室一侧的起重机梁处也应设置通长走道板。厂房为高温车间、起重机为重级工作制或露天跨起重机时，应在两侧的起重机梁处铺设通长走道板。

走道板应沿起重机梁顶面侧边铺设。走道板有木制、钢制及钢筋混凝土制三种，目前，采用较多的是预制混凝土走道板。预制混凝土走道板宽度有 400 mm、600 mm、800 mm 三种，板的长度与柱子净距相配套。走道板的横断面为槽形或 T 形，走道板的两端搁置在柱子侧面的钢牛腿上，并与之焊牢，如图 14-44 所示。走道板的一侧或两侧还应设置栏杆，栏杆为角钢制作。

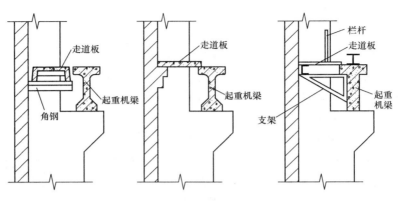

图 14-44 走道板的铺设方式

本章小结

　　本章主要讲述单层工业建筑各个组成部分的构造原理和构造方法。单层工业建筑的各个组成部分，包括墙体、天窗、地面等，由于采用的结构形式和所选的材料不同而形成不同的构造形式，本章系统地讲述了这些组成部分的不同的构造形式。

思考与练习

一、填空题

1. 根据承重方式厂房的外墙分为＿＿＿＿＿与＿＿＿＿＿。

2. 厂方外墙墙板连接方式有＿＿＿＿＿、＿＿＿＿＿。

3. 单层工业厂房屋面基层分＿＿＿＿＿和＿＿＿＿＿。

4. 单层厂房屋顶的排水方式分＿＿＿＿＿和＿＿＿＿＿两种。

5. 单层工业厂房一般门的宽度应比满载货物时的车辆宽＿＿＿＿＿＿，高度应高出＿＿＿＿＿。

6. 矩形天窗两端的承重围护结构构件称为＿＿＿＿＿。

7. 屋面至侧板顶面的高度一般应大于＿＿＿＿＿，多风雨或多雪地区应增高至＿＿＿＿＿。

8. 钢天窗扇的开启方式有＿＿＿＿＿和＿＿＿＿＿两种。

9. 厂房的室内外高差一般为＿＿＿＿＿＿。为了便于各种车辆通行，在门口外侧须设置＿＿＿＿＿。

10. ＿＿＿＿＿是为维修起重机轨道及起重机而设置的。

二、选择题

1. 根据基础埋深不同，基础梁的搁置方式不包括（　　　）。

　　A. 基础梁设置在杯口上　　　　　　B. 基础梁设置在垫块上

　　C. 基础梁设置在小牛腿上　　　　　D. 基础梁设置在隔墙上

2. 单层工业厂房当门扇面积大于（　　　）m² 时，宜采用钢木或钢板制作。

  A. 5   B. 5   C. 7   D. 8

3. 通长天窗扇的开启方式应选择（　　）式。

  A. 上悬   B. 中悬   C. 下悬   D. 平开

4. 在下列几种天窗中，采光效率最高的是（　　　）。

  A. 巨型天窗   B. 下沉式天窗

  C. 平开窗   D. 梯形天窗

5. 在下列几种天窗中，通风效果最好的是（　　　）。

  A. 巨型天窗   B. 下沉式天窗

  C. 平开窗   D. 梯形天窗

6. （　　　）是连结块、板材或卷材面层与垫层的中间层。

  A. 隔离层   B. 结合层

  C. 找平层   D. 找坡层

三、简答题

1. 厂房外墙基础梁防冻措施有哪些？

2. 工业厂房隔断构造形式有哪些？

3. 简述厂房屋面保温与隔热构造做法。

4. 单层工业厂房按大门开启方式分为哪些？

5. 工业厂房采用的天窗类型有哪些？

6. 简述厂房地面变形缝构造做法。

[1] 中华人民共和国住房和城乡建设部.GB 50352－2019 民用建筑设计统一标准[S].北京：中国建筑工业出版社，2019.

[2] 中华人民共和国住房和城乡建设部.GB/T 50002－2013 建筑模数协调标准[S].北京：中国建筑工业出版社，2014.

[3] 中华人民共和国住房和城乡建设部.GB 50693－2011 坡屋面工程技术规范[S].北京：中国建筑工业出版社，2011.

[4] 中华人民共和国住房和城乡建设部.GB 50003－2011 砌体结构设计规范[S].北京：中国建筑工业出版社，2012.

[5] 崔艳秋，吕树俭.房屋建筑学[M].3 版.北京：中国电力出版社，2014.

[6] 陈守兰，赵敬辛.房屋建筑学[M].北京：科学出版社，2014.

[7] 王卓.房屋建筑学[M].北京：清华大学出版社，2012.

[8] 张宏哲，王卓男.房屋建筑学[M].南京：江苏科学技术出版社，2013.

[9] 聂洪达，郑恩田.房屋建筑学[M].2 版.北京：北京大学出版社，2012.